普通高等教育"十三五"规划教材

压力容器安全评定技术

蒋文春　张玉财　李国成　编著

中国石化出版社

内 容 提 要

本书全面系统地阐述了压力容器结构完整性评定所依据的基本理论和工程分析方法,同时还对国内外完整性评定标准及其最新进展作了详细介绍。全书共分七章:绪论;线弹性断裂理论;弹塑性断裂理论与工程分析方法;压力容器疲劳裂纹扩展及寿命估算;金属材料的高温蠕变与蠕变断裂;长期高温下金属材料组织和性能的劣化;压力容器缺陷评定标准及最新进展。书中附有大量的例题和习题。

本书内容丰富新颖,结构紧凑,力求反映国际上结构完整性评定方面的新理论、新技术和新成果,注重理论与工程应用密切结合。

本书系过程装备与控制工程专业本科教学用书,也可供承压设备安全监督、设计制造和维护管理等工程技术人员参考。

图书在版编目(CIP)数据

压力容器安全评定技术/蒋文春,张玉财,李国成
编著. —北京:中国石化出版社,2019.7
普通高等教育"十三五"规划教材
ISBN 978-7-5114-5453-9

Ⅰ.①压… Ⅱ.①蒋… ②张… ③李… Ⅲ.①压力容
器安全-安全评价 Ⅳ.①TH490.8

中国版本图书馆 CIP 数据核字(2019)第 149893 号

中国石化出版社出版发行

地址:北京市朝阳区吉市口路 9 号
邮编:100020 电话:(010)59964500
发行部电话:(010)59964526
http://www.sinopec-press.com
E-mail:press@sinopec.com
北京科信印刷有限公司印刷
全国各地新华书店经销

*

787×1092 毫米 16 开本 11 印张 274 千字
2019 年 8 月第 1 版 2019 年 8 月第 1 次印刷
定价:40.00 元

前　言

近年来，国际上广泛地将缺陷评定及安全评定称之为完整性评定或"合于使用"评定，它不仅包括超标缺陷的安全评定，还包括环境（介质与温度）的影响和材料退化的评价。目前按"合于使用"原则建立的结构完整性技术及其相应的工程安全评定方法，无论在广度还是深度方面均取得了重大进展，并日趋成熟，已成为一门理论性严谨、工程性很强的综合技术。尤其是自2000 年美国石油学会颁布了针对在役石化设备的 API 579 "合于使用"规程以来，使"合于使用"的方法论完全进入到工程应用时代。我国自"压力容器缺陷评定规范" CVDA-1984 发表以来，经过 20 年的努力，2004 年颁布了国家标准 GB/T 19624—2004《在用含缺陷压力容器安全评定》，标志着我国在这一技术领域已步入世界先进行列。2019 年 6 月颁布了最新版本 GB/T 19624—2019，这部标准不仅规范了我国压力容器安全评定的技术方法，提高了安全评定的总体水平，同时也为在用含缺陷压力容器的安全性及避免不必要的返修和报废提供了有力的技术保障。

为适应当前科学技术的飞速发展，培养社会急需的工程技术人才，自2000 年起，国内各高校相继为过程装备与控制工程专业本科生开设了同类的课程。然而，目前尚缺乏较适宜的教材。为此，根据多年来的教学实践，在我校原有校内胶印讲义的基础上重新组织编写了本教材，旨在通过全面介绍与"合于使用"标准相关的基础理论，使读者掌握有关的基本知识，为"合于使用"评定技术在我国石化行业中的进一步推广应用奠定基础。

本教材编写的主要目标和指导思想是：

（1）及时总结当今结构完整性评定技术领域中的新理论、新方法，尽量反映新成果，努力突出一个"新"字；

（2）密切联系国内外相关的最新标准与规范，紧密跟踪工程最新技术，以体现教材在工程中的实用性，满足社会发展对人才的需求；

（3）本着"宽而新"与"少而精"的原则，综合各相关教材之优点，推陈出新，以适应当今知识"爆炸性"发展的需要。

本书第 1、2、4、6 章由蒋文春编写；第 3 章由李国成编写；第 5、7 章由张玉财编写；全书由蒋文春统稿，李国成审核。

本书在编写过程中，得到了中国石油大学（华东）教务处的大力支持、中国石化出版社的热情帮助与指导，在此一并表示衷心的感谢！

由于编者水平有限，书中难免存在不足之处，诚请读者批评指正。

编　者

目 录

第1章 绪 论

1.1 压力容器的安全问题与破坏事故统计

1.1.1 压力容器的安全问题

压力容器不仅是炼油、化工、能源、军工及民用等工业领域中的常用设备,同时也是一种易发生重大事故的特殊设备。与其他生产装置不同,压力容器发生事故不仅本身遭到破坏,往往还会诱发一连串的恶性事故,给国民经济造成重大损失。如2015年7月山东日照某石化公司液化烃球罐在倒罐作业时发生泄漏着火,引发爆炸。爆炸使得周围的罐体撕裂并再次发生爆炸,导致多罐及罐区上下管线、管廊支架等设备设施不同程度破坏。在事故的救援过程中,两名消防队员受伤,直接经济损失2812万元。2013年6月,大连某石化公司第一联合车间三苯罐区小罐区939号杂料罐在动火作业过程中发生爆炸、泄漏物料着火,并引起937号、936号、935号三个储罐相继爆炸着火,造成4人死亡,直接经济损失697万元。

压力容器的这种潜在危险性,是与它的操作工况密切相关的。一般情况下,大多数压力容器除承受介质的压力外,通常还伴有高温、低温或介质腐蚀的联合作用。况且,温度、压力的波动或短期超载又常常是不可避免的。如遇频繁开停工或温度、压力波动,则会使容器部件疲劳。另外,近年来由于设备大型化而越来越多地采用中、高强度钢,制造中较易产生焊接裂纹,如果再加上疲劳和介质腐蚀、脆化等因素的作用,就会使这些原始裂纹扩展,以致容器破裂。内部介质的特性对容器的运行安全和使用寿命影响较大,尤其是石油化工生产中使用的容器,其内部介质往往不仅具有强烈的腐蚀性(如氢腐蚀,硫化氢腐蚀和各种浓度的酸、碱腐蚀等),而且很多还是易燃、易爆或有毒的介质,甚至有时还伴随着化学反应。如果容器在运行中一旦损坏或破漏,除了容器本身爆炸所造成的损失外,还可能发生由于内部介质外泄而引起的化学爆炸(又称二次爆炸)、着火燃烧,有毒的介质还会污染环境、危及人体性命。此外,压力容器所盛装的介质多为压缩气体或饱和液体。因此容器一旦破裂,瞬间介质泄压膨胀所释放出的能量极大,不但能将容器自身炸飞,还会产生强大的冲击波摧毁周围设备和建筑物。

2015年6月内蒙古某化工企业脱硫脱碳工序三气换热器发生泄漏爆炸。由于三气换热器炸口朝向脱硫泵房,泄出的脱硫气在泵房内聚集,在第一次爆炸明火的作用下,高压脱硫泵房发生第二次爆炸。由于第一次爆炸产生碎片的撞击,以及富含氢气明火的灼烤,三气换热器南侧上方的一段脱硫富液压力管道发生塑性爆裂,引发第三次爆炸。本次压力容器爆炸事故共造成3人死亡,6人受伤,直接经济损失人民币812.4万元。

2018年2月,江苏省某化工厂合成车间管道突然破裂,随即氢气大量泄漏,合成车间发生爆炸,在面积千余平方米的爆炸中心区,合成车间近10m高的厂房被炸成一片废墟,附近厂房数百扇窗户上的玻璃全部震碎,爆炸致使合成车间当场死亡3人,另有2人因伤势过重抢救无效死亡,26人受伤。

2004年4月重庆某化工厂氯氢分厂1号氯冷凝器列管腐蚀穿孔,造成含铵的盐水泄漏到液氯系统,生成大量三氯化氮,发生排污罐爆炸。在抢险过程中,5号、6号液氯储罐内的三氯化氮发生了爆炸。爆炸使5号、6号液氯储罐罐体破裂解体,并将地面炸出1个长9m、宽4m、深2m的坑。以坑为中心半径200m范围内的地面与建筑物上散落着大量爆炸碎片。此次事故造成9人死亡,3人受伤,15万名群众疏散,直接经济损失277万元。

2005年11月13日,吉林石化双苯厂苯胺装置发生连续爆炸,附近一二百米内的居民楼玻璃都被震碎,造成5人死亡、1人下落不明、60多人受伤。经消防官兵3个多小时的全力扑救,火源才被切断,大火得到控制。同时,由于爆炸事故造成大量苯类污染物的排放,还引发了松花江重大水环境污染事件,不仅给下游沿岸人民群众的生活和经济发展带来严重影响,还引起国际社会的关注,造成了不良的国际影响。

1.1.2 压力容器的破坏事故统计

鉴于压力容器的破坏会导致十分严重的后果,因此世界各国都非常重视压力容器的安全问题,并对压力容器的破坏事故进行了大量的调查、统计和分析。

为摸清压力容器的安全可靠性,英国原子能局及联合部技术委员会曾联合对使用年限在30年以内,且符合英国压力容器规范的12700台压力容器,进行了一次事故实况调查,于1968年发表了调查报告。在这12700台容器中,有10起事故是在使用前进行水压试验时发生的(不包括按工艺规程进行无损探伤发现缺陷后加以修补的产品),有132起事故是在100300台·运行年(各台容器与运行年数乘积的总和)的使用中发生的。这个统计数字表明,制造中每台发生事故的概率为7.9‰,使用中每台·运行年发生事故的概率为1.32‰。对使用中所记载的这132起事故,按其破坏起因分类如表1-1所示。表1-1表明压力容器的破坏事故主要是由于裂纹的存在所致,占总事故的89.4%。因裂纹引起的事故分类统计情况见表1-2,可见,因疲劳裂纹和腐蚀裂纹引起的破坏又占了其中60%以上。

表1-1 使用中压力容器事故起因统计

事故起因	起 数	百分率/%
裂纹	118	89.4
腐蚀(包括应力腐蚀)	2	1.5
使用不当	8	6.0
制造缺陷	3	2.3
蠕变	1	0.8
总 计	132	100

表 1 - 2 裂纹事故分类统计

裂纹种类	起数	占裂纹事故的百分率/%	占总事故的百分率/%
疲劳裂纹（机械的，热的）	47	39.8	35.6
腐蚀裂纹（包括应力腐蚀裂纹）	24	20.3	18.2
制造时产生的裂纹	10	8.5	7.6
未确定的裂纹	35	29.7	26.5
不好分类的裂纹	2	1.7	1.5
总 计	118	100	89.4

我国有关组织也做过类似的调查，其统计结果与国外情况基本一致，详见表 1 - 3。

表 1 - 3 我国在役压力容器事故起因统计

事故起因	起数	百分率/%
裂纹	50	62.5
腐蚀（含氢脆）	22	27.5
焊接缺陷	6	7.5
错用材料	2	2.5
总 计	80	100

由此可见，解决好含裂纹缺陷压力容器的安全使用问题，对提高安全生产、降低事故率具有重大的现实意义。

1.2 传统强度理论的局限性

传统设计的思想是以强度理论为基础的。按照传统的强度理论，设计时除对材料的塑性指标以及韧性指标提出一定要求外，首先根据构件的工作条件，进行定量的应力分析，然后按一定的强度条件，要求构件内的最大应力强度 σ_{eq} 不大于材料的许用应力 $[\sigma]$，只要这一条件得到满足，就认为构件是安全的、不会断裂。在进行应力分析时，采用了连续性假设和均匀性假设，认为组成构件的材料是密实的，没有空隙或裂缝等缺陷。至于假设与实际材料之间的差别，计算模型与实际工作状态的差异，载荷估计误差及一些不确定因素的影响，均放到安全系数中考虑。

这种无损设计思想反映了人们对造成构件破损的各种因素的认识水平，在一定程度上正确地反映了早期在广泛采用低强度材料的情况下构件的断裂规律。原因在于低强度钢韧性较好，破坏往往是强度不够，韧性有余。所以传统的强度理论是相对合理的、可行的，基本上满足了工程要求，可以说在很大程度上它对保证构件安全工作起了重要作用，至今仍是必不可少的。

然而，在某些条件下，满足传统强度理论设计的构件并不安全，特别是对处于低温、腐蚀环境中的高强钢焊接构件，断裂事故不断发生。从 20 世纪 40 年代起，焊接工艺开始在工程中得到广泛的应用，由于当时焊接水平低，焊接缺陷多，加上中强度钢的低温脆性，焊接船只、压力容器以及桥梁等发生了一系列的断裂事故。尤其到 50 年代，大量高强度钢的使用，使断裂事故日益频繁。例如，1943～1947年间，美国5000多艘全焊接船只竟连续发生1000多起断裂事故，其中238艘完全破坏，19艘沉没，有的甚至断为两截；1944年10月20日，美国东俄亥俄州煤气公司储存天然气的圆柱形储气罐爆炸，死伤128人，损失680多万美元；1947～1950年间，仅比利时一地就有14座桥梁因断裂而倒塌；1954年，英国两架"彗星"号喷气式飞机先后在地中海上空发生爆炸失事。其间，许多国家还相继发生了多次压力容器及压力管道的破裂事故。

对事故所作的大量调查研究表明，绝大多数事故都是由于构件材料内部存在裂纹或缺陷，而在外力作用下迅速扩展造成的，并且破裂时的工作应力大都低于材料的屈服强度，这种破坏又称为低应力脆断。为什么材料会发生低应力脆性断裂？这是传统强度理论无法解释的，因而也无法找到避免这类事故发生的途径。传统强度理论存在的主要问题是将材料视为完美无瑕的均匀连续体，没有考虑构件中可能存在的缺陷或裂纹。而实际上，构件材料中总是存在着各种形式不同的缺陷，尤其是焊接构件中的焊接缺陷几乎是无法避免的，因而其实际强度大大低于理论模型的强度，所以传统强度理论无法解决裂纹所带来的问题。

与传统的强度理论不同，断裂力学则从材料实际存在缺陷或裂纹这一情况出发，在大量实验的基础上，研究带缺陷材料的断裂韧度，以及含缺陷构件在不同工作条件下裂纹扩展和止裂规律，并应用这些规律对裂纹体进行断裂分析和缺陷评定，以确保设备构件在使用期间的安全可靠性。

1.3 断裂力学的产生与发展

断裂力学思想的出现可追溯到20世纪20年代。1920年，Griffith（格里菲斯）在研究飞机窗罩玻璃脆断原因时，首先将强度与裂纹尺寸定量地联系在一起，对玻璃平板进行了大量的试验研究，提出了能量理论思想，建立了脆断理论的基本框架。但由于当时工程中金属材料的低应力破坏事故并不突显，人们对断裂问题及他的能量理论思想的重要性还缺乏应有的认识，所以关于断裂问题的研究在很长一段时期内一直停留在科学好奇上，而没有进入工程应用。直到50年代前后，世界上发生了多次灾难性的焊接船只断裂事故、压力容器及压力管道的破裂事故及飞机爆炸失事事故，才使得低应力脆断问题在工程界中受到了充分重视。由此，美国和欧洲等工业发达国家相继开展了裂纹体断裂问题的研究，从而大大推进了断裂力学的发展。

但是，断裂力学作为一门学科，公认的是从1948年开始的，这一年Irwin（欧文）发表了他的第一篇经典文章"Fracture Dynamic"（断裂动力学），研究了金属的断裂问题。这篇文章标志着断裂力学的诞生。

由于早期发生的断裂事故多是低应力脆性断裂，所以断裂力学初期的研究对象主要是脆断问题。关于脆性断裂理论的重大突破仍归功于Irwin。他于1957年提出了应力强度因子（Stress intensity factor）的概念，并创立了测量材料断裂韧性的实验技术。这样，作为断裂力学的最初分支——线弹性断裂力学便开始建立起来。60年代以后，线弹性断裂理论开始广泛应用于各个工程领域，并逐步成为结构设计、选材与检验的主要依据之一。早期的美国 ASME 锅炉及压力容器规范第Ⅲ卷附录 G "防止非延性破坏" 和第Ⅺ卷附录 A "缺陷显示的分析"，就是以线弹性断裂理论为依据制定的。

线弹性断裂力学是建立在线弹性力学基础上的，它只适用于脆性材料或塑性较差的材料，如高强度钢或在低温下使用的中、低强度钢。而对于塑性较好的材料，如工程中大量使用的中、低强度钢等，一般并不适用。因为，这些材料在裂纹发生扩展之前，裂纹尖端将出现一个较大的塑性区，此塑性区的尺寸将接近裂纹本身的尺寸，有时甚至达到整体屈服。对于这种大范围屈服或全面屈服断裂问题，线弹性断裂力学的结论已不再成立。为了研究塑性材料的断裂问题，又产生了断裂力学的另一分支——弹塑性断裂力学。

由于塑性理论本身的特点，采用解析方法求解弹塑性断裂问题，常因过于复杂而难以得到简单实用的结果，故一般多采用偏于保守的、便于工程应用的近似方法。目前，用于弹塑性断裂研究的较为成熟的方法是 COD（Crack Opening Displacement）法和 J 积分法。

COD 法，习惯上又称为 CTOD（Crack Tip Opening Displacement），是由 Wells（威尔斯）于 1963 年首先提出的，后来发展成为半经验的 "COD 设计曲线"，在工程中得到了广泛应用。从 70 年代末到 80 年代初，国际上以 COD 设计曲线为理论基础的压力容器缺陷评定标准占了统治地位。

J 积分的概念是由 Rice（赖斯）于 1968 年首先提出的。J 积分是一个定义明确、理论严密的应力应变参量，其实验测定也比较简单可靠。此外，J 积分还具有与积分路径无关的特性，故可避开裂纹尖端处极其复杂的应力应变场。而且它不仅适用于线弹性，也适用于弹塑性，对于弹塑性断裂问题的分析，J 积分理论比 COD 理论更为合理。但由于 J 积分值计算比较困难，所以没能在工程中广泛应用。然而，近十几年来，随着计算机的迅速发展和日益普及，各种复杂的含缺陷结构的 J 积分都已能够计算。1981 年，美国电力研究院（EPRI）在对 J 积分进行了大量的研究基础上，提出了弹塑性断裂分析的工程方法，并提供了各种含裂纹结构 J 积分的全塑性解的塑性断裂手册，解决了 J 积分的工程计算问题，从而大大推动了 J 积分的工程应用。80 年代中期以后，国际上的压力容器缺陷评定标准纷纷以 J 积分理论进行修订。90 年代初，J 积分理论在压力容器弹塑性断裂分析中已基本取代了 COD 理论而占有了统治地位。

由于断裂力学的发展是与生产实际密切结合的，因而被广泛地应用于工程实践。至今在许多领域中解决了大量实际问题。特别是在解决抗断设计、合理选材、预测构件疲劳寿命、制订合理的质量验收标准和防止断裂事故方面得到了广泛运用，补充了传统强度理论的不足，使断裂力学分析成为保证构件安全的一个重要依据。

1.4　压力容器的质量控制标准与合于使用标准

实际上，几乎所有机械部件都不可避免地存在着不同程度的缺陷。设备的大型化，高强度钢和焊接技术的广泛使用，使产生裂纹类缺陷的倾向有增无减。而且在使用过程中，还会因载荷、介质等各种因素的影响，萌生出新的缺陷。

压力容器及压力管道在制造和使用中发现的缺陷是否允许继续存在，目前有两大类标准可作为判别依据：一类是以质量控制为基础的标准，简称 "质量控制标准"；另一类是以符合使用要求为目的的标准，又称"合于使用标准"。

"质量控制标准"是以获得优质产品为的目而制订的，它以相应的强度条件为前提，把所有缺陷都看成是对容器强度的削弱和安全的隐患，不考虑容器具体使用工况的差异，单从制造的质量保证出发，要求质量保持在较高的水平上。如美国的 ASME 锅炉压力容器规范、我国的 GB/T 150《压力容器》及国家、行业、企业制订的有关压力容器设计、选材、制造、检验等标准，都属于这一类标准。"质量控制标准"的产生对提高压力容器质量、保证安全生产起了重大作用。然而也应当看到，这种标准在一定程度上依赖于积累的经验，其中不少规定是按现有焊接及无损检验所能达到的水平制订的，没有考虑缺陷的存在对容器可靠性的影响，有一定的随意性。由于缺乏科学的定量计算，按这类标准行事就可能导致对危害性大的部位（如接管区）因不便探伤却不加限制，而对危害性较小的部位有时反而要求过严，以致带来了大量的不必要的返修，造成经济上的巨大浪费。根据英国对质量较好的压力容器主焊缝所作的统计，在所有做过返修的缺陷中，夹渣占84%，气孔占3%，其他为平面缺陷。从使用可靠性来看，非平面缺陷通常危害是较小的。因此对无害缺陷的不必要返修不仅给经济上造成巨大浪费，而且修复不当还可能会产生新的更为有害的缺陷，给安全带来严重的后果。因为在高拘束度下进行返修，往往会产生更为有害的裂纹取代原来危害较小的夹渣，这样更容易造成事故。有过这样的例子，同一部位在高拘束度下返修，产生了一条肉眼可见的横跨整个焊缝的大裂纹。这种例子很多，教训也很深刻。所以返修不是处理缺陷的最好办法。

实践证明，并非所有的缺陷都会导致容器破裂失效。重要的问题在于，能否正确地对缺陷做出评定，确定出哪些缺陷是有害的，哪些缺陷并不妨碍压力容器的安全使用。断裂力学的产生和发展为合理地解决这个问题提供了科学依据。

"合于使用标准"与"质量控制标准"不同，它以断裂力学为基础，以合于使用为原则，对存在的缺陷按照严格的理论分析做出评定，确定缺陷是否危害安全可靠性，并对其发展及可能造成的危险作出判断。对于那些不会对安全生产造成危害的缺陷将允许存在；而对那些虽不能构成威胁但可能会进一步发展的缺陷，允许在监控下使用或降格使用；至于那些所含缺陷已对安全生产构成危险的设备，必须立即采取措施，或返修，或报废。所以采用"合于使用标准"既能保证安全生产，又可提高经济效益。例如 1976 年美国 Alaska 管线铺设完工后，经无损检验发现有 4000 余处缺陷超过"质量控制标准"，如果全部返修需耗资 5200 多万美元。经分析评定，这 4000 余处缺陷无一处会危害管线的使用可靠性，美国政府接受了这一评定结果，允许其中有三处缺陷的跨河管线不做返修，仅此就节省了数百万美元的费用。

断裂力学的发展为含缺陷设备提供了验收和检验标准，也为设备在役期间产生的各类缺陷提供了理论分析依据。为了把断裂力学的研究成果更好地用于工程实际，早在 20 世纪 60 年代后期，一些工业技术先进的国家就开始了以"合于使用"为原则的缺陷评定标准的研究和编制工作。1971 年美国机械工程师学会（ASME）公布了世界上第一部以断裂力学 K 因子为基础的压力容器缺陷评定标准——ASME 锅炉压力容器规范第 Ⅲ 卷附录 G "防止非延性破坏"和第 Ⅺ 卷附录 A "缺陷显示之分析"。随之，世界各国也纷纷开展含缺陷结构完整性评定方法的研究，提出了一些工程评定方法或规范，并不断加以修改、完善和更新，对防止锅炉及压力容器的破裂事故起到了重要作用，并产生了很大的经济效益。迄今为止，国际上较有权威性的含缺陷结构完整性评定规范或指导性文件有：欧洲工业结构完整性评定方法（SINTAP）；英国含缺陷结构完整性评定标准（R6）；英国标准BSI PD6493 的修改版——BS 7910 金属结构中缺陷验收评定方法导则；美国石油学会标准API 579 合于使用性评估等。

我国在以"合于使用"为原则的缺陷评定技术研究方面起步较晚，但发展很快。1984年颁布了我国第一部以 COD 理论为基础的"压力容器缺陷评定规范 CVDA – 1984"，先后完成了上千台承压设备的缺陷评定，对防止压力容器破坏事故起到了重要作用，并在保证安全可靠的前提下恢复了一批带缺陷容器的正常使用，取得了重大的经济效益。80 年代中期，开始了对国际上先进的弹塑性断裂分析方法和以 J 积分理论为基础的压力容器缺陷评定技术的深入研究。经过十多年来的努力，1995 年制订了以 J 积分为基础的国产钢种的压力容器安全评定规程 SAPV – 95。由于 SAPV – 95 充分吸收了国内外的最新研究成果，并保留了 CVDA – 1984 规范之精华，因此达到了 90 年代初的国际先进水平，在诸多方面和技术上具有创新性。在此基础上为在全国范围内推广应用 SAPV – 95 规程，以提高我国压力容器的使用管理和技术检测水平，国家质量技术监督局锅炉压力容器检测中心决定将SAPV – 95 修改为国家标准。经过原参与制订单位的团结协作、共同努力，于 2004 年正式列为国家标准 GB/T 19624《在役含缺陷压力容器安全评定》，并对 SAPV – 95 规程中的疲劳评定部分进行了修改。

最后需要指出，"合于使用标准"虽解决了"质量控制标准"中所未涉及或未解决的问题，但它决不能取代"质量控制标准"，因为其适用条件是不同的。"合于使用标准"是工程实际的需要，是确保安全生产、减少不必要的经济损失所必不可少的；而"质量控制标准"则是保证容器质量、提高制造水平所必需的。

思考题

1 – 1 压力容器潜在的危险性与哪些因素有关？

1 – 2 传统强度理论局限性是什么？

1 – 3 断裂力学的研究对象和任务是什么？主要的表征理论是什么？

1 – 4 为什么说返修不是处理缺陷的最好办法？

1 – 5 "合于使用标准"与"质量控制标准"有何不同？

1 – 6 既然"合于使用标准"解决了"质量控制标准"中所未涉及或未解决的问题，为什么它决不能取代"质量控制标准"？

第2章 线弹性断裂理论

固体的断裂可分为脆性断裂和韧性断裂（弹塑性断裂）。脆性断裂的特征是断裂突然发生，没有或仅伴有少量塑性变形，断口平直并与拉伸方向垂直；韧性断裂的特征是伴有明显的塑性变形，断口与拉伸方向成45°角，为剪切型断裂。线弹性断裂理论是以线弹性力学为基础的，主要研究材料的脆性断裂或准脆性断裂规律，而弹塑性断裂理论则主要研究材料的韧性断裂规律。

2.1 裂纹类型及其扩展型式

2.1.1 裂纹的类型

在断裂力学中，所谓裂纹含有更广泛的意义，除了物体中因开裂而产生的裂纹外，还包括材料冶炼和焊接过程中的夹渣、气孔，以及加工过程中引起的刀痕、刻槽等。

按裂纹在物体中存在的几何特性，可把裂纹分为穿透裂纹、埋藏裂纹和表面裂纹三种类型。

如果一个裂纹贯穿整个构件厚度，则称为穿透裂纹，如图2-1（a）所示。

若裂纹位于构件内部，在表面上看不到开裂的痕迹，这种裂纹称为埋藏裂纹。计算时常简化为椭圆片状，如图2-1（b）所示。

若裂纹位于构件的表面或裂纹的深度与构件的厚度相比较小，则称为表面裂纹。计算时常简化为半椭圆形裂纹，如图2-1（c）所示。

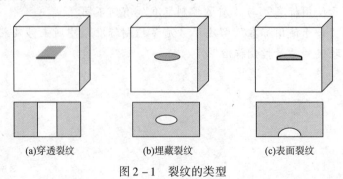

(a)穿透裂纹   (b)埋藏裂纹   (c)表面裂纹

图2-1 裂纹的类型

有时，虽然裂纹并没有穿透构件厚度，但当裂纹至构件表面的距离小于构件厚度的30%时，可按表面裂纹或穿透裂纹处理。

2.1.2　裂纹的扩展型式

裂纹体因受载荷作用的情况不同，其扩展所呈现的型式是多种多样的，但归纳起来有张开型、滑移型和撕裂型三种基本型式，如图 2－2 所示。

（1）张开型［图 2－2（a）］又称 Ⅰ 型裂纹，裂纹受垂直于裂纹面的拉应力作用，裂纹上下表面相对张开。

（2）滑移型［图 2－2（b）］又称 Ⅱ 型裂纹，裂纹受平行于裂纹面且垂直于裂纹前缘的剪应力作用，裂纹上下表面沿裂纹面平行滑开。

（3）撕裂型［图 2－2（c）］又称 Ⅲ 型裂纹，裂纹受既平行于裂纹面又平行于裂纹前缘的剪应力作用，裂纹上下表面沿裂纹面相对错开。

任何裂纹的扩展都可以看成是这三种基本型式的某种组合。例如，如果裂纹同时受正应力和剪应力的作用，就可能同时产生张开扩展和滑开扩展或张开扩展和撕开扩展，称为复合型裂纹扩展。

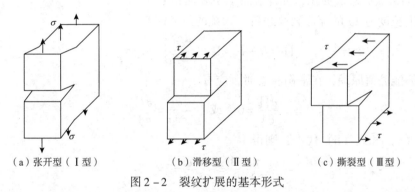

（a）张开型（Ⅰ型）　　　　（b）滑移型（Ⅱ型）　　　　（c）撕裂型（Ⅲ型）

图 2－2　裂纹扩展的基本形式

在工程结构中，Ⅰ 型裂纹最为常见，也是最具有危险性的一种裂纹。例如压力容器中的轴向裂纹或环向裂纹均属于 Ⅰ 型裂纹。所以在研究裂纹体的断裂问题时，Ⅰ 型裂纹是研究最多的。

2.2　能量释放率理论

早在 1920 年，英国学者 Griffith 最先用能量法研究了像玻璃这样一类裂纹体的强度。通过分析，建立了完全脆性材料的断裂强度与裂纹尺寸之间的关系，解释了为什么脆性材料的实际抗拉强度远低于其理论强度的原因。

Griffith 以厚度为 B 的无限大平板为模型，如图 2－3 所示。先将板均匀拉伸，使之在拉应力 σ 作用下储存一定量的应变能 U_0，然后将两端固定，以杜绝系统与外界的能量交换。在这种情况下，如在板中央沿垂直于 σ 的方向产生一条长为 $2a$ 的穿透裂纹，裂纹上下自由表面上的应力将由原来的 σ 降为零，同

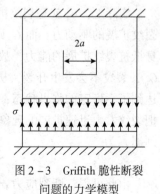

图 2－3　Griffith 脆性断裂问题的力学模型

时发生相对张开位移，使系统中的部分弹性应变能得以释放。Griffith 利用 Inglis（英格列斯）关于无限大平板开椭圆孔后的应力和位移场分析结果（亦即 Inglis 解），按弹性理论算得当椭圆孔短轴尺寸趋于零时，系统中弹性应变能的改变为

$$\Delta U = -\frac{\pi\sigma^2 a^2 B}{E} = -\frac{\pi\sigma^2 A^2}{4EB}$$

式中　E——材料的弹性模量；

A——裂纹单侧自由表面的面积，$A = 2aB$。

于是，由于产生了裂纹，系统的弹性应变能成为

$$U = U_0 + \Delta U = U_0 - \frac{\pi\sigma^2 A^2}{4EB} \tag{a}$$

另一方面，形成裂纹表面需要提供一定的能量。如设形成单位新表面所需的表面能为 γ_s，则形成该裂纹所需的总表面能为

$$\Gamma = 2A\gamma_s \tag{b}$$

式中，$2A$ 为裂纹的总表面积，亦即裂纹上下表面积之和。

故产生长度为 $2a$ 的穿透裂纹之后，系统的总势能为

$$\Pi = U + \Gamma = U_0 - \frac{\pi\sigma^2 A^2}{4EB} + 2A\gamma_s$$

根据势能驻值原理，在平衡状态时，应有

$$\frac{\partial \Pi}{\partial A} = 0 \quad 或 \quad -\frac{\partial U}{\partial A} = \frac{\partial \Gamma}{\partial A} \tag{c}$$

将式（a）和式（b）代入，则得

$$\frac{\pi\sigma^2 A}{2EB} = \frac{\pi\sigma^2 a}{E} = 2\gamma_s \tag{2-1}$$

由于 $\frac{\partial^2 \Pi}{\partial A^2} = -\frac{\pi\sigma^2}{2EB} < 0$，所以 Griffith 认为：当裂纹尺寸满足式（2-1）时，裂纹将处于不稳定平衡状态，Π 有极大值，亦即裂纹处于扩展的临界状态。

如令

$$G_I = -\frac{\partial U}{\partial A} = \frac{\pi\sigma^2 a}{E} \tag{2-2a}$$

$$G_{Ic} = \frac{\partial \Gamma}{\partial A} = 2\gamma_s \tag{2-2b}$$

实际上，G_I 就是裂纹扩展单位面积系统所释放出的能量，称为能量释放率，它是促使裂纹扩展的驱动力；而 G_{Ic} 则为裂纹扩展单位面积形成自由表面所需要的能量，是材料本身抵抗裂纹扩展的能力，故称之为材料的断裂韧性，其值可由实验测定。显然，当 $G_I < G_{Ic}$ 时，裂纹不会发生开裂，从而处于稳定状态；当 $G_I = G_{Ic}$ 时，裂纹具备了开裂扩展的条件，达到了不稳定的临界状态；当 $G_I > G_{Ic}$，裂纹就会突然开裂并迅速扩展，直至断裂。通常把裂纹发生迅速扩展的现象称为失稳扩展。因此，Ⅰ型裂纹脆性断裂的能量判据（又称 G 判据）为

$$G_I = G_{Ic} \tag{2-3}$$

由此可得，断裂应力 σ_f 与裂纹临界尺寸 a_c 之间的关系为

$$\sigma_f = \sqrt{\frac{EG_{Ic}}{\pi a_c}}$$

由于脆性材料或高强度材料的韧性一般很低，对裂纹非常敏感，因此容易发生低应力脆断。例如，美国北极星导弹发动机壳体的工作应力达 1400MPa，而壳体材料的断裂韧性 G_{Ic} 仅为 $16.2\mathrm{N \cdot mm/mm^2}$，此时裂纹的临界尺寸 a_c 为 0.526mm，由于探伤仪灵敏度有限，这样小的裂纹往往漏检，因而发生低应力脆断也就不足为奇了。

Griffith 理论的重要意义在于它第一次确立了应力、裂纹尺寸和材料断裂韧性之间的关系，为断裂力学的创立奠定了理论基础。但由于该结果是针对完全脆性材料在线弹性材料前提下导出的，因而要求裂纹在扩展过程中始终保持线弹性，而不允许出现任何塑性现象，从而使其应用受到了限制。这也就是 Griffith 理论长期得不到重视和发展的原因。

在 Griffith 理论提出 30 年之后，Orowan（奥罗文）通过对金属材料裂纹扩展过程的研究指出，对于金属材料裂纹扩展前在其尖端附近会产生一个塑性变形区，裂纹扩展必须首先通过塑性区，因此提供裂纹扩展的能量除用于形成新表面所需的表面能外，还用于塑性变形所作的塑性功。如设裂纹扩展单位面积内力在塑性变形过程中所作的塑性功为 γ_p，则形成裂纹总表面积所需的能量为

$$\varGamma = 2A\left(\gamma_s + \gamma_p\right)$$

因此，对于金属材料的断裂，应有

$$G_{Ic} = \frac{\partial \varGamma}{\partial A} = 2\left(\gamma_s + \gamma_p\right) \tag{2-4}$$

Griffith 理论经 Orowan 这一修正，便可应用于金属材料的裂纹扩展问题。

最后尚需说明，以上公式是以薄板为模型而建立的，属于平面应力问题。对于平面应变情况，应用时只要把上述公式中的 E 代之以 $E/(1-\mu^2)$，μ 为材料的泊松比，即得平面应变状态下的解答。

2.3 应力强度因子理论

Griffith 和 Orowan 从能量平衡的角度，分析得出了 I 型裂纹脆性断裂的能量判据，但形成新裂纹所需的能量率测定较为困难，不便于实际应用。实际上裂纹在外力作用下处于平衡还是扩展，与裂纹尖端附近的应力分布有直接关系。为此，Irwin 在他人对裂纹尖端的应力和位移场进行分析而得到一组具有奇异性解的基础上，通过研究，提出了一个新的力学参量—应力强度因子，并建立了相应的断裂判据。这样一来，断裂问题便与弹性力学广泛地联系起来，从而形成了线弹性断裂力学体系。

2.3.1 二维弹性断裂问题的解

1）I 型穿透裂纹尖端附近的应力场

如图 2-4 所示，一无限大平板中心有一长度为 $2a$ 的穿透裂纹，在远离裂纹的地方沿 x 和 y 方向作用有均布的拉应力 σ。此即 Westergaard（威斯特噶尔德）于 1939 年提出的关于脆性断裂问题的力学模型。根据弹性力学平面问题的基本方程，Westergaard 利用复变函

数表示的应力函数，并联系相应的边界条件，导出了这一问题的力学解答。在 xy 平面内裂纹尖端附近任意一点 $P(\theta, r)$ 处的应力场为

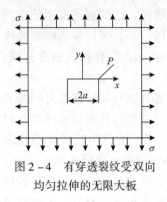

图 2-4 有穿透裂纹受双向均匀拉伸的无限大板

$$\sigma_x = \frac{K_{\mathrm{I}}}{\sqrt{2\pi r}}\cos\frac{\theta}{2}\left[1 - \sin\frac{\theta}{2} \cdot \sin\frac{3\theta}{2}\right]$$

$$\sigma_y = \frac{K_{\mathrm{I}}}{\sqrt{2\pi r}}\cos\frac{\theta}{2}\left[1 + \sin\frac{\theta}{2} \cdot \sin\frac{3\theta}{2}\right]$$

$$\tau_{xy} = \frac{K_{\mathrm{I}}}{\sqrt{2\pi r}}\sin\frac{\theta}{2} \cdot \cos\frac{\theta}{2} \cdot \cos\frac{3\theta}{2} \tag{2-5}$$

$$\sigma_z = \begin{cases} 0 & \text{平面应力} \\ \mu(\sigma_x + \sigma_y) & \text{平面应变} \end{cases}$$

式中

$$K_{\mathrm{I}} = \sigma\sqrt{\pi a} \tag{2-6}$$

2）Ⅱ型穿透裂纹尖端附近的应力场

对具有中心穿透裂纹的无限大平板的Ⅱ型裂纹，求解其裂纹尖端附近应力场的力学模型如图 2-5 所示。裂纹长为 $2a$，在远离裂纹的地方作用有如图所示的剪应力 τ。根据弹性力学平面问题的基本方程及边界条件，选用适当的应力函数，可求得Ⅱ型穿透裂纹尖端附近的应力场为

$$\sigma_x = -\frac{K_{\mathrm{II}}}{\sqrt{2\pi r}}\sin\frac{\theta}{2}\left[2 + \cos\frac{\theta}{2} \cdot \cos\frac{3\theta}{2}\right]$$

$$\sigma_y = \frac{K_{\mathrm{II}}}{\sqrt{2\pi r}}\sin\frac{\theta}{2} \cdot \cos\frac{\theta}{2} \cdot \cos\frac{3\theta}{2}$$

$$\tau_{xy} = \frac{K_{\mathrm{II}}}{\sqrt{2\pi r}}\cos\frac{\theta}{2}\left[1 - \sin\frac{\theta}{2} \cdot \sin\frac{3\theta}{2}\right] \tag{2-7}$$

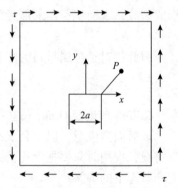

图 2-5 有穿透裂纹受平面内均匀剪力的无限大板

$$\sigma_z = \begin{cases} 0 & \text{平面应力} \\ \mu(\sigma_x + \sigma_y) & \text{平面应变} \end{cases}$$

式中

$$K_{\mathrm{II}} = \tau\sqrt{\pi a} \tag{2-8}$$

3）Ⅲ型穿透裂纹尖端附近的应力场

关于求解无限大板中Ⅲ型穿透裂纹问题的力学模型如图 2-6 所示。裂纹长度为 $2a$，在远离裂纹的地方作用有如图所示的剪应力 τ，其方向垂直于 xy 平面。可见，与Ⅰ、Ⅱ型裂纹不同，Ⅲ型裂纹已不属于平面问题。但在小变形条件下，其应力和变形仍仅为坐标 x、y 的函数，而与坐标 z 无关，因而仍属于二维问题。与Ⅱ型裂纹问题类似，可求得Ⅲ型裂纹尖端附近的应力场为

$$\tau_{xz} = -\frac{K_{\text{III}}}{\sqrt{2\pi r}}\sin\frac{\theta}{2}$$

$$\tau_{yz} = \frac{K_{\text{III}}}{\sqrt{2\pi r}}\cos\frac{\theta}{2} \qquad (2-9)$$

式中

$$K_{\text{III}} = \tau\sqrt{\pi a} \qquad (2-10)$$

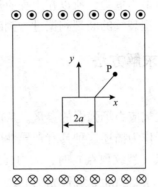

图 2 – 6   有穿透裂纹受反平面
均匀剪力的无限大板

2.3.2   应力强度因子及其断裂判据

以上给出的二维弹性断裂问题的应力解答，可用张量符号统一标记为

$$\sigma_{ij} = \frac{K_{\text{L}}}{\sqrt{2\pi r}}\widetilde{\sigma}_{ij}\ (\theta) \qquad (2-11)$$

式中 $\widetilde{\sigma}_{ij}\ (\theta)$ 为角分布函数。

由此可见，裂纹尖端的应力场有以下特点：

（1）应力分量 σ_{ij} 与 $\sqrt{2\pi r}$ 成反比。因此当 $r \to 0$ 时，$\sigma_{ij} \to \infty$，这说明裂纹尖端的应力场具有 $r^{-1/2}$ 奇异性；而当 $r \to \infty$，无论边界条件如何，都有 $\sigma_{ij} \to 0$，与实际情况不符，这说明式（2 – 11）并非问题的真解，只有在裂纹尖端附近，即 $r \ll a$ 时，才具有足够的精度。

（2）应力场的分布是通过 r 的奇异性及角分布函数 $\widetilde{\sigma}_{ij}\ (\theta)$ 来描述的。

（3）K_{L} 是所有应力分量 σ_{ij} 的公共因子，其大小与裂纹尺寸和外界应力有关，而与坐标无关。它反映了裂纹尖端应力场的强弱程度，故被称之为应力强度因子，亦即 Irwin 所引入的新力学参量，单位为 $\text{N/mm}^{1.5}$，下标"L"表示裂纹的扩展型式。

将式（2 – 2）与式（2 – 6）比较，并考虑到平面应变情况，则应力强度因子 K_{I} 和能量释放率 G_{I} 之间有以下关系

$$G_{\text{I}} = \begin{cases} K_{\text{I}}^2/E & \text{平面应力} \\ (1-\mu^2)\ K_{\text{I}}^2/E & \text{平面应变} \end{cases} \qquad (2-12)$$

这说明在讨论线弹性断裂问题时，二者是等价的。所以，按应力强度因子理论建立的

断裂判据可表示为

$$K_L = K_{Lc} \qquad (2-13)$$

又称之为脆性断裂的 K 判据。它表示当应力强度因子 K_L 达到某一临界值 K_{Lc} 时，裂纹将会发生失稳扩展。同 G_{Ic} 一样，K_{Ic} 也是反映材料本身抵抗裂纹扩展能力的性能指标，所以也称之为材料的断裂韧性，其值可由实验测定。对于 I、II、III 型裂纹，式（2-13）可分别写成

$$K_I = K_{Ic}, \quad K_{II} = K_{IIc}, \quad K_{III} = K_{IIIc} \qquad (2-14)$$

由于 I 型裂纹最为常见，也最为危险，所以在工程应用中，一般把 II、III 型裂纹转化成 I 型裂纹来处理，统一采用 I 型裂纹的断裂判据进行判断。

2.3.3 应力强度因子求解方法

1）应力强度因子的一般定义

应力强度因子是描述裂纹尖端应力场强弱的参量。从前面的分析可知，裂纹尖端的应力场具有奇异性。应力强度因子作为描述这种具有奇异性应力场的参量，当考虑裂纹尖端区域任意一点的坐标趋于奇异点（裂纹顶点）时，应力强度因子更一般的定义为

$$\left.\begin{array}{l} K_I = \lim_{r \to 0} \sqrt{2\pi r} \cdot \sigma_y \mid_{\theta=0} \\[2mm] K_{II} = \lim_{r \to 0} \sqrt{2\pi r} \cdot \tau_{xy} \mid_{\theta=0} \\[2mm] K_{III} = \lim_{r \to 0} \sqrt{2\pi r} \cdot \tau_{xy} \mid_{\theta=0} \end{array}\right\} \qquad (2-15)$$

由此可以看出，要求解裂纹尖端的应力强度因子，只要把裂纹尖端的应力场先求出来，然后按式（2-15）取其在裂纹尖端处的极限值即可。

裂纹尖端应力场的求解方法一般可分为四种：一是根据弹性理论按严格的边界条件求得相对精确的解析解（如 Westergaard 和 Muskhelishvili 应力函数法），这种解法只实用于一些简单的断裂问题，如具有穿透裂纹的无限大平板等；二是根据弹性理论按近似的边界条件（或不完全的边界条件）求得近似的解析解（如边界配位法），这种解法实用于一些形状规则的裂纹体的断裂问题，如三点弯曲试样和紧凑拉伸试样等；三是数值解法（如有限单元法），这种解法实用于各种裂纹体的断裂问题，但只针对具体尺寸的裂纹体，无解析解；四是实验法，借助于实验手段来获得裂纹尖端区域的应力场分布。

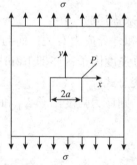

图 2-7 具有穿透裂纹并受单向均匀拉伸的无限大板

2）应力强度因子的迭加原理及其应用

在一定条件下，应力强度因子还可借助于迭加法求解。当裂纹体受不同载荷作用时，在弹性范围内对同一裂纹的同一扩展型式来说，组合载荷在该裂纹尖端处引起的应力强度因子等于各载荷在该裂纹尖端处引起的应力强度因子之和。

作为迭加原理的应用，现考察图 2-7 示带有穿透裂纹并受单向均匀拉伸的无限大平板。对于这一裂纹模型，可用 Muskhelishvili 应力函数来求解其裂纹尖端的应力强度因子，但更为简单的方法是采用应力强度因子的迭加原理进行求解。

如图 2-8 所示，受双向拉伸的平板图 2-8（a）可看成是

两个相互垂直的单向拉伸情况图2-8（b）和图2-8（c）的组合。由于平行于裂纹的拉应力 σ 不引起裂尖应力集中，因此图2-8（c）所示裂纹问题的应力强度因子为零，故对于具有穿透裂纹的无限大板，沿裂纹法向受均布拉应力 σ 作用引起的应力强度因子，与双向受均布拉应力 σ 作用引起的应力强度因子相等，即

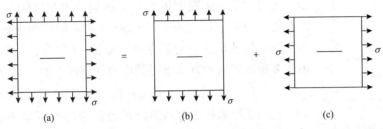

（a）　　　　　　　（b）　　　　　　　（c）

图2-8　应力强度因子迭加计算图解

$$K_{\mathrm{I}}^{(\mathrm{b})} = K_{\mathrm{I}}^{(\mathrm{a})} = \sigma\sqrt{\pi a} \tag{2-16}$$

同理可得，图2-9所示在裂纹面上受均布压应力 σ 作用引起的应力强度因子与图2-7所示情况是等同的。

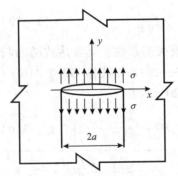

图2-9　具有穿透裂纹并在裂纹面上
作用有均匀压力的无限大板

2.3.4　几种其他带穿透裂纹构件的 K_{I} 计算公式

目前绝大多数基本弹性裂纹问题似乎都已用解析法或数值法给出解答，有许多摘有应力强度因子的书籍可查，《应力强度因子手册》是这方面最完整的原始资料。除前已介绍的穿透裂纹模型以外，这里再列出几种其他带穿透裂纹构件的应力强度因子公式。

1）无限大板中受对称劈开力作用的穿透裂纹

图2-10为一具有穿透裂纹的无限大板，在裂纹面的 $x = \pm b$ 处各作用一对劈开力 P。对这一问题，可采用Westergaard应力函数进行求解，其应力强度因子为

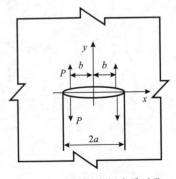

图2-10　无限大板中受对称
劈开力作用的穿透裂纹

$$K_{\mathrm{I}} = \frac{2P}{\sqrt{a^2 - b^2}}\sqrt{\frac{a}{\pi}} \tag{2-17}$$

利用这一解答，可根据应力强度因子迭加原理来求解裂纹面上受任意对称分布压力作用的裂纹问题，例如图 2-9 所示的裂纹模型。

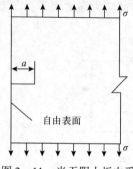

图 2-11　半无限大板中受
单向均匀拉伸的边缘裂纹

2）半无限大板中受单向均匀拉伸的边缘裂纹

受单向均匀拉伸半无限大板中的边缘裂纹模型如图 2-11 所示，可看成是由无限大板中心穿透裂纹模型（图 2-7）对称切割而得，但由于切割后的对称面失去了相互约束而成为自由边界。为近似满足这一边界条件，Koiter（库艾特）采用复变应力函数多项式映射的方法求得其应力强度因子为

$$K_I = 1.1\sigma \sqrt{\pi a} \qquad (2-18)$$

比较无限大板中穿透裂纹模型的应力强度因子表达式（2-16），可以看出式（2-18）中的系数 1.1 反映了自由边界对应力强度因子的影响。

3）三点弯曲试样

图 2-12 所示为三点弯曲试样，裂纹尖端的应力强度因子可通过边界配位法求得，其表达式为

$$K_I = \frac{PL}{BW^{3/2}} \cdot f\left(\frac{a}{W}\right) \qquad (2-19)$$

其中 $f(a/W)$ 为与 a/W 有关的系数，其表达式随回归方法不同而异。在 ASTM E399—2017 和我国 GB/T 4161—2007 中，$f(a/W)$ 按式（2-20）计算

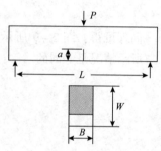

图 2-12　三点弯曲试样

$$f\left(\frac{a}{W}\right) = \frac{3\left(\dfrac{a}{W}\right)^{1/2}\left\{1.99 - \dfrac{a}{W}\left(1 - \dfrac{a}{W}\right)\left[2.15 - 3.93\dfrac{a}{W} + 2.7\left(\dfrac{a}{W}\right)^2\right]\right\}}{2\left(1 + 2\dfrac{a}{W}\right)\left(1 - \dfrac{a}{W}\right)^{3/2}} \qquad (2-20)$$

4）紧凑拉伸试样

对于图 2-13 所示的标准紧凑拉伸试样，裂纹尖端的应力强度因子同样可通过边界配位法求得，其表达式为

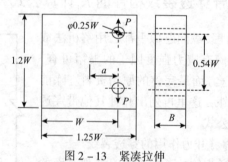

图 2-13　紧凑拉伸

$$K_I = \frac{P}{BW^{1/2}} \cdot f\left(\frac{a}{W}\right) \qquad (2-21)$$

其中 $f(a/W)$ 的意义同前。美国 ASTM E399—2017 和我国 GB 4161—2007 推荐按下式计算

$$f\left(\frac{a}{W}\right) = \frac{\left(2 + \dfrac{a}{W}\right)\left[0.886 + 4.64\dfrac{a}{W} - 13.32\left(\dfrac{a}{W}\right)^2 + 14.72\left(\dfrac{a}{W}\right)^3 - 5.6\left(\dfrac{a}{W}\right)^4\right]}{\left(1 - \dfrac{a}{W}\right)^{3/2}}$$

$$(2-22)$$

2.3.5 非穿透裂纹的 K_{I} 计算公式

前面给出的应力强度因子计算公式都是针对穿透裂纹而言的，而实际中绝大多数板和壳体的破裂，常常是在裂纹没有穿透厚度的情况下发生的。对于锻件、铸件和焊接结构，裂纹及平面缺陷也多数存在于构件的内部及表面。因此，对非穿透裂纹（埋藏裂纹和表面裂纹）的分析，是断裂力学的重要内容。

1）椭圆片状埋藏裂纹

设一无限大体内有一椭圆形片状裂纹，如图 2 - 14 所示，在与裂纹面垂直的方向上受均布拉应力 σ 作用。裂纹的长轴为 $2c$，短轴为 $2a$，周界上任意点 P 处所对应的方位角为 β。Irwin 根据 Green（格林）和 Snedden（斯耐登）对弹性体内椭圆片状裂纹附近的应力场分析结果，推出裂纹周界上任意点 P 处的应力强度因子为

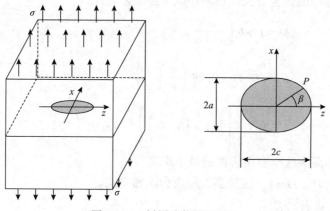

图 2 - 14 椭圆片状深埋裂纹

$$K_{\mathrm{I}} = \frac{\sigma\sqrt{\pi a}}{\phi}\left[\sin^2\beta + \left(\frac{a}{c}\right)^2\cos^2\beta\right]^{1/4} \qquad (2-23)$$

式中 ϕ 为第二类椭圆积分。

$$\phi = \int_0^{\pi/2}\left[\sin^2\beta + \left(\frac{a}{c}\right)^2\cos^2\beta\right]^{1/2}\mathrm{d}\beta \approx \left[1 + 1.464\left(\frac{a}{c}\right)^{1.65}\right]^{1/2} \qquad (2-24)$$

从式（2-23）可以看出，埋藏裂纹周界上各点的 K_{I} 值是不同的，随方位角 β 的变化而改变，在 $\beta = \pm\pi/2$ 处，即在裂纹短轴上，K_{I} 值最大。工程上一般把椭圆片状埋藏裂纹在短轴上的最大应力强度因子作为其应力强度因子计算的基本公式，即

$$K_{\mathrm{I}} = \sigma\sqrt{\pi a}/\phi \qquad (2-25)$$

对于圆形片状裂纹，由于 $a = c$、$\phi = \pi/2$，则

$$K_1 = 2\sigma \sqrt{a/\pi} \qquad (2-26)$$

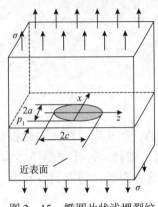

图 2 – 15 椭圆片状浅埋裂纹

以上埋藏裂纹的应力强度因子是建立在无限体之上的，为深埋裂纹。而实际中如板和压力容器的壳体中的内部缺陷大多数都距离表面较近，属于浅埋裂纹，因此上述应力强度因子计算公式还不能完全适用于工程情况。

关于半无限体或有限体中的浅埋裂纹，如图 2 – 15 所示，由于问题的复杂性，其应力强度因子的精确解很难得到。为寻找这类问题的近似解，可假想图 2 – 15 所示的裂纹模型是由图 2 – 14 所示模型在靠近裂纹的部位垂直截取而得。这样，由于所截截面成了自由表面，弹性约束减少，应力松弛，从而使靠近自由表面的裂尖应力强度因子增大。于是，如考虑自由表面对 K_1 的影响，而在式（2 – 25）中引入一个修正系数，即可求得浅埋裂纹的应力强度因子近似表达式，其形式如下

$$K_1 = \frac{\Omega}{\phi}\sigma \sqrt{\pi a} \qquad (2-27)$$

式中 Ω 即为考虑自由表面的影响而引入的一个修正系数，称为近表面修正系数，与裂纹尺寸及裂纹在裂纹体中的位置有关。可采用以下经验公式计算：

$$\Omega = 1 + b\left(\frac{a}{p_1 + a}\right)^k$$

$$b = \left[0.42 + 2.23\left(\frac{a}{c}\right)^{0.8}\right]^{-1} \qquad (2-28)$$

$$k = 3.3 + \left[1.1 + 50\left(\frac{a}{c}\right)\right]^{-1} + 1.95\left(\frac{a}{c}\right)^{1.5}$$

式中　p_1——为埋藏裂纹至自由表面的最小距离。

可见当 $p_1 \to \infty$ 时，$\Omega = 1$，浅埋裂纹就成为深埋裂纹。

2）半椭圆片状表面裂纹

对实际构件，尤其是压力容器来说，表面裂纹是最常见的，如图 2 – 16 所示。若裂纹深度 a 远比板厚 B 小得多，即 $a \ll B$，可把它视为半无限体中的表面裂纹或浅表面裂纹；否则，按有限体中的表面裂纹或深表面裂纹处理。

由于表面裂纹问题很复杂，用数学方法处理难度较大，其应力强度因子的计算只能通过不同方法得到各种近似估算公式。对于浅表面裂纹，Irwin 从深埋裂纹出发，通过与二维问题进行类比，求得了这类问题的近似解答。他认为：浅表面裂纹的应力强度因子与深埋裂纹

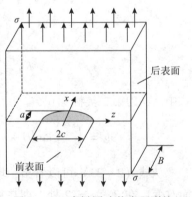

图 2 – 16　半椭圆片状表面裂纹

的应力强度因子之比，等于半无限大板中边缘裂纹的应力强度因子与无限大板中心穿透裂纹的应力强度因子之比。因此有

$$K_I = \frac{1.1}{\phi} \sigma \sqrt{\pi a} \qquad (2-29)$$

亦即浅表面裂纹最深点的应力强度因子是深埋裂纹的 1.1 倍。

式（2-29）是比较粗略的，它既没有考虑裂纹的几何参数 a/c 对 K_I 的影响，也没有考虑后表面对 K_I 的影响，因而不适用于表面裂纹较深的情况。

与浅表面裂纹相比，深表面裂纹更为复杂。为了求得这类问题的近似解，一般也都从深埋裂纹出发，考虑前后自由表面对 K_I 的影响，予以修正，从而得出深表面裂纹的应力强度因子近似计算公式，即

$$K_I = \frac{F}{\phi} \sigma \sqrt{\pi a} \qquad (2-30)$$

式中 F 为前后表面修正系数，与裂纹尺寸及裂纹体的厚度有关。目前，关于 F 的表达形式很多，但其结果差别较大。我国在大量实验基础上，对 20 多个经验公式进行了综合评价，认为其中 Schmitt-Keim（施米特 – 凯姆）于 1979 年通过对受压圆筒裂纹能量释放率的有限元计算提出的公式，误差最小且又简单，其形式为

$$F = 1.1 + 5.2 \times (0.5)^{5a/c} \times \left(\frac{a}{B}\right)^{1.8+a/c} \qquad (2-31)$$

式中 B——为裂纹体的厚度。

可见当 $a \ll B$ 时，$F \to 1.1$，深表面裂纹就成为浅表面裂纹。

2.3.6 K_I 的塑性修正与线弹性断裂理论的适用范围

根据弹性理论分析结果，裂纹尖端附近的应力场为奇异场，即当 $r \to 0$ 时，$\sigma_y \to \infty$。然而就大多数金属材料来讲，当裂纹尖端的应力超过材料的屈服限后，会在该处形成一个或大或小的塑性区，应力不会无限地增大。显然，塑性区的存在将会对前述裂尖附近的应力分布之精确性产生影响，从而使线弹性断裂理论的适用性受到限制。但当裂纹尖端的塑性区很小时，塑性区被广大弹性区所包围，此时只要对塑性区的影响作出修正，线弹性断裂力学仍然适用。

1）塑性区的形状和尺寸

裂纹尖端塑性区的形状和尺寸可通过裂纹尖端附近应力场的线弹性解答结合 Mises 屈服条件来分析。裂纹类型不同，裂纹尖端塑性区的形状也不尽相同。为便于分析，现以 I 型穿透裂纹为例进行讨论。

按 Mises 屈服准则，复杂应力状态下的当量应力为

$$\bar{\sigma} = \sqrt{\frac{1}{2}\left[(\sigma_1 - \sigma_2)^2 + (\sigma_2 - \sigma_3)^2 + (\sigma_3 - \sigma_1)^2\right]} \qquad (a)$$

式中 σ_1、σ_2、σ_3 为所考虑点的三个主应力。由材料力学可知，平面问题的三个主应力可按下式求得

$$\sigma_{1,2} = \frac{\sigma_x + \sigma_y}{2} \pm \sqrt{\left(\frac{\sigma_x - \sigma_y}{2}\right)^2 + 4\tau_{xy}^2}, \quad \sigma_3 = \sigma_z$$

由 I 型穿透裂纹尖端附近的应力表达式（2-5），并注意到 $K_I = \sigma \sqrt{\pi a}$，则有

$$\sigma_{1,2} = \frac{K_\mathrm{I}}{\sqrt{2\pi r}}\cos\frac{\theta}{2}\cdot\left(1\pm\sin\frac{\theta}{2}\right), \quad \sigma_3 = \begin{cases} 0 & \text{平面应力} \\ \mu\ (\sigma_1+\sigma_2) & \text{平面应变} \end{cases} \tag{b}$$

将式（b）代入式（a），经整理可得相应的当量应力表达式为

$$\overline{\sigma} = \frac{K_\mathrm{I}}{\sqrt{2\pi r}}\cos\frac{\theta}{2}\cdot\sqrt{\lambda^2+3\sin^2\frac{\theta}{2}} \tag{2-32a}$$

式中

$$\lambda = \begin{cases} 1 & \text{平面应力} \\ 1-2\mu & \text{平面应变} \end{cases} \tag{2-32b}$$

令 $\overline{\sigma}=\sigma_s$，即得裂纹端部塑性区的边界曲线方程为

$$r = \frac{K_\mathrm{I}^2}{2\pi\sigma_s^{\ 2}}\cos^2\frac{\theta}{2}\cdot\left(\lambda^2+3\sin^2\frac{\theta}{2}\right) \tag{2-33}$$

按方程（2-33）绘出的塑性区形状如图 2-17 所示，图中实线为平面应力情况，虚线为平面应变情况。在裂纹面（$\theta=0$）上，塑性区的尺寸为

$$r_0 = \frac{\lambda^2}{2\pi}(K_\mathrm{I}/\sigma_s)^2 \tag{2-34}$$

可见，平面应变条件下的塑性区较平面应力条件下小得多，若取材料的泊松比 $\mu=0.3$，则在裂纹面上，平面应变条件下的塑性区尺寸仅为平面应力条件下的 16%。这是因为在平面应变条件下，由于 z 方向上的弹性约束，使得裂纹尖端附近的材料处于三向拉应力状态，故在同样的外载作用下，平面应变状态的当量应力远低于平面应力的情况。亦即，相对来说，平面应变状态不易发生塑性变形。取一厚板，表面因厚度方向约束为零而处于平面应力状态；由表及里，随着约束逐渐增大由平面应力状态向平面应变状态过渡，直至最后达到平面应变状态。因此，厚板中裂纹尖端的塑性区，中部较小，越接近表面越大，其变化情况如图 2-18 所示。

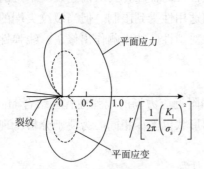

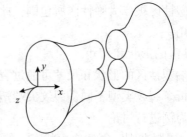

图 2-17 裂纹尖端的塑性区　　图 2-18 厚板裂纹尖端塑性区沿厚度的变化

但应指出，上述塑性区的形状及尺寸，仅仅是裂纹端部弹性应力分布中满足屈服条件的点所围成的边界，并非真正的塑性区范围。实际上，当材料发生屈服后，裂纹端部的应力将随之重新分布，同时塑性区进一步扩展。为说明应力重新分布对塑性区尺寸的影响，让我们来分析裂纹面上的垂直应力分量。

由式（2-5）和式（2-32）可知，裂纹面（$\theta=0$）上的垂直应力分量为

$$\sigma_y = K_\mathrm{I}/\sqrt{2\pi r} = \overline{\sigma}/\lambda \tag{c}$$

其分布形式如图 2 - 19 中虚线 ABC 所示。如设材料为理想弹塑性体，则屈服后的实际应力为

$$\sigma_{ys} = \sigma_s / \lambda \tag{d}$$

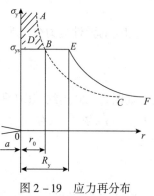

图 2 - 19　应力再分布
对塑性区的影响

这样，为保持力的平衡关系，在 $r \leqslant r_0$ 的塑性区内超出 σ_{ys} 的那一部分应力（图中阴影部分）将向 $r > r_0$ 的区域传递，使其局部应力升高，部分材料发生屈服。结果应力分布由图中虚线 ABC 变为实线 DEF，塑性区从 r_0 扩展到 R_y。根据力的平衡条件，虚线 ABC 以下的面积应等于实线 DEF 以下的面积。由于实线 EF 可认为是虚线 BC 的平移，所以二者以下的面积近似相等，于是只需虚线 AB 以下的面积等于实线 DE 以下的面积，即

$$\int_0^{r_0} \sigma_y \mathrm{d}r = R_y \cdot \sigma_{ys}$$

将式（c）和式（d）代入，经积分可得

$$R_y = \frac{\lambda K_I}{\sigma_s} \frac{\sqrt{2r_0}}{\sqrt{\pi}}$$

再由式（2 - 34），则有

$$R_y = \frac{\lambda^2}{\pi} (K_I / \sigma_s)^2 = 2r_0 \tag{2-35}$$

可见，考虑应力重新分布后，塑性区的尺寸增大了 1 倍。

以上关于塑性区尺寸的讨论，是对理想弹塑性材料而言的，即材料屈服后无硬化现象。而工程中所用的金属材料大都有硬化现象，因此真实的塑性区尺寸一般都在 r_0 和 R_y 之间。

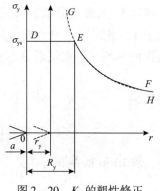

图 2 - 20　K_I 的塑性修正

最后需要指出，塑性区形状及尺寸的确定属于弹塑性范畴的问题，应采用弹塑性力学方法进行分析。以上讨论中所用方法，基本仍属于弹性力学方法，因而所得的裂纹端部塑性区尺寸仅仅是一个粗略的估计值。

2）K_I 的塑性修正

由于塑性区的出现，裂纹尖端应力场的分布发生了变化，应力强度因子也必然随之发生变化。因此，严格地讲，只要裂纹尖端存在塑性区，线弹性断裂理论就不再适用。但实践表明，如果裂纹尖端塑性区尺寸很小（$R_y \ll a$），即所谓"小范围屈服"，这时只要对应力强度因子加以修正，仍可用线弹性断裂理论来进行处理。

关于应力强度因子的塑性修正，Irwin 提出了一个简便适用的"等效裂纹尺寸"法。他认为：塑性区引起的应力重新分布与裂纹长度增大引起的应力松弛，效果是等同的。如图 2 - 20 所示，图中实线 DEF 为穿透裂纹尖端附近的实际应力分布，R_y 为塑性区在裂纹面上的尺寸。如设裂纹因塑性区的存在相当于半长 a 增大了 r_y，即等效裂纹尺寸为 $a + r_y$，则考虑塑性区的影响，K_I 的修正公式为

$$K'_1 = \sigma \sqrt{\pi (a + r_y)} \tag{e}$$

相应的弹性应力分布为

$$\sigma_y = \frac{K'_1}{\sqrt{2\pi (r - r_y)}}$$

如图 2-20 虚线 GEH 所示。显然，欲使之在 $r \geqslant R_y$ 以外的区域与实际应力分布吻合，在 E 点 ($r = R_y$) 应有

$$\frac{K'_1}{\sqrt{2\pi (R_y - r_y)}} = \sigma_{ys}$$

将式 (d) 和式 (e) 代入，并注意到 $R_y = \frac{\lambda^2}{\pi}(K_1/\sigma_s)^2$，可解得

$$r_y = \frac{R_y}{2} \cdot \frac{a}{a + (R_y/2)}$$

由于 $R_y/2 \ll a$，$\frac{a}{a + (R_y/2)} \approx 1$，故有

$$r_y = r_0 = \frac{R_y}{2} \tag{2-36a}$$

或偏于保守地认为

$$r_y = \frac{\lambda^2}{2\pi}(K'_1/\sigma_s)^2 \tag{2-36b}$$

上式表明，裂纹尖端塑性区的存在，相当于使裂纹半长增加了约半个塑性区的长度。于是，将式 (2-36b) 代入式 (e) 化简后即得考虑塑性修正后的应力强度因子表达式为

$$K'_1 = \sigma \sqrt{\pi a} / \sqrt{1 - \frac{\lambda^2}{2}(\sigma/\sigma_s)^2} \tag{2-37}$$

式中因数 $1/\sqrt{1 - \lambda^2 (\sigma/\sigma_s)^2/2}$ 即为考虑裂纹尖端塑性区的影响时 K_1 的修正系数。可见，当外加应力 σ 比材料的屈服应力 σ_s 小得多时，修正系数接近于 1，此时可不考虑塑性区的影响；但当 σ 较大时，塑性区尺寸也较大，就必须考虑塑性区的影响，否则结果是不安全的。

对于表面裂纹，当考虑塑性区的影响时，K_1 的修正公式可写成

$$K'_1 = \frac{F}{\phi} \sigma \sqrt{\pi (a + r_y)} \tag{f}$$

但由于表面裂纹前端既非平面应力状态又非平面应变状态，故 Irwin 推荐取 r_y 为

$$r_y = \frac{1}{4\sqrt{2\pi}}(K'_1/\sigma_s)^2 = \frac{0.1768}{\pi}(K'_1/\sigma_s)^2 \tag{g}$$

将式 (g) 代入式 (f) 可得

$$K'_1 = \frac{F\sigma\sqrt{\pi a}}{\sqrt{\phi^2 - 0.1768F^2 (\sigma/\sigma_s)^2}} \tag{2-38a}$$

为简化计算，工程中一般都把上式分母中的前后表面修正系数 F 视为定值，并取 $F^2 = 1.2$。从而有

$$K_I' = \frac{F\sigma\sqrt{\pi a}}{\sqrt{\phi^2 - 0.212(\sigma/\sigma_s)^2}} \qquad (2-38b)$$

同理，对于埋藏裂纹，当考虑塑性区的影响时，Irwin 推荐的 K_I 修正公式为

$$K_I' = \frac{\Omega\sigma\sqrt{\pi a}}{\sqrt{\phi^2 - 0.212(\sigma/\sigma_s)^2}} \qquad (2-39)$$

3）线弹性断裂理论的适用范围

前述裂纹尖端附近的应力场是一个近似解答，如以无限大板中的 I 型穿透裂纹为例，根据式（2-5）给出的线弹性近似解，在裂纹面上（$\theta=0$）垂直应力分量的表达式为

$$\sigma_y = \frac{K_I}{\sqrt{2\pi r}} = \sigma\sqrt{\frac{a}{2r}}$$

而其精确解为

$$\sigma_y^* = \frac{\sigma(a+r)}{\sqrt{2ar+r^2}}$$

由此可得近似解的相对误差为

$$\Delta = \frac{\sigma_y^* - \sigma_y}{\sigma_y^*} = 1 - \frac{\sqrt{1+r/(2a)}}{1+r/a}$$

可见，近似解的相对误差随 r/a 值的增加而增大。当 $r/a=1/5$ 时，$\Delta=12.6\%$；当 $r/a=1/10$ 时，$\Delta=6.85\%$。一般来说，相对误差小于 7% 在工程上是可以接受的。因此，只有在 $r \le a/10$ 的范围内，线弹性断裂力学的近似解才能给出工程上满意的结果。这意味着，为保证线弹性断裂力学的精确性和有效性，裂纹尖端塑性区的大小应限制在以下范围之内，即

$$R_y \le a/10$$

满足以上条件就称为小范围屈服。将式（2-35）代入，上式又可写成

$$a \ge \frac{10\lambda^2}{\pi}(K_I/\sigma_s)^2$$

或

$$\frac{\sigma}{\sigma_s} \le \frac{1}{\sqrt{10\lambda}} = \begin{cases} 0.32 & \text{平面应力} \\ 0.79 & \text{平面应变} \end{cases} \qquad (2-40)$$

应当指出，平面应变状态是厚板的一种极限状态，对板材来说，随着板厚的增加，其应力状态越来越接近于平面应变状态，但达不到绝对的平面应变状态，故工程上通常把应力水平 $\sigma/\sigma_s \le 0.5$ 作为线弹性断裂力学的适用范围。

此外，在材料的断裂韧性测试中，试样厚度也应满足一定的要求，因为试样厚度是影响裂纹尖端塑性区大小的重要因素。如图 2-21 所示，试样薄时，即在平面应力条件下，由于厚度方向易于收缩，裂纹尖端容易产生塑性变形，因而其断裂韧性较高；随着试样厚度的增加，厚度方

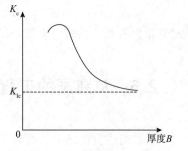

图 2-21　断裂韧性与试样厚度的关系

向的收缩变得困难，裂纹尖端塑性变形受到限制，材料趋于脆化，因而其断裂韧性降低。当厚度达到某一值后，断裂韧性降至最低水平并趋于稳定，这时试样基本上实现了平面应变条件。因此，只有当试件厚度满足平面应变条件时，才能得到稳定的断裂韧性值 K_{Ic}。只有从这个意义上来讲，断裂韧性 K_{Ic} 才与试件的厚度无关，才是材料固有的特性。为保证试样的裂纹端部处于平面应变状态，对于三点弯曲试样和紧凑拉伸试样，美国材料试验协会 ASTM 推荐试样厚度应满足以下要求

$$B \geqslant 2.5 \left(K_{Ic}/\sigma_s \right)^2 \tag{2-41}$$

这一要求对许多中、低强度钢来说，试样厚度可能很大。例如，15MnVR 钢的 $K_{Ic} = 3416\ \text{N/mm}^{1.5}$，$\sigma_s = 392\text{MPa}$，为了满足平面应变要求，其厚度须达到 $B \geqslant 190\text{mm}$。大试样的测试会给试验带来很多问题，一需大吨位试验机，二要浪费很多材料。因此，需要寻求新的衡量材料断裂韧性的参量，以解决用小试件测定断裂韧性的方法。

2.4　压力容器裂纹应力强度因子的计算

上述各种裂纹的应力强度因子计算公式都是以平板为物理模型分析导出的。对压力容器壳体中的裂纹，其尖端区域的应力场与平板中的情况有所不同。

对于厚壁容器，由于其曲率半径相对较小，而承受的压力却比较大，容器器壁上的应力沿壁厚分布很不均匀，故所得结果须作较大的修正，主要是修正曲率的影响以及内压对裂纹的影响。这种修正一般都比较复杂，具体可参阅有关文献。

对于薄壁容器，其曲率半径相对较大，所受压力也较低，器壁上的应力可认为沿壁厚是均布的，与平板受力情况相同。所以，对薄壁容器中的非穿透裂纹，其应力强度因子可近似按平板中相应裂纹的应力强度因子公式计算，与实际情况基本相符。但对穿透裂纹，由于裂纹处的约束受到削弱，在内压作用下会使裂纹所在部位发生径向鼓胀，从而在裂纹尖端产生附加弯曲应力。因此，当考虑这种附加弯曲应力的作用时，要对应力强度因子中的工作应力进行鼓胀效应修正，亦即将按平板计算的 K_I 值再乘以一个鼓胀效应系数 M_g。M_g 的大小与容器半径 R、器壁厚度 B 以及穿透裂纹的半长 a 等因素有关，其值按下式确定

$$M_g = \left(1 + \alpha \frac{a^2}{RB} \right)^{1/2} \tag{2-42}$$

式中 α 为系数。圆筒形容器：轴向裂纹 $\alpha = 1.61$，环向裂纹 $\alpha = 0.32$；球形容器 $\alpha = 1.93$。

2.5　K 判据的工程应用与实例

根据前述分析结果，所有 I 型裂纹的应力强度因子可统一表达成如下形式：

$$K_I = Y\sigma \sqrt{\pi a} \tag{2-43}$$

式中 Y 为与裂纹类型、大小、位置等几何因素有关的形状系数，一般 $Y \geqslant 1$，其数值可通过计算或查阅有关应力强度因子手册得到。

可见，K 判据 $K_I = K_{Ic}$，描述了裂纹处于临界状态时工作应力、裂纹尺寸与材料断裂韧性三者之间的关系。因此，工程中运用 K 判据可进行以下工作：

2.5.1 确定裂纹体的容限裂纹尺寸

当给定载荷、材料的断裂韧性及裂纹体的几何形态时，运用 K 判据可确定裂纹的容限尺寸，亦即裂纹开裂时的临界尺寸。

例题 2 – 1 一受拉应力 $\sigma = 750\text{MPa}$ 作用的板式构件，由某种合金钢制成。已知该合金钢在不同回火温度下测得的性能为：275℃ 回火时，$\sigma_s = 1780\text{MPa}$，$K_{Ic} = 52\text{MN/m}^{1.5}$；600℃ 回火时，$\sigma_s = 1500\text{MPa}$，$K_{Ic} = 100\text{MN/m}^{1.5}$。如构件中存在有边缘裂纹，试求在两种回火温度下构件的容限裂纹尺寸 a_c。

解：按照断裂力学的观点，当 $K_I = K_{Ic}$ 时，对应的裂纹尺寸即为 a_c。

由于 $\sigma/\sigma_s \leqslant 0.5$，故边缘裂纹的应力强度因子可按式（2 – 18）计算，即

$$K_{Ic} = 1.1\sigma \sqrt{\pi a}$$

故得

$$a_c = \frac{1}{\pi}\left(\frac{K_{Ic}}{1.1\sigma}\right)^2$$

当 275℃ 回火时，$a_c = \dfrac{1}{\pi}\left(\dfrac{52}{1.1 \times 750}\right)^2 = 0.00126\text{m} = 1.26\text{mm}$

当 600℃ 回火时，$a_c = \dfrac{1}{\pi}\left(\dfrac{100}{1.1 \times 750}\right)^2 = 0.00468\text{m} = 4.68\text{mm}$

从强度指标来看，275℃ 回火的合金钢略优于 600℃ 回火，但从断裂韧性指标来看，600℃ 回火比 275℃ 回火要好得多。因此权衡考虑，应选用 600℃ 回火。

2.5.2 确定裂纹体的临界载荷

若已知裂纹体及裂纹的几何参数和材料的断裂韧性，运用 K 判据可确定裂纹体的临界载荷。

例题 2 – 2 某钢制压力气瓶，内径 $D_i = 500\text{mm}$，壁厚 $B = 30\text{mm}$，瓶体上有一条长度 $2c = 480\text{mm}$，深度 $a = 13\text{mm}$ 的纵向表面裂纹。若瓶体材料的屈服极限 $\sigma_s = 538\text{MPa}$，断裂韧性 $K_{Ic} = 3480\text{N/mm}^{1.5}$，试按断裂力学观点求其开裂压力 p_c。

解：按照断裂力学的观点，当裂纹的 K_I 达到 K_{Ic} 时，气瓶的周向应力达到临界值 σ_c，此时所对应的压力即为开裂压力 p_c。

考虑塑性修正，应力强度因子可按式（2 –38b）计算，即

$$K_{Ic} = \frac{F\sigma_c \sqrt{\pi a}}{\sqrt{\phi^2 - 0.212\,(\sigma_c/\sigma_s)^2}}$$

由此解得

$$\sigma_c = \frac{\phi K_{Ic}}{[F^2\pi a + 0.212\,(K_{Ic}/\sigma_s)^2]^{1/2}}$$

式中

$$\phi = \left[1 + 1.464 \left(\frac{a}{c}\right)^{1.65}\right]^{1/2} = \left[1 + 1.464 \left(\frac{13}{240}\right)^{1.65}\right]^{1/2} = 1.0059$$

$$F = 1.1 + 5.2 \times (0.5)^{5a/c} \times \left(\frac{a}{B}\right)^{1.8 + a/c}$$

$$= 1.1 + 5.2 \times (0.5)^{5 \times 13/240} \times \left(\frac{13}{30}\right)^{1.8 + 13/240}$$

$$= 2.014$$

所以

$$\sigma_c = \frac{1.0059 \times 3480}{\left[2.014^2 \pi \times 13 + 0.212 \left(3480/538\right)^2\right]^{1/2}} = 265.0 \text{MPa}$$

根据周向应力与内压的关系可得

$$p_c = \frac{2\sigma_c B}{D} = \frac{2 \times 265.0 \times 30}{500 + 30} = 30.0 \text{MPa}$$

即按断裂力学观点，该气瓶的开裂压力为 30.0MPa。

2.5.3 对裂纹体进行安全评定

对于给定的含裂纹结构，如已知其载荷及材料的断裂韧性，运用 K 判据可对其进行安全评定。

例题 2 – 3 一内径 $D_i = 3600$mm，壁厚 $B = 20$mm 的圆筒形容器，设计压力 $p = 1.5$MPa，材料为 16MnR，$\sigma_s = 350$MPa，$K_{Ic} = 3250$N/mm$^{1.5}$。在筒体的膜应力区发现有两条类穿透裂纹（当非穿透裂纹至壳壁两自由表面的最小距离足够小时，可将其时视为穿透裂纹）：一条为轴向裂纹，长度 $2a = 12$mm；另一条为环向裂纹，长度 $2a = 20$mm。

问：（1）哪条裂纹最危险？（2）水压试验过程中能否发生失稳断裂？

解：（1）裂纹的危险性可用裂纹尖端应力强度因子 K_I 的大小来判断。在两条裂纹中，K_I 大者最危险。

该容器在设计压力下的膜应力为

$$\sigma_\theta = \frac{pD}{2B} = \frac{1.5 \times (3600 + 20)}{2 \times 20} = 135.8 \text{MPa}$$

$$\sigma_z = \frac{1}{2} \sigma_\theta = 67.9 \text{MPa}$$

由式（2 – 42），轴向裂纹的鼓胀效应系数为

$$M_g = \left(1 + 1.61 \frac{a^2}{RB}\right)^{1/2} = \left(1 + 1.61 \times \frac{6^2}{1810 \times 20}\right)^{1/2} = 1.0008$$

按平面应力问题计，由塑性修正公式（2 – 37）并考虑到鼓胀效应，即得轴向裂纹的应力强度因子为

$$K_I = M_g \sigma_\theta \sqrt{\pi a} / \sqrt{1 - \frac{\lambda^2}{2} (\sigma_\theta/\sigma_s)^2}$$

$$= 1.0008 \times 135.8 \times \sqrt{\pi \times 6} / \sqrt{1 - \frac{1}{2}\left(\frac{135.8}{350}\right)^2}$$

$$= 613.6 \text{N/mm}^{1.5}$$

同理，可得环向裂纹的鼓胀效应系数和应力强度因子为

$$M_g = \left(1 + 0.32\,\frac{a^2}{RB}\right)^{1/2} = \left(1 + 0.32 \times \frac{10^2}{1810 \times 20}\right)^{1/2} = 1.0004$$

$$K_I = M_g \sigma_z\,\sqrt{\pi a}/\sqrt{1 - \frac{\lambda^2}{2}(\sigma_z/\sigma_s)^2}$$

$$= 1.0004 \times 67.9 \times \sqrt{\pi \times 10}/\sqrt{1 - \frac{1}{2}\left(\frac{67.9}{350}\right)^2}$$

$$= 384.4 \text{N/mm}^{1.5}$$

比较可知，轴向裂纹虽短但较危险。

（2）水压试验压力为

$$p_T = 1.25p = 1.25 \times 1.5 = 1.875 \text{MPa}$$

水压试验时容器所受的环向应力为

$$\sigma_\theta^T = \frac{p_T D}{2B} = \frac{1.875 \times (3600 + 20)}{2 \times 20} = 169.69 \text{MPa}$$

轴向裂纹的应力强度因子为

$$K_I^T = M_g \sigma_\theta^T\,\sqrt{\pi a}/\sqrt{1 - \frac{\lambda^2}{2}(\sigma_\theta^T/\sigma_s)^2}$$

$$= 1.0008 \times 169.69 \times \sqrt{\pi \times 6}/\sqrt{1 - \frac{1}{2}\left(\frac{169.69}{350}\right)^2}$$

$$= 784.9 \text{N/mm}^{1.5}$$

可见 $K_I^T < K_{Ic}$，所以水压试验时不会发生失稳断裂。

2.6　影响断裂韧性的因素

如能提高断裂韧性，就能提高材料的抗脆断能力。因此必须了解断裂韧性是受哪些因素控制的。影响断裂韧性的高低，有外部因素，也有内部因素。

2.6.1　外部因素

外部因素包括板材或构件截面的尺寸，服役条件下的温度和应变速率等。

材料的断裂韧性随着板材或构件截面尺寸的增加而逐渐减小，最后趋于一稳定的最低值，即平面应变断裂韧性 K_{Ic}。这是一个从平面应力状态向平面应变状态的转化过程。

断裂韧性随温度的变化关系和冲击韧性的变化相类似。随着温度的降低，断裂韧性可以有一急剧降低的温度范围，低于此温度范围，断裂韧性趋于一数值很低的下平台，温度再降低也不大改变了。

关于材料在高温下的断裂韧性，Hahn 和 Rosenfied 提出了以下经验公式：

$$K_{Ic} = n\,(2E\sigma_s\varepsilon_f/3)^{1/2}\ \text{N/mm}^{1.5} \tag{2-44}$$

式中　n——高温下材料的应变硬化指数；

E——高温下材料的弹性模量，MPa；

σ_s——高温下材料的屈服应力，MPa；

ε_f——高温下单向拉伸时的断裂真应变，$\varepsilon_f = \ln (1 + \psi)$；

ψ——高温下单向拉伸时的断断面收缩率。

应变速率的影响和温度的影响相似。增加应变速率和降低温度的影响是一致的。

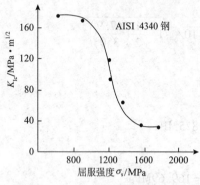

图 2-22　K_{Ic} 和屈服强度的关系

2.6.2　内部因素

内部因素有材料成分和内部组织。作为材料成分与内部组织因素的综合，材料强度是一宏观表现。从力学上而不是冶金学的角度，人们总是首先从材料的强度变化出发来探讨断裂韧性的高低。只要知道材料强度，就可大致推断材料的断裂韧性。图 2-22 为 AISI 4340（40CrNiMo）钢的断裂韧性和经淬火、回火热处理成不同屈服强度后的相互关系。可见，断裂韧性是随材料屈服强度的降低而不断升高的。这一试验结果是有代表性的，大多数低合金钢均有此变化规律。即使像马氏体时效钢（18Ni）也是如此，只不过同样强度下断裂韧性值较高些而已。

习　题

2-1　思考题

（1）断裂力学中，裂纹的类型可分为哪三种？裂纹的扩展有哪三种基本型式？它们各有什么特点？

（2）G_I 与 G_{Ic} 有何不同？K_I 与 K_{Ic} 有何不同？

（3）试简述 G 判据与 K 判据的要点。

（4）为什么平面应变状态下的裂纹尖端塑性区尺寸比平面应力状态下的小？

（5）如何对裂纹尖端的应力强度因子进行塑性区修正？

（6）线弹性断裂理论的适用范围是如何确定的？

2-2　试利用应力强度因子叠加原理计算图 2-9 所示裂纹模型的应力强度因子。

2-3　试根据图 2-10 所示裂纹模型的应力强度因子公式计算图 2-9 所示裂纹模型的应力强度因子。

2-4　有一长 500mm，宽 300mm，厚 5mm 的平板，沿其长度方向作用有均布的拉应力 σ，其值为 500MPa。已知该板材料的 $\sigma_s = 1700$MPa，$K_{Ic} = 1900$N/mm$^{1.5}$。若板中心处有一垂直于拉应力方向的穿透裂纹，试问该板件的容限裂纹尺寸 a_c 为多大？

2-5　某薄壁压力容器，直径为 D，壁厚为 B，材料的 $\sigma_s = 620$MPa，$K_{Ic} = 1265$ N/mm$^{1.5}$。若筒壁中有一长 $2a = 4$mm 的轴向类穿透裂纹，试求该容器的临界压力 p_c。

2-6　一内径 $D_i = 2000$mm、壁厚 $B = 60$mm 的受压容器，经检测发现筒壁中有一轴向潜埋裂纹，长 $2c = 10$mm，深 $2a = 5$mm，距筒壁表面的最小距离 $p_i = 5$mm。设筒壁材料的

$\sigma_s = 800 \text{MPa}$，$K_{Ic} = 1420 \text{N/mm}^{1.5}$，试按断裂力学的观点确定该容器的破裂压力 p_f。

2-7 某火箭发动机外壳，筒体径厚比 $D/B = 220$，在压力试验过程中，当压力升至 $p_T = 6.5 \text{MPa}$ 时突然破裂，从裂片分析该壳体焊接处存在轴向表面裂纹，$2c = 10 \text{mm}$，$a = 2 \text{mm}$。已知焊接接头处材料的 $\sigma_s = 1500 \text{MPa}$，$K_{Ic} = 1760 \text{N/mm}^{1.5}$，试按断裂力学的观点对此破裂的原因作出解释。

第 3 章　弹塑性断裂理论与工程分析方法

前述线弹性断裂理论主要是以韧强比 K_{1c}/σ_s 较低的材料为研究对象，研究脆性断裂或准脆性断裂规律的。在这种情况下，裂纹尖端附近的区域基本上受弹性应力场的控制，塑性区尺寸远小于裂纹尺寸。

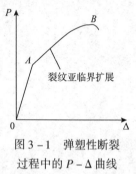

图 3 - 1　弹塑性断裂过程中的 $P - \Delta$ 曲线

然而，在大多数工程结构的金属构件中，其裂纹尖端附近往往会发生大范围屈服或全面屈服，塑性区尺寸与裂纹尺寸相比，已达到同一量级，从而破坏了裂纹尖端的弹性应力分布。另外，韧性断裂的过程也与脆性断裂大不相同。图 3 - 1 为带有裂纹的低强度钢拉伸断裂曲线，图中 P 为拉伸载荷，Δ 为载荷作用点位移，曲线上的 A 点为裂纹启裂点，B 点为裂纹失稳断裂点。由此可见，韧性断裂具有明显的亚临界扩展阶段，即在裂纹启裂后，由于材料应变强化作用，阻力增大，裂纹随载荷增加而缓慢扩展，直至达到一定长度，才发生失稳断裂；而脆性断裂则没有明显的亚临界裂纹扩展，裂纹启裂和失稳断裂几乎同时产生。

总之，在韧性断裂的情况下线弹性断裂理论已经失效，必须寻求新的断裂参量，建立新的断裂判据。这就产生了弹塑性断裂力学。

目前，用来研究弹塑性断裂问题的方法很多，其中较为成熟且在工程中应用最为广泛的是 COD 理论和 J 积分理论。

3.1　COD 理论

COD 概念是 Wells 于 1963 年首先提出的，它是一种建立在实验基础上的半经验分析方法。

3.1.1　COD 定义及其判据

所谓 COD，系指裂纹体受力后，裂纹尖端沿垂直于裂纹方向所产生的张开位移（Crack Tip Opening Displacement）。对于由金属特别是韧性好的金属材料制成的裂纹体来说，当受外力作用时，由于裂纹尖端高度应力集中，使该部位的材料发生塑性滑移，从而导致裂纹尖端钝化，并随之张开。显然，对于一定的裂纹，裂纹尖端张开位移量的大小与裂纹体的受力情况有关。一定的 COD 值对应于一定的受力状态，亦即对应于裂纹端部一定的应力应变场的强弱程度。为此，我们可以把 COD 值作为裂纹端部应力应变场强度的间接度量，并用符号 δ 来表示。但是，究竟应该把 COD 定义为哪一点的位移量，至今意见尚未统一。测定中，根据试样形态不同有不同的定义。

（1）由于裂纹张开时，尖端部位的材料将受到强烈的拉伸。为了保持体积不变，裂纹尖端就要向前作少量延伸。裂纹尖端张开、纯化和延伸的结果，就在裂纹尖端形成一个所谓的伸张区，如图 3-2 所示。其中 v 即为伸张区高度，而 Δa 即为裂纹由于纯化而向前的延伸量。因此，把 COD 定义为 $\delta = 2v$，似乎是顺理成章的，以下将要介绍的 D-M 模型就是依此进行计算的，但它不便于测定。大量实验表明，v 与 Δa 近似相等，为此，在实验测定 COD 值时，常采用从裂纹顶点作 45°直线，交裂纹表面于 A 点，如图 3-3 所示，然后取 $2\overline{AB}$ 作为 COD。这一定义被广泛用于中心穿透裂纹受拉伸问题的研究中。

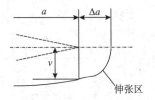

图 3-2　裂纹尖端钝化模型

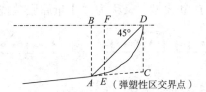

图 3-3　裂纹尖端张开位移定义

（2）在断裂韧性测试中，经常采用三点弯曲试样。对于这样的试样来说，下面的定义是比较合适的，不但便于实验测定，而且在大多数应用情况下有满意的精度。这个定义是：由发生位移后的裂纹自由表面轮廓线的直线部分外推到裂纹顶点，如图 3-3 所示，距离 $2\overline{CD}$ 即为 COD。

（3）利用有限元法计算时，大多以裂纹表面轮廓线上弹塑性区交界点 E 处的位移量 $2\overline{EF}$ 作为 COD，如图 3-3 所示。这一定义有明显的力学意义，但实测比较困难。

如前所述，COD 可以作为裂纹端部区域应力应变场的间接度量。随着载荷的增长，裂纹尖端的 δ 值也随之增大，当 δ 值达到某一临界值 δ_c 时，裂纹即将开裂。因此，按 COD 建立的断裂判据为

$$\delta = \delta_c \tag{3-1}$$

式中 δ_c 即为临界 COD 值，可用小型三点弯曲试样在全屈服条件下通过间接测量方法测定出来，其测量技术比较简单，在一定条件下，所测得的结果也比较稳定，基本上是一个与试样尺寸无关的材料常数，故是表征材料弹塑性断裂韧性的一种指标。

但需说明，δ_c 是裂纹启裂时的临界值，而不是失稳时的临界值。大量试验表明，裂纹启裂时的临界值是一个不随试样尺寸而改变的材料常数，而失稳时的临界值随试样尺寸变化较大，尤其是试样厚度的影响，不宜作为材料常数。所以，目前都以裂纹启裂时的临界值作为裂纹张开位移的临界值。

关于 δ 的计算，目前对于一些复杂的裂纹问题尚无解析解答。在以 COD 为依据的压力容器缺陷评定规范中，所采用的 δ 计算公式都来源于无限大板中心穿透裂纹模型。因此，以下将重点介绍有关的两个基本 COD 计算公式。

3.1.2 D-M 模型及其 COD 公式

1）D-M 模型

最初 COD 理论是一种完全建立在实验基础上的经验分析方法，稍迟便出现了对 COD 方法的多种解释。1960 年 Dugdale（达格代尔）应用 Muskhelishvili 应力函数，研究了在平面应力状态下，无限大薄板中心穿透裂纹受均匀拉伸时的弹塑性断裂问题，如图 3 - 4（a）所示。图中 $2a$ 为裂纹长度，R 为裂纹端部塑性区尺寸，并假设材料为理想弹塑性体。Dugdale 首先将腰形塑性区简化成尖劈形状，如图 3 - 4（b）所示，然后假想把尖劈形塑性区挖掉，代之以大小为材料屈服应力 σ_s 的法向均布拉应力，如图 3 - 4（c）所示。这样，裂纹长度为 $2a$ 的弹塑性断裂问题就转化成了裂纹长度为 $2c$ 的线弹性断裂问题。这一模型就称为 D-M 模型，又称为"小量屈服模型"或"带状屈服模型"。

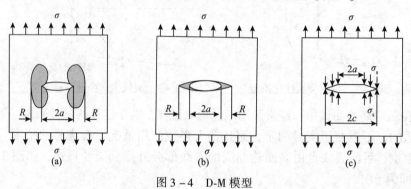

图 3 - 4　D-M 模型

由于简化后的 D-M 模型为线弹性裂纹，所以可用线弹性断裂力学进行分析。为求得相应的裂纹半长 c，可将其分解成两个独立的线弹性裂纹模型，如图 3 - 5 所示。

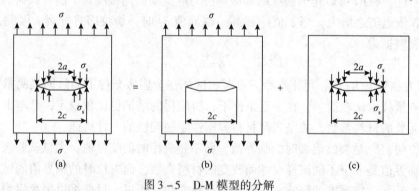

图 3 - 5　D-M 模型的分解

于是，D-M 模型亦即图 3 - 5（a）的裂纹尖端应力强度因子可写成

$$K_{\mathrm{I}}^{(a)} = K_{\mathrm{I}}^{(b)} + K_{\mathrm{I}}^{(c)} \tag{a}$$

其中，$K_{\mathrm{I}}^{(b)}$ 为图 3 - 5（b）所示受均匀拉应力 σ 作用的无限大板中心穿透裂纹的应力强度因子，由式（2 - 16）可知

$$K_{\mathrm{I}}^{(b)} = \sigma\sqrt{\pi c} \tag{b}$$

图 3 - 5（c）为裂纹面上受对称均布面力作用的穿透裂纹，其应力强度应子可利用无

限大板中受对称劈开力作用的解答式（2－17）积分求得，即

$$K_I^{(c)} = 2\sqrt{\frac{c}{\pi}}\int_a^c \frac{-\sigma_s \mathrm{d}x}{\sqrt{c^2-x^2}} = -2\sigma_s\sqrt{\frac{c}{\pi}}\arccos\left(\frac{a}{c}\right) \tag{c}$$

将式（b）和式（c）代入式（a），则有

$$K_I^{(a)} = \sigma\sqrt{\pi c} - 2\sigma_s\sqrt{\frac{c}{\pi}}\arccos\left(\frac{a}{c}\right) \tag{3-2}$$

鉴于 D-M 模型裂纹尖端的应力 σ_y 为有限值 σ_s，即其应力场不具有奇异性，应有

$$K_I^{(a)} = \lim_{r\to 0}\sqrt{2\pi r}\cdot\sigma_y\,|_{\theta=0} = 0$$

故由式（3－2）可得

$$\frac{a}{c} = \cos\left(\frac{\pi\sigma}{2\sigma_s}\right) \quad 或 \quad \frac{c}{a} = \sec\left(\frac{\pi\sigma}{2\sigma_s}\right) \tag{3-3}$$

2）D-M 模型下的 COD 公式

现导出 D-M 模型裂纹尖端的 COD 值 δ。为此，可在 $\pm a$ 处分别虚加一对劈开力 P，如图 3－6 所示。设裂纹长度由 $2a$ 扩展至 $2c$，系统的总弹性应变能的变化为（$-\Delta U$），根据卡氏（Castigliano）定理，应有

$$\delta = \frac{1}{2}\lim_{P\to 0}\frac{\partial(-\Delta U)}{\partial P}$$

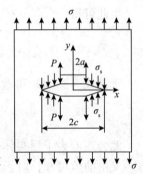

图 3－6 D-M 模型的 δ 求解图

由于在恒力情况下，（$-\Delta U$）$= 2\int_a^c G_I \mathrm{d}x$（为方便起见，设板厚为单位1），而 $G_I = K_I^2/E$ ［式（2－12）平面应力］，于是上式又可写成

$$\delta = \frac{2}{E}\int_a^c \lim_{P\to 0}K_I\cdot\frac{\partial K_I}{\partial P}\mathrm{d}x \tag{d}$$

注意到在裂纹扩展过程中，K_I 随裂纹长度而变化。由式（3－2）和式（2－17）可知，当裂纹长度为 $2x$ 时，K_I 为

$$K_I = \sigma\sqrt{\pi x} - 2\sigma_s\sqrt{\frac{x}{\pi}}\arccos\left(\frac{a}{x}\right) + 2P\sqrt{\frac{x}{\pi}}\frac{1}{\sqrt{x^2-a^2}} \tag{e}$$

从而

$$\frac{\partial K_I}{\partial P} = 2\sqrt{\frac{x}{\pi}}\frac{1}{\sqrt{x^2-a^2}} \tag{f}$$

将式（e）和式（f）代入式（d），经积分可得

$$\delta = \frac{4}{E}\int_a^c\left[\sigma - \frac{2\sigma_s}{\pi}\arccos\left(\frac{a}{x}\right)\right]\frac{x}{\sqrt{x^2-a^2}}\mathrm{d}x$$

$$= \frac{4}{E}\sqrt{c^2-a^2}\left[\sigma - \frac{2\sigma_s}{\pi}\arccos\left(\frac{a}{c}\right)\right] + \frac{8a\sigma_s}{\pi E}\ln\frac{c}{a}$$

再将式（3－3）代入上式，即得

$$\delta = \frac{8a\sigma_s}{\pi E}\ln\left[\sec\left(\frac{\pi\sigma}{2\sigma_s}\right)\right] \tag{3-4}$$

此即 D-M 模型下的 COD 计算公式。

可见，当 $\sigma/\sigma_s = 1$ 时，$\sec\left(\dfrac{\pi\sigma}{2\sigma_s}\right) \to \infty$，从而 $\delta \to \infty$，这表明 D-M 模型下的 COD 公式不适于全面屈服情况。根据有限元计算及实验结果，当 $\sigma/\sigma_s \leqslant 0.86$ 时，式（3 - 4）给出的结果是令人满意的。所以 D-M 模型下的 COD 公式仅适用于 $\sigma/\sigma_s \leqslant 0.86$ 的情况。

进一步可以证明，在小范围屈服条件（$\sigma/\sigma_s < 0.5$）下，D-M 模型下的 COD 公式与应力强度应子 K_I 之间存在着简单的关系。根据函数 $\ln[\sec(x)]$ 展成的幂级数

$$\ln[\sec(x)] = \frac{1}{2}x^2 + \frac{1}{12}x^4 + \cdots\cdots$$

当 $x \ll 1$ 时，可取首项作为其近似值，亦即

$$\ln[\sec(x)] \approx \frac{1}{2}x^2$$

由此可得

$$\ln\left[\sec\left(\frac{\pi\sigma}{2\sigma_s}\right)\right] \approx \frac{1}{2}\left(\frac{\pi\sigma}{2\sigma_s}\right)^2$$

于是式（3 - 4）可改写成

$$\delta = \pi a \frac{\sigma_s}{E}\left(\frac{\sigma}{\sigma_s}\right)^2 \quad \text{或} \quad \delta = \pi a \varepsilon_s \left(\frac{\varepsilon}{\varepsilon_s}\right)^2 \tag{3 - 5}$$

此公式即为工程实际中常用的 COD 计算公式。

又由前节可知，对于无限大薄板中受均匀拉伸的 I 型穿透裂纹，$K_I^2 = \pi a \sigma^2$。比较式（3 - 5），即得 δ 与 K_I 之间的关系为

$$\delta = \frac{K_I^2}{E\sigma_s} \tag{3 - 6}$$

这表明，在线弹性或小范围屈服情况下，D-M 模型下的 COD 公式与应力强度应子 K_I 是完全等价的。

最后，请务必注意 D-M 模型的前提条件：

（1）它是针对平面应力情况下无限大平板含中心穿透裂纹进行讨论的；

（2）在塑性区内假设材料为理想弹塑性体（实际上，一般材料都具有应变硬化特性）。

3.1.3　全面屈服条件下的 COD 公式

前面讨论的 D-M 模型下的 COD 公式，虽然其适用范围比线弹性理论的适用范围有所提高，但仍不适用于压力容器局部全面屈服的情况。为此，Wells（威尔斯）根据宽板试验结果，于 1963 年提出了一个全面屈服条件下的 COD 经验公式，其形式为

$$\delta = 2\pi a \varepsilon = 2\pi a \varepsilon_s\left(\frac{\varepsilon}{\varepsilon_s}\right) \tag{3 - 7}$$

此式适用于 $\varepsilon/\varepsilon_s \geqslant 1$ 的情况，但过于保守。

尽管此式是作为经验公式提出来的，但鉴于它具有很大的实用意义，因此很多人都试图从理论上予以证明。Wells 本人曾对这一公式采用线弹性的方法加以证明，但物理意义非常勉强，且很不严格。此后，Burdekin（蒲德金）等人试图借助 D-M 模型通过理论推导

来得到全面屈服条件下裂纹尖端张开位移 δ 与裂纹尺寸 a 和应变 ε 之间的关系，但在 $\varepsilon/\varepsilon_s$ >1 的高应变区域，理论计算结果与实测值差别甚大，这说明 D-M 模型在高应变水平情况下已完全失效。由于理论分析失败，只好根据实验结果来归纳经验公式。从偏于保守的安全设计角度出发，1971 年 Burdekin 建议采用略高于宽板实验数据分散带上限边界的曲线作为计算压力容器许用裂纹尺寸的依据，从而得出另一经验公式

$$\delta = 2\pi a \varepsilon_s \left(\frac{\varepsilon}{\varepsilon_s} - 0.25 \right) \qquad (3-8)$$

此式适用于 $\varepsilon/\varepsilon_s$ >0.5 的情况，且自身含有大约为 2 的安全系数。

3.1.4　压力容器裂纹的 COD 计算公式及其应用

以上 D-M 模型下的 COD 公式和全面屈服条件下的 COD 经验公式都是基于拉伸平板中的穿透裂纹得出的，且 D-M 模型还假设材料为理想弹塑性体。因此，当将这些公式用于压力容器和管道时，应根据具体情况做以下修正：

1）鼓胀效应修正

对于压力容器中的穿透裂纹，考虑壳体曲率的影响，应在工作应力中引入鼓胀效应系数 M_g，以反映由于鼓胀引起的应力增大。由式（3-4）可得压力容器中穿透裂纹的 COD 计算公式为

$$\delta = \frac{8a\sigma_s}{\pi E} \ln \left[\sec \left(\frac{\pi M_g \sigma}{2\sigma_s} \right) \right] \qquad (3-9)$$

式中 M_g 为鼓胀效应系数，按式（2-42）计算。

当裂纹开始启裂时，δ 达到临界值 δ_c，此时器壁中的裂纹也达到启裂时的临界尺寸 a_c。将 $\delta=\delta_c$，$a=a_c$ 代入上式，可解得压力容器中的临界裂纹尺寸 a_c 为

$$a_c = \frac{\pi E \delta_c}{8\sigma_s} \left[\ln\sec \left(\frac{\pi M_g \sigma}{2\sigma_s} \right) \right]^{-1} \qquad (3-10)$$

同理可得裂纹启裂时的开裂应力为

$$\sigma_c = \frac{2\sigma_s}{\pi M_g} \arccos \left[\exp \left(\frac{-\pi E \delta_c}{8a\sigma_s} \right) \right] \qquad (3-11)$$

例题 3-1　一直径 $D=1800$mm、壁厚 $B=18$mm、受内压 $p=7$MPa 作用的圆筒形容器。所用材料为低强度高韧性钢，$\sigma_s=441$MPa，$E=2.06 \times 10^5$MPa，$\delta_c=0.15$mm。试确定该容器筒壁膜应力区轴向穿透裂纹的临界尺寸 a_c。

解：该容器在内压作用下的环向应力为

$$\sigma_\theta = \frac{pD}{2B} = \frac{7 \times 1800}{2 \times 18} = 350\text{MPa}$$

其轴向裂纹的临界尺寸 a_c，可按式（3-10）确定，即

$$a_c = \frac{\pi E \delta_c}{8\sigma_s} \left[\ln\sec \left(\frac{\pi M_g \sigma_\theta}{2\sigma_s} \right) \right]^{-1}$$

$$= \frac{\pi \times 2.06 \times 10^5 \times 0.15}{8 \times 441} \left[\ln\sec \left(\frac{350\pi M_g}{2 \times 441} \right) \right]^{-1}$$

$$= 27.52 \left[\ln \sec (1.247 M_g) \right]^{-1}$$

式中鼓胀效应系数由式（2-42）可得

$$M_g = \left(1 + 1.61 \frac{a_c^2}{RB} \right)^{1/2} = (1 + 0.0000984 a_c^2)^{1/2}$$

可见，a_c 不易由以上两式直接解得，可先假定一个初值，然后迭代求解。最后解得

$$a_c = 22.2 \text{mm}$$

2）应变硬化的考虑

根据式（3-11），在已知裂纹尺寸 a 和材料的屈服应力 σ_s 与断裂韧性 δ_c 情况下，可求得裂纹开始启裂时的开裂应力 σ_c。但对于塑性较好的中低强度钢制压力容器和管道来说，由于材料具有塑性流变和应变硬化特征，裂纹启裂后处于亚临界扩展阶段，此时工作应力或工作压力还可以继续升高，直到发生失稳断裂，所以裂纹开始启裂并不等于失稳扩展断裂。因此，对于材料塑性较好的容器，其断裂应力 σ_f 明显高于开裂应力 σ_c。工程上最关心的是预测断裂应力 σ_f 和断裂压力 p_f（又称爆破应力和爆破压力）。由于小试样测得的断裂时的 δ_f 值，已不是材料的常数，且与实际容器断裂的最大 COD 值也不相一致。因此，不能通过把公式（3-11）中的 δ_c 换成 δ_f 来求 σ_f 值。为此，考虑到实际材料的应变硬化效应，将式中的屈服应力 σ_s 改为流变应力 σ_0，并假设在平面应力状态和大范围屈服条件下，$\delta_f = K_{Ic}^2/E\sigma_0$ 关系成立，则得断裂应力为

$$\sigma_f = \frac{2\sigma_0}{\pi M_g} \arccos \left[\exp \left(\frac{-\pi K_{Ic}^2}{8a\sigma_0^2} \right) \right] \tag{3-12}$$

式中 σ_0 的取值，原则上应根据材料而定。一般对于 $\sigma_s = 200 \sim 400 \text{MPa}$ 级的钢材取

$$\sigma_0 = \frac{1}{2} (\sigma_s + \sigma_b) \tag{3-13a}$$

针对我国压力容器用钢特点，我国规定 σ_0 按下式计算

$$\sigma_0 = \sigma_s + \frac{1}{2} (\sigma_b - \sigma_s) \left(\frac{\sigma_b}{\sigma_s} \right) \tag{3-13b}$$

式中 σ_b 为材料的抗拉强度。

式（3-12）即为计算压力容器断裂应力的常用公式。一般说来，在 $\sigma/\sigma_s \geq 0.55$ 范围内较为适用。将此式绘成 $M_g\sigma_f/\sigma_0$ 与 $\pi K_{Ic}^2/8a\sigma_0^2$ 的关系曲线如图 3-7 所示。

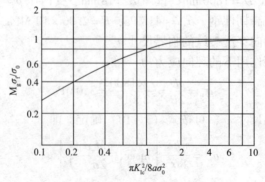

图 3-7　$M_g\sigma_f/\sigma_0$ 与 $\pi K_{Ic}^2/8a\sigma_0^2$ 的关系

从图中可以看出，当 $\pi K_{Ic}^2 / 8 a \sigma_0^2 \geqslant 4$ 时，$M_g \sigma_f / \sigma_0 \approx 1$，即为一定值，这时压力容器的断裂应力计算式可表示为

$$\sigma_f = \sigma_0 / M_g \qquad (3-14)$$

式（3-12）和式（3-14）常称为塑性失稳判据（又称流变应力判据）。

总之，压力容器断裂应力一般可采用式（3-12）进行计算。而对于高韧性的压力容器，则可采用式（3-14）。

例题3-2 一圆筒形压力容器，外径 $D_0 = 200\text{mm}$，壁厚 $B = 6\text{mm}$，在筒壁上有一条长 $2a = 100\text{mm}$ 的轴向穿透裂纹。筒体材料为 14MnMoVB，$\sigma_s = 515\text{MPa}$，$\sigma_b = 685\text{MPa}$，$E = 2.1 \times 10^5 \text{MPa}$，$\delta_c = 0.06\text{mm}$。试求该容器的开裂压力 p_c 及断裂（爆破）压力 p_f。

解：（1）理论计算

压力容器穿透裂纹要考虑鼓胀效应的影响，按式（2-42）轴向裂纹鼓胀效应系数为

$$M_g = \left(1 + 1.61 \frac{a^2}{RB} \right)^{1/2} = \left(1 + 1.61 \frac{50^2}{97 \times 6} \right)^{1/2} = 2.81$$

由式（3-11）得开裂应力为

$$\begin{aligned}
\sigma_c &= \frac{2\sigma_s}{\pi M_g} \arccos \left[\exp \left(\frac{-\pi E \delta_c}{8 a \sigma_s} \right) \right] \\
&= \frac{2 \times 515}{\pi \times 2.81} \arccos \left[\exp \left(\frac{-\pi \times 2.1 \times 10^5 \times 0.06}{8 \times 50 \times 515} \right) \right] \\
&= 70\text{MPa}
\end{aligned}$$

相应的开裂压力为

$$p_c = \frac{\sigma_c B}{R} = \frac{70 \times 6}{97} = 4.3\text{MPa}$$

按式（3-14）计算断裂应力，取流变应力

$$\sigma_0 = \sigma_s + \frac{1}{2} (\sigma_b - \sigma_s) \left(\frac{\sigma_b}{\sigma_s} \right) = 628\text{MPa}$$

则断裂应力为

$$\sigma_f = \frac{\sigma_0}{M_g} = \frac{628}{2.81} = 223.5\text{MPa}$$

相应的断裂压力为

$$p_f = \frac{\sigma_f B}{R} = \frac{223.5 \times 6}{97} = 13.8\text{MPa}$$

（2）实际测定

经过实际测定该容器的开裂压力为 $p_c = 4\text{MPa}$，爆破压力 $p_f = 14.4\text{MPa}$。

可以看出理论计算与实测结果比较接近，开裂压力的相对误差为 $(4.3-4)/4 = 7.5\%$；爆破压力相对误差为 $(13.8-14.4)/14.4 = -4.16\%$。

3）等效穿透裂纹换算

为了将穿透裂纹的 COD 公式适用于非穿透裂纹，工程中常按等应力强度因子的原则，将非穿透裂纹的尺寸换算为等效的穿透裂纹尺寸，并以此作为非穿透裂纹的等效裂纹尺寸。对于埋藏裂纹，如设等效裂纹尺寸为 $\bar{a}$，由式（2-27）和式（2-6），则有

$$K_I = \frac{\Omega}{\phi} \sigma \sqrt{\pi a} = \sigma \sqrt{\pi \bar{a}}$$

因此，埋藏裂纹的等效裂纹尺寸为

$$\bar{a} = \left(\frac{\Omega}{\phi}\right)^2 a \qquad (3-15)$$

同理可得表面裂纹的等效裂纹尺寸为

$$\bar{a} = \left(\frac{F}{\phi}\right)^2 a \qquad (3-16)$$

式中第二类椭圆积分 ϕ、表面修正系数 Ω 和 F 的表达式分别见式（2-24）、式（2-28）和式（2-31）。

例题 3-3 一操作压力 $p = 10\text{MPa}$ 的圆筒形压力容器，内径 $D_i = 1500\text{mm}$，壁厚 $B = 25\text{mm}$，在筒壁焊接接头处有一条长 $2c = 20\text{mm}$、深 $a = 5\text{mm}$ 的轴向表面裂纹。已知材料的 $\sigma_s = 558\text{MPa}$，$E = 2.06 \times 10^5 \text{MPa}$，$\delta_c = 0.06\text{mm}$。若取 δ_c 的安全系数 $n_\delta = 2$，试校核容器是否安全。

解： 表面裂纹的第二类椭圆积分 ϕ 和表面修正系数 F，由式（2-24）和式（2-31）可得

$$\phi = \left[1 + 1.464 \left(\frac{a}{c}\right)^{1.65}\right]^{1/2} = 1.211$$

$$F = 1.1 + 5.2 \times (0.5)^{5a/c} \times \left(\frac{a}{B}\right)^{1.8 + a/c} = 1.123$$

由式（3-16），等效裂纹尺寸为

$$\bar{a} = \left(\frac{F}{\phi}\right)^2 a = \left(\frac{1.123}{1.211}\right)^2 \times 5 = 4.3\text{mm}$$

筒体的周向工作应力

$$\sigma = \frac{pD}{2B} = \frac{10 \times (1500 + 25)}{2 \times 25} = 305\text{MPa}$$

因 $\sigma/\sigma_s = 0.547 \leqslant 0.86$，故可按 D-M 模型下的 COD 公式进行计算。将 $\bar{a}$ 代入式（3-4）可得

$$\delta = \frac{8\bar{a}\sigma_s}{\pi E} \ln\left[\sec\left(\frac{\pi\sigma}{2\sigma_s}\right)\right] = \frac{8 \times 4.3 \times 558}{\pi \times 2.06 \times 10^5} \ln\left[\sec\left(\frac{\pi \times 305}{2 \times 558}\right)\right] = 0.0126\text{mm}$$

而允许值

$$[\delta_c] = \frac{\delta_c}{n_\delta} = \frac{0.06}{2} = 0.03\text{mm}$$

可见 $\delta < [\delta_c]$，所以该容器是安全的。

如按全面屈服条件下的 Burdekin 公式计算，将 $\bar{a}$ 代入式（3-8）可得

$$\delta = 2\pi a \varepsilon_s \left(\frac{\varepsilon}{\varepsilon_s} - 0.25\right) = 2 \times \pi \times 4.3 \times \frac{558}{2.06 \times 10^5} \times \left(\frac{305}{558} - 0.25\right) = 0.0217\text{mm}$$

由于 Burdekin 公式本身就含有大约为 2 的安全系数，可见 $\delta < \delta_c$，所以该容器是安全的。

3.2　J 积分理论

前面介绍的 COD 理论及其断裂判据，虽已在中低强度钢制压力容器断裂分析中得到了广泛的应用。但 COD 值本身并不是一个直接而又严密的裂纹尖端弹塑性应力应变场的表征参量，且其理论分析和实验测定也都比较困难。因此，Rice 于 1968 年提出了 J 积分的概念。J 积分是一个定义明确、理论严密的应力应变场参量，它不仅适用于线弹性，也适用于弹塑性的断裂分析，且又易于实验测定。此外，J 积分还具有与积分路径无关的特点，故可避开对裂纹尖端处极其复杂的应力应变场的分析。20 世纪 80 年代以来，国内外断裂理论研究工作者对 J 积分产生了极大兴趣，并进行了大量研究工作。从 J 积分理论的深入研究到工程实际的应用研究都取得了重大进展。目前，J 积分理论已在压力容器缺陷评定中得到应用。

3.2.1　J 积分的定义

J 积分有两种定义或表达式：一为回路积分定义；另一为形变功率定义。

1）J 积分的回路积分定义

在断裂力学研究中，为了分析裂纹周围区域应力应变场强度，常利用一些具有守恒性质的线积分。所谓守恒性，系指围绕裂纹的线积分值是一个与积分路径无关的物理量，该物理量的值反映了裂纹的某种力学特性或应力应变场的强度。在分析二维裂纹体裂纹端部区域应力应变场强度时，具有这种守恒性质的线积分之一，就是 J 积分。它的定义由一个围绕裂纹尖端的线积分给出，如图 3 - 8 所示，其表达式为

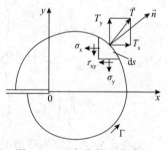

图 3 - 8　J 积分的积分路径

$$J = \int_{\Gamma} \left(W_{\Gamma} \mathrm{d}y - \vec{T} \cdot \frac{\partial \vec{u}}{\partial x} \mathrm{d}s \right) = \int_{\Gamma} \left[W_{\Gamma} \mathrm{d}y - \left(T_x \frac{\partial u}{\partial x} + T_y \frac{\partial v}{\partial x} \right) \mathrm{d}s \right] \qquad (3 - 17)$$

式中　Γ——自裂纹下表面任一点按逆时针方向围绕裂纹尖端到上表面任意一点的积分路径；

W_{Γ}——路径 Γ 上任一点 (x, y) 处的形变能密度，$W_{\Gamma} = \int \sigma_x \mathrm{d}\varepsilon_x + \sigma_y \mathrm{d}\varepsilon_y + \tau_{xy} \mathrm{d}\gamma_{xy}$；

$\vec{T}$——路径 Γ 上任一点处的应力矢量(T_x, T_y)；

$\vec{u}$——路径 Γ 上任一点处的位移矢量(u, v)；

$\mathrm{d}s$——路径 Γ 上的弧元素。

在小变形比例加载条件下，可以证明 J 积分具有守恒性，即对不含裂纹尖端边界的任意闭合回路，式

$$\oint \left[W_{\Gamma} \mathrm{d}y - \left(T_x \frac{\partial u}{\partial x} + T_y \frac{\partial v}{\partial x} \right) \mathrm{d}s \right] = 0 \qquad (3 - 18)$$

恒成立。

由平面问题的应力边界条件

$$T_x = \sigma_x l + \tau_{xy} m$$
$$T_y = \tau_{xy} l + \sigma_y m$$

格林（Green）公式

$$\oint P \mathrm{d}x + Q \mathrm{d}y = \iint_\Omega \left(\frac{\partial Q}{\partial x} - \frac{\partial P}{\partial y} \right) \mathrm{d}x \mathrm{d}y$$

平衡微分方程

$$\frac{\partial \sigma_x}{\partial x} + \frac{\partial \tau_{xy}}{\partial y} = 0, \qquad \frac{\partial \tau_{xy}}{\partial x} + \frac{\partial \sigma_y}{\partial y} = 0$$

和几何方程

$$\varepsilon_x = \frac{\partial u}{\partial x}, \qquad \varepsilon_y = \frac{\partial v}{\partial y}, \qquad \gamma_{xy} = \frac{\partial u}{\partial y} + \frac{\partial v}{\partial x}$$

并注意到 $l \mathrm{d}s = \mathrm{d}y$，$m \mathrm{d}s = -\mathrm{d}x$，式（3-18）左边可写成

$$\oint \left[W_\Gamma - \left(\sigma_x \frac{\partial u}{\partial x} + \tau_{xy} \frac{\partial v}{\partial x} \right) \right] \mathrm{d}y + \left(\tau_{xy} \frac{\partial u}{\partial x} + \sigma_y \frac{\partial v}{\partial x} \right) \mathrm{d}x$$

$$= \iint_\Omega \left[\frac{\partial W_\Gamma}{\partial x} - \frac{\partial}{\partial x} \left(\sigma_x \frac{\partial u}{\partial x} + \tau_{xy} \frac{\partial v}{\partial x} \right) - \frac{\partial}{\partial y} \left(\tau_{xy} \frac{\partial u}{\partial x} + \sigma_y \frac{\partial v}{\partial x} \right) \right] \mathrm{d}x \mathrm{d}y$$

$$= \iint_\Omega \left\{ \frac{\partial W_\Gamma}{\partial x} - \left[\sigma_x \frac{\partial}{\partial x} \left(\frac{\partial u}{\partial x} \right) + \sigma_y \frac{\partial}{\partial x} \left(\frac{\partial v}{\partial y} \right) + \tau_{xy} \frac{\partial}{\partial x} \left(\frac{\partial u}{\partial y} + \frac{\partial v}{\partial x} \right) \right] \right.$$

$$\left. - \left[\left(\frac{\partial \sigma_x}{\partial x} + \frac{\partial \tau_{xy}}{\partial y} \right) \frac{\partial u}{\partial x} + \left(\frac{\partial \tau_{xy}}{\partial x} + \frac{\partial \sigma_y}{\partial y} \right) \frac{\partial v}{\partial x} \right] \right\} \mathrm{d}x \mathrm{d}y$$

$$= \iint_\Omega \left[\frac{\partial W_\Gamma}{\partial x} - \left(\sigma_x \frac{\partial \varepsilon_x}{\partial x} + \sigma_y \frac{\partial \varepsilon_y}{\partial x} + \tau_{xy} \frac{\partial \gamma_{xy}}{\partial x} \right) \right] \mathrm{d}x \mathrm{d}y$$

又在小变形比例加载情况下，$\dfrac{\partial W_\Gamma}{\partial \varepsilon_x} = \sigma_x$，$\dfrac{\partial W_\Gamma}{\partial \varepsilon_y} = \sigma_y$，$\dfrac{\partial W_\Gamma}{\partial \gamma_{xy}} = \tau_{xy}$，所以

$$\frac{\partial W_\Gamma}{\partial x} = \frac{\partial W_\Gamma}{\partial \varepsilon_x} \frac{\partial \varepsilon_x}{\partial x} + \frac{\partial W_\Gamma}{\partial \varepsilon_y} \frac{\partial \varepsilon_y}{\partial x} + \frac{\partial W_\Gamma}{\partial \gamma_{xy}} \frac{\partial \gamma_{xy}}{\partial x} = \sigma_x \frac{\partial \varepsilon_x}{\partial x} + \sigma_y \frac{\partial \varepsilon_y}{\partial x} + \tau_{xy} \frac{\partial \gamma_{xy}}{\partial x}$$

故式（3-18）成立。

根据 J 积分的守恒性，不难推出 J 与积分路径无关。对于图 3-9 所示的任意闭合回路 ABCDEFA，都有

$$\oint = \int_{ABC} + \int_{CD} + \int_{DEF} + \int_{FA} = \int_\Gamma + \int_{CD} - \int_{\Gamma'} + \int_{FA} = 0$$

由于在裂纹上下边界 CD 和 FA 上 $\vec{T} = 0$，$\mathrm{d}y = 0$，从而

$$\int_{CD} = \int_{FA} = 0$$

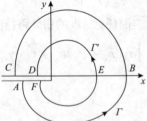

图 3-9　不同路径的 J 积分

于是有

$$\int_\Gamma = \int_{\Gamma'}$$

这就证明了 J 积分是一个与积分路径无关的物理参量。

2）J 积分的形变功率定义

断裂判据的参数应易于理论计算和实验测定，才能在工程上获得应用。然而，在弹塑性情况下，直接用回路积分定义计算或实验测定 J 积分都很不方便，而且物理意义也尚不明确。因此，除回路积分定义外，还有另一种定义，即 J 积分的形变功率定义。它是利用 J 积分与试样在加载过程中所接受的能量之间的关系得到的。其定义表达式为

$$J = -\frac{1}{B}\frac{\mathrm{d}U}{\mathrm{d}a} + \oint_C \vec{T} \cdot \frac{\mathrm{d}\vec{u}}{\mathrm{d}a}\mathrm{d}s \qquad (3-19)$$

式中　　B——试样厚度；

　　　　C——含裂纹尖端边界的任意闭合回路；

　　　　U——C 所围区域内的形变能，$U = B\iint W_\Gamma \mathrm{d}x\mathrm{d}y$。

其他符号意义同前。

可以证明，上述 J 积分的形变功率定义式（3-19）与回路积分定义式（3-17）是完全等同的。为此，可假设坐标系 oxy 随裂纹尖端平移了 $\mathrm{d}a$，如图 3-10 所示，各点坐标的变化为 $\mathrm{d}x = -\mathrm{d}a$，$\mathrm{d}y = 0$。则对任意函数 $\phi(x, y)$ 都有

$$\mathrm{d}\phi = \frac{\partial\phi}{\partial x}\mathrm{d}x + \frac{\partial\phi}{\partial y}\mathrm{d}y = -\frac{\partial\phi}{\partial x}\mathrm{d}a$$

于是，式（3-19）可化为

$$J = \frac{1}{B}\frac{\partial U}{\partial x} - \oint_C \vec{T} \cdot \frac{\partial\vec{u}}{\partial x}\mathrm{d}s = \oint_C \left(W_\Gamma\mathrm{d}y - \vec{T} \cdot \frac{\partial\vec{u}}{\partial x}\mathrm{d}s\right)$$

由于在裂纹上下边界上，$\mathrm{d}y = 0$，$\vec{T} = 0$，所以式中积分 $\oint_C = \int_\Gamma$，故 J 积分的两种是完全等同的。

在断裂韧性测试中，常用的比例加载情况如图 3-11 所示。为方便计算，取 C 为试样边界。

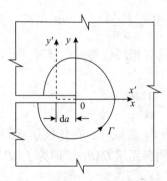

图 3-10　坐标 oxy 随裂尖的平移

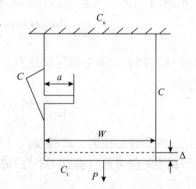

图 3-11　单边裂纹拉伸试样

由于在自由边界 C_0 上，$\vec{T} = 0$；在固定边界 C_u 上（即固定卡头或支点处），$\mathrm{d}\vec{u} = 0$；在加载边界 C_t 上，$T_x = 0$，$T_y = \frac{P}{BW}$（单位面积上的力），$u = 0$，$v = \Delta$。故有

$$\oint_C \vec{T} \cdot \frac{\mathrm{d}\vec{u}}{\mathrm{d}a}\mathrm{d}s = \int_{C_t} T_y\frac{\mathrm{d}v}{\mathrm{d}a}\mathrm{d}x = \frac{P}{B}\frac{\mathrm{d}\Delta}{\mathrm{d}a}$$

于是，J 积分的形变功率定义式 (3 – 19) 可改写成

$$J = -\frac{1}{B}\frac{dU}{da} + \frac{P}{B}\frac{d\Delta}{da} \qquad (3-20a)$$

当固定位移时，由于 $d\Delta = 0$，则有

$$J = -\frac{1}{B}\frac{dU}{da} \qquad (3-20b)$$

3）J 积分的物理意义

为进一步阐明 J 积分的物理意义，现考察两个外形相同仅裂纹尺寸相差为 δa 的试样在比例加载过程中的能量变化。当比例加载到相同载荷时，两个试样的 $P–\Delta$ 曲线分别如图 3 – 12 (a) 中曲线 OA 和 OB 所示。由图可以看出，这两个试样在加载过程中所接受的形变能之差为

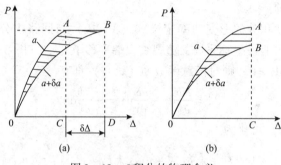

图 3 – 12　J 积分的物理含义

$$\delta U = \text{面积 } OBDO - \text{面积 } OACO$$
$$= P \cdot \delta\Delta - \text{面积 } OABO$$

于是

$$\text{面积 } OABO = -\delta U + P \cdot \delta\Delta$$

上式两边同除以 $B\delta a$，并取极限 $\delta a \to 0$，得

$$\lim_{\delta a \to 0}\frac{\text{面积 } OABO}{B\delta a} = -\frac{1}{B}\frac{dU}{da} + \frac{P}{B}\frac{d\Delta}{da}$$

图 3 – 12 (b) 则表示两个试样被比例加载到具有相同位移时的情况。此时，由于 $d\Delta \equiv 0$，从而得

$$\lim_{\delta a \to 0}\frac{\text{面积 } OABO}{B\delta a} = -\frac{1}{B}\frac{dU}{da}$$

由此可见，两个外形相同、仅裂纹尺寸相差为 δa 的试样，在比例加载到相同载荷或相同位移时所接受的能量差（曲线 OA 与 OB 间的阴影面积 $OABO$）即为 $J \cdot B \cdot \delta a$。

3.2.2　J 积分与 G_I、K_I 和 COD 的关系

1）J 积分与 G_I 和 K_I 的关系

由 J 积分的形变功率定义不难看出，J 积分也就是裂纹扩展单位面积系统所释放出的能量。Rice 已证明，在线弹性情况下，J 积分为弹性能量释放率 G_I。因此，J 积分理论是能量释放率理论在弹塑性断裂力学中的推广。对于线弹性裂纹问题，由前章能量释放率 G_I

与应力强度因子 K_I 之间的关系式（2 – 12），可得 J 与 G_I 和 K_I 之间的关系为

$$J = G_I = \begin{cases} K_I^2/E & \text{平面应力} \\ (1-\mu^2)\,K_I^2/E & \text{平面应变} \end{cases} \qquad (3-21)$$

可见，对断裂力学而言，J 积分是一个具有普遍意义的参量。

2）D-M 模型下的 J 积分

D-M 模型是一个弹性化了的模型，且消除了弹性奇点。因此，可取弹塑性区的边界线 ABC（图 3 – 13）作为积分路径来计算 J 积分。

由于塑性区非常狭窄，可认为路径 AB 和 BC 平行于 x 轴，故 $dy = 0$。但在路径 AB 上：$T_x = 0$，$T_y = -\sigma_s$，$ds = dx$；路径 BC 上：$T_x = 0$，$T_y = \sigma_s$，$ds = -dx$。于是，由 J 积分的回路积分定义式（3 – 17）可得

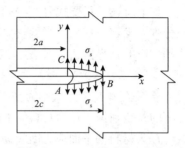

图 3 – 13　D-M 模型的 J 积分

$$J = \int_{ABC}\left(W_\Gamma dy - \vec{T}\cdot\frac{\partial\vec{u}}{\partial x}ds\right) = \sigma_s\left(\int_{AB}\frac{\partial v}{\partial x}dx + \int_{BC}\frac{\partial v}{\partial x}dx\right)$$

$$= \sigma_s\left(\int_{v_A}^{0}dv + \int_{0}^{v_C}dv\right) = \sigma_s(v_C - v_A)$$

式中 v_A 和 v_C 分别为 A 点和 C 点在 y 方向上的位移。

根据 COD 定义，$v_A = -\delta/2$，$v_C = \delta/2$。于是有

$$J = \sigma_s\delta \qquad (3-22a)$$

这就是由 D-M 模型得到的在平面应力状态下 J 积分与 COD 值 δ 的换算关系。

对于平面应变情况，可将式中的 σ_s 代之以 $\sigma_s/(1-2\mu)$，亦即平面应变状态下 J 积分与 δ 的换算关系为

$$J = \frac{\sigma_s}{1-2\mu}\delta$$

考虑到试样表面平面应力层以及材料应变硬化的影响，上式可改写成

$$J = \beta\sigma_s\delta \qquad (3-22b)$$

其中 β 称为 COD 降低系数。根据有限元计算，β 值常在 $1.1 \sim 2$ 之间。

3.2.3　HRR 场与 J 积分判据

1）HRR 场及 J 主导区

与线弹性断裂力学中应力强度因子理论相类似，1968 年 Hutchinson、Rice 和 Rosengern 对幂硬化弹塑性材料 $\varepsilon/\varepsilon_s = \alpha\,(\sigma/\sigma_s)^n$，用小变形全量理论（比例加载）导出了由 J 积分表征的裂纹尖端附近的应力场，称为 HRR 场，其表达式为

$$\sigma_{ij} = \sigma_s\left(\frac{EJ}{\alpha\sigma_s^2 I_n r}\right)^{\frac{1}{n+1}}\widetilde{\sigma}_{ij}(\theta,\ n) \qquad (3-23)$$

式中　α、n——分别为材料的幂硬化系数和指数；

　　　　I_n——为与指数 n 有关的常数；

$\widetilde{\sigma}_{ij}(\theta, n)$——角因子，是角坐标 θ 和指数 n 的无量纲函数。

可见，式（3-23）也是一个奇异场，J 积分则是表征这一奇异场强度的参量。欲使作为裂纹尖端场强度的唯一度量而有意义，只有在一定的区域内，裂纹尖端的应力应变场强度才可由 J 来确定。这个区域即为 J 主导区。

2）J 积分判据

如上所述，只要式（3-23）在 J 主导区内有效，裂纹尖端应力应变场强度就能由 J 积分唯一确定。从而，当裂纹尖端区域的应力场达到使裂纹开裂的临界状态时，J 积分也达到相应的临界值 J_{cr}。于是，按 J 积分建立的断裂判据可表示为

$$J = J_{cr} \tag{3-24}$$

若取 $J_{cr} = J_{Ic}$，上式则为平面应变条件下的断裂判据；若取 $J_{cr} = J_c$，则为平面应力条件下的断裂判据。J_{Ic} 为材料的平面应变断裂韧性，它是一个与试样尺寸无关的材料性能参数。J_c 为材料的平面应力断裂韧性，它与试样的厚度有关。对于薄壁容器的断裂分析，一般应取与器壁等厚的试样来测定 J_c。试验表明，J_c 值大于 J_{Ic} 值。

3.2.4　J 控制裂纹扩展及其稳定性

对于大多数韧性材料，裂纹启裂后都有一段稳定扩展阶段。裂纹在扩展过程中，其端部的应力应变场远比静止状态为复杂，因为裂纹扩展将引起尖端附近材料产生弹性卸载和非比例塑性变形。因此，严格地讲，建立在比例加载基础上的 J 积分理论是不能用来描述上述变形的。但 Hutchinson 和 Paris 已经证明，在一定的条件下，J 积分仍可近似地用来分析裂纹的扩展及其稳定性。这就是所谓的 J 控制裂纹扩展。

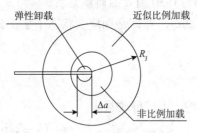

图 3-14　J 控制裂纹扩展

随着裂纹的扩展，HRR 场也向前移动。由于弹性卸载区和明显的非比例塑性变形区的尺寸与裂纹扩展量 Δa 几乎为同一量级，故为保证 HRR 场的主导作用，J 控制裂纹扩展的条件之一就是要求 Δa 远小于裂纹尖端 J 主导区尺寸 R_J（图3-14），即

$$\Delta a \ll R_J \tag{3-25}$$

J 控制裂纹扩展的第二个条件是要求当裂纹扩展时，J 主导区内的非比例应变增量应很小。在裂纹扩展时，Hutchinson 和 Paris 导出的应变增量为

$$d\varepsilon_{ij} = \left[\frac{dJ}{J}\widetilde{\varepsilon}_{ij}(\theta, n) + \frac{da}{r}\widetilde{\beta}_{ij}(\theta, n)\right]f(r, n, J)$$

式中第一项表示由于外载的增量引起的比例应变增量，第二项表示随裂纹扩展而产生的非比例应变增量，$\widetilde{\varepsilon}_{ij}$ 与 $\widetilde{\beta}_{ij}$ 为同一量级。由此可见，如果第一项远大于第二项，则在主导区 R_J 内存在着近似比例加载区。也就是说，在有限制的裂纹扩展量下，J 是裂纹扩展的合适特征参量。因此，J 控制裂纹扩展还要求

$$\frac{da}{r} \ll \frac{dJ}{J} 或 J/\left(\frac{dJ}{da}\right) \ll r \tag{3-26}$$

如定义一具有长度量纲的材料常数 D

$$D = J_c \Big/ \left(\frac{\mathrm{d}J}{\mathrm{d}a}\right)_c \tag{3-27}$$

式中下标 c 表示启裂时的值，其物理意义如图 3-15 所示。它表示当裂纹扩展量 Δa 很小时，用启裂点处的切线代替扩展曲线 J 从 J_c 增至 $2J_c$ 所产生的裂纹扩展量。则（3-26）式可写成

$$D \ll r$$

又 $r \leqslant R_J$，故应有

$$D \ll R_J \tag{3-28}$$

此即 J 控制裂纹扩展的第二个条件。

根据能量守恒定理，当 J 控制裂纹扩展条件满足时，裂纹稳定扩展的条件为

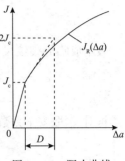

图 3-15　阻力曲线

$$J\,(a,\,P,\,n) = J_R\,(\Delta a) \tag{3-29}$$

上式表明，对任意给定的几何形状，裂纹扩展驱动力 J 是裂纹长度 a 和外载 P（单位厚度）的函数；而 J_R 为材料的裂纹扩展阻力，是裂纹扩展量 $\Delta a = a - a_0$（a_0 为初始裂纹尺寸）的函数。J_R 随 Δa 的变化关系称为阻力曲线，如图 3-16 所示，由实验确定。驱动力与阻力相等，则保持稳定扩展。由此可得出裂纹不稳定扩展的条件为

$$\frac{\partial J}{\partial a} > \frac{\mathrm{d}J_R}{\mathrm{d}a} \tag{3-30}$$

此式也称为失稳判据。

为计算方便，Paris 等人引入了无量纲参数——撕裂模量

$$T_J = \frac{E}{\sigma_s^2}\left(\frac{\partial J}{\partial a}\right)_{\Delta_T}, \quad T_{JR} = \frac{E}{\sigma_s^2}\frac{\mathrm{d}J_R}{\mathrm{d}a} \tag{3-31}$$

这样，用撕裂模量表示的裂纹失稳扩展失稳条件则为

$$T_J > T_{JR} \tag{3-32}$$

3.3　弹塑性断裂分析的工程方法

3.3.1　COD 设计曲线

COD 设计曲线是描述无量纲张开位移 $\delta_c/2\pi a_m \varepsilon_s$ 和无量纲应变 $\varepsilon/\varepsilon_s$ 之间关系的曲线，是 Wells 于 1965 年首先提出的，后来又有人提出了修正，从而建立了不同的 COD 设计曲线。目前，最具有代表性的是 Dawes（道威斯）设计曲线和我国的设计曲线，如图 3-16 所示。

Dawes 设计曲线曾被许多国家的压力容器缺陷评定标准所采用，如英国 BSI PD6493-1980 和国际焊接学会 IIW-1975 等。Dawes 设

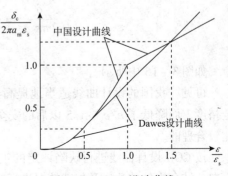

图 3-16　COD 设计曲线

计曲线将缺陷评定范围分为小范围屈服和大范围屈服两部分，前者以 D-M 模型为基础，后者则以 Burdekin 公式为基础。即，当 $\varepsilon/\varepsilon_s < 0.5$ 时，采用 D-M 模型的简化式（3－5）

$$\delta = \pi a \varepsilon_s \left(\frac{\varepsilon}{\varepsilon_s} \right)^2$$

表示成临界裂纹尺寸，则为

$$a_c = \delta_c / \left[\pi \varepsilon_s \left(\frac{\varepsilon}{\varepsilon_s} \right)^2 \right]$$

再对 a_c 取安全系数 2，即得允许裂纹尺寸为

$$a_m = \delta_c / \left[2\pi \varepsilon_s \left(\frac{\varepsilon}{\varepsilon_s} \right)^2 \right]$$

而当 $\varepsilon/\varepsilon_s \geq 0.5$ 时，采用 Burdekin 公式（3－8）。由于 Burdekin 公式已包含了大约 2 以上的安全系数，从而可直接改写成

$$a_m = \delta_c / 2\pi \varepsilon_s \left(\frac{\varepsilon}{\varepsilon_s} - 0.25 \right)$$

将以上两式合在一起，并写成无量纲形式，则得

$$\frac{\delta_c}{2\pi \varepsilon_s a_m} = \begin{cases} \left(\dfrac{\varepsilon}{\varepsilon_s} \right)^2 & \dfrac{\varepsilon}{\varepsilon_s} < 0.5 \\[3mm] \dfrac{\varepsilon}{\varepsilon_s} - 0.25 & \dfrac{\varepsilon}{\varepsilon_s} \geq 0.5 \end{cases} \qquad (3-33)$$

这就是 Dawes 于 1974 年提出的 COD 设计曲线表达式，亦即图 3－16 中所示的 Dawes 设计曲线。

Dawes 设计曲线在 $\varepsilon/\varepsilon_s \geq 0.5$ 的范围内，为由 Burdekin 公式描述的直线。然而实践表明，当 $\varepsilon/\varepsilon_s$ 较大时，Burdekin 公式的安全系数远大于 2；且随 $\varepsilon/\varepsilon_s$ 的增加而增大。因此国内外普遍认为，即使将 Burdekin 公式直接用于安全评定也仍较保守。我国在制定规范时所作的大量宽板试验及容器试验表明，Burdekin 公式虽在 $\varepsilon/\varepsilon_s$ 较大时比较保守，但在 $\varepsilon/\varepsilon_s = 1$ 附近却显得不够安全，有许多试验的启裂点位于设计曲线上方。为确保评定的安全性和经济性，以试验为依据，将第一段的二次曲线延至 $\varepsilon/\varepsilon_s = 1$ 处，将第二段直线的起点提高、斜率降低，从而得到我国的 COD 设计曲线

$$\frac{\delta_c}{2\pi \varepsilon_s a_m} = \begin{cases} \left(\dfrac{\varepsilon}{\varepsilon_s} \right)^2 & \dfrac{\varepsilon}{\varepsilon_s} < 1 \\[3mm] \dfrac{1}{2} \left(\dfrac{\varepsilon}{\varepsilon_s} + 1 \right) & \dfrac{\varepsilon}{\varepsilon_s} \geq 1 \end{cases} \qquad (3-34)$$

如图 3－16 中所示。

可见，我国的设计曲线适当地提高了 Dawes 设计曲线在 $0.5 < \varepsilon/\varepsilon_s < 1.5$ 范围内的安全裕度，而降低了 $\varepsilon/\varepsilon_s > 1.5$ 以后的安全裕度，使得各段曲线的安全裕度大体相当，这是比较合理的。

按 COD 设计曲线进行缺陷评定的主要思路是：根据具体缺陷的尺寸、形状、部位和方向，结合构件的几何及外载情况进行应力应变分析，按相应的断裂力学公式求得等效裂

纹尺寸 $\bar{a}$；再根据材料的断裂韧性 δ_c 按式（3 – 33）或式（3 – 34）求出相应的允许裂纹尺寸 a_m。如果 $\bar{a} < a_m$，亦即评定点落在设计曲线的上方，则缺陷是允许的；否则是不允许的。

3.3.2　弹塑性 *J* 积分的工程估算方法

工程中弹塑性 *J* 积分的估算方法来源于 Shih、Hutchinson 和 Rice 等的工作，并由美国电力研究院（EPRI）所采用，其主要思想是把弹性解和全塑性解简单地叠加以作为弹塑性解的估算结果，如图 3 – 17 所示。

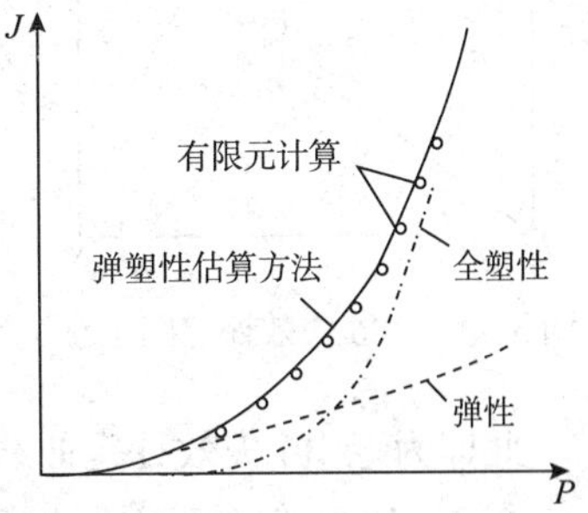

图 3 – 17　弹塑性估算方法示意

此方法认为材料服从 Ramberg-Osgood 关系（ROR），即

$$\frac{\varepsilon}{\varepsilon_s} = \frac{\sigma}{\sigma_0} + \alpha \left(\frac{\sigma}{\sigma_0}\right)^n \qquad (3-35)$$

式中　α、n——分别为材料的应变硬化系数和指数；

σ_0、ε_0——分别为屈服应力或流变应力和相应的应变。

按照这一关系，取其塑性分量 $\varepsilon_p/\varepsilon_0 = \alpha (\sigma/\sigma_0)^n$ 的全塑性材料，用不可压缩有限元方法计算可得到 *J* 积分的全塑性解，并以 $J_p(a, P, n) = \alpha\sigma_0\varepsilon_0 aH(P/P_0)^{n+1}$ 的形式表示，式中 *H* 为与裂纹构形和材料硬化指数 *n* 有关的函数。这样，*J* 积分的弹塑性解可表示为弹性修正解 $J_e(a_e, P)$ 与全塑性解 $J_p(a, P, n)$ 之和的形式，即

$$J(a, P, n) = J_e(a_e, P) + J_p(a, P, n) \qquad (3-36)$$

式中　a_e——修正裂纹尺寸，$a_e = a + \dfrac{1}{[1+(P/P_0)^2]}\dfrac{1}{\beta_a\pi}\left(\dfrac{n-1}{n+1}\right)\left(\dfrac{K_I}{\sigma_0}\right)^2$；

P、P_0——分别是单位厚度上的载荷和以 σ_0 为基础的塑性极限载荷；

β_a——系数，对于平面应力状态 $\beta_a = 2$；对于平面应变状态 $\beta_a = 6$。

由于含裂纹构件的弹性解已有手册可查，因此求解弹塑性断裂问题，关键的是要对广泛的结构形式建立裂纹的全塑性解。Kumar（库摩）和 Shih（施）等人利用不可压缩有限元技术求出了常用试样几何条件以及一些常见结构的全塑性解，并汇编成册。这样，借助于弹性解手册和全塑性解手册，人们可方便地处理许多试样和构件的弹塑性断裂问题。

3.3.3　失效评定图技术

在评定一个含裂纹结构的安全性时，要考虑到两种极端的失效情况，即线弹性断裂和塑性失稳。在这两种极端的失效情况之间存在着一种过渡的失效情况。为此，需要引进一个新的判据对这种过渡的失效情况进行评定。这种新的判据在上述两种极端情况下应分别退化为线弹性断裂判据和塑性失稳判据。失效评定图（或称失效评定曲线）就是评定这种过渡的失效情况所用的判据。失效评定图是以弹塑性断裂理论为依据的。

1）以 COD 理论为依据的失效评定图

（1）失效评定图概念

失效评定图的概念最早是由英国中央电力局 CEGB 于 1976 年提出来的。从此压力容

器缺陷评定中便诞生了失效评定图技术。这种图使用的坐标为

$$\left.\begin{array}{l} K_r = K_I\ (a,\ P)/K_{Ic} \\ S_r = P/P_0 = \sigma/\sigma_0 \end{array}\right\} \qquad (3-37)$$

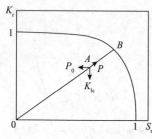

图 3-18　R6 失效评定图示意

式中 $K_I(a,\ P)$ 为含裂纹结构的裂纹尖端弹性应力强度因子；K_{Ic} 为材料的断裂韧性；a 为裂纹尺寸；P 或 σ 为外加载荷或应力；P_0 或 σ_0 为失稳（极限）载荷或应力。典型的 R6 失效评定图如图 3-18 所示，图中所示的曲线称为失效评定曲线。它是以 COD 理论为依据，由 D-M 模型导出的，其表达式为

$$K_r = S_r \Big/ \left[\frac{8}{\pi^2}\ln\left(\sec\frac{\pi S_r}{2}\right)\right]^{1/2} \qquad (3-38)$$

此即为老 R6 失效评定曲线方程。

图 3-18 中包含着线弹性断裂和塑性失稳这两个判据。式（3-37）为评定点坐标计算式，应力强度因子 K_I 与断裂韧性 K_{Ic} 之比 K_r，表征结构接近于线弹性断裂的程度，当 $K_r = 1$ 时即为线弹性断裂判据。外加载荷 P 与失稳载荷 P_0 之比 S_r，表征了结构接近于塑性破坏的程度，当 $S_r = 1$ 时则为塑性失稳判据。所以，这种评定过渡失效形态（弹塑性）所用的方法也称之为"双判据法"。

关于老 R6 失效评定曲线方程式（3-38）的推导如下：

由 D-M 模型下的 COD 公式 [式（3-4）]

$$\delta = \frac{8a\sigma_s}{\pi E}\ln\left[\sec\left(\frac{\pi\sigma}{2\sigma_s}\right)\right]$$

考虑到实际材料的应变硬化效应，将式中材料的屈服应力 σ_s 替换为流变应力 σ_0，令 $\delta = \delta_c$，并假设在大范围屈服条件下 $\delta_c = \dfrac{K_{Ic}^{\ 2}}{E\sigma_0}$ 成立，则有

$$K_{Ic}^{\ 2} = \frac{8a\sigma_0^{\ 2}}{\pi}\ln\left(\sec\frac{\pi\sigma}{2\sigma_0}\right)$$

又

$$K_I^2 = \pi a\sigma^2$$

两式相除得

$$\frac{K_I^2}{K_{Ic}^{\ 2}} = \frac{\sigma^2}{\sigma_0^{\ 2}} \Big/ \left[\frac{8}{\pi^2}\ln\left(\sec\frac{\pi\sigma}{2\sigma_0}\right)\right]$$

两边开方，并令 $K_r = K_I/K_{Ic}$、$S_r = \sigma/\sigma_0$，即得式（3-38）。

（2）失效评定图的作用

进行安全评定　对于一个给定的裂纹结构，根据载荷和裂纹尺寸可按式（3-37）算出对应的评定点坐标 (S_r, K_r)。把评定点标绘在评定图上（如图 3-18 中 A 点），便可立即判断该裂纹结构是否安全。如果评定点落在失效评定曲线内侧，则结构是安全的，缺陷可被接受；否则结构是不安全的，其缺陷不能接受。

确定安全裕度　当评定点位于评定曲线内侧时，结构是安全的。但还有多大的安全系

数呢？这可以通过载荷因数来确定。由图 3 – 18 可见，随着载荷的增加，评定点 A 将沿 OA 线向上移动，直到 B 点，结构达到临界状态。定义 $F_s = OB/OA$ 为载荷因数，即以载荷表示的安全系数，其大小反映了结构的安全程度。易见，当 $F_s \leq 1$ 时将发生破坏（或不安全）；$F_s > 1$ 结构才是安全的。

进行参数敏感性分析　由图 3 – 18 还可看出，评定点 A 的坐标与施加载荷 P 成正比，而材料参数 P_0 和 K_{Ic} 分别与横坐标和纵坐标成反比。如果只有一个参数变动，则评定点将按图中相应的箭头方向移动。即借助于评定图可以对输入参数变动的敏感性进行分析。

2）以 J 积分理论为基础的失效评定图

美国电力研究院 EPRI 在研究弹塑性断裂理论的同时，也研究了 CEGB 的 R6 失效评定图技术。在此基础上，利用 J 控制裂纹扩展的概念和 J 积分的工程估算方法，导出了以 J 积分理论为基础的失效评定图，其坐标的定义为

$$\left. \begin{array}{c} K_r = \sqrt{J_r} = \sqrt{J_e(a,\ P)/J_R(\Delta a)} \\ L_r = P/P_0 = \sigma/\sigma_0 \end{array} \right\} \tag{3-39}$$

失效评定曲线方程为

$$K_r = \frac{L_r}{(H_e L_r^2 + H_n L_r^{n+1})^{1/2}} \tag{3-40}$$

式中　$J_e\ (a,\ P)$——按实际尺寸计算的弹性裂纹驱动力，$J_e = (1-\mu^2)\ K_I^2/E$；

　　　$J_R\ (\Delta a)$——材料阻力；

　　　n——材料应变硬化指数；

　　　H_e、H_n——与裂纹构形和材料硬化指数有关的函数；

其他符号意义同前。

下面简要介绍此方程的推导过程。

在 J 控制裂纹扩展条件下，裂纹稳定扩展的条件要求驱动力等于阻力，即

$$J\ (a,\ P,\ n) = J_R\ (\Delta a) \tag{a}$$

根据工程估算方法，对于应力应变符合 Ramberg-Osgood（ROR）关系 $\dfrac{\varepsilon}{\varepsilon_0} = \dfrac{\sigma}{\sigma_0} + \alpha \left(\dfrac{\sigma}{\sigma_0}\right)^n$ 的材料，裂纹驱动力可表示为

$$J\ (a,\ P,\ n) = J_e\ (a_e,\ P) + J_p(a,\ P,\ n) = J_e'(a_e)\left(\frac{P}{P_0}\right)^2 + J_p'(a,\ n)\left(\frac{P}{P_0}\right)^{n+1} \tag{b}$$

式中 $J_e\ (a_e,\ P)$ 和 $J_p\ (a,\ P,\ n)$ 分别为 J 的弹性修正解和全塑性解；a_e 为考虑应变硬化而经塑性修正的裂纹尺寸。于是式（a）可写成

$$J_R\ (\Delta a) = J_e'\ (a_e)\left(\frac{P}{P_0}\right)^2 + J_p'\ (a,\ n)\left(\frac{P}{P_0}\right)^{n+1} \tag{c}$$

此外，按实际尺寸计算的弹性裂纹驱动力 $J_e\ (a,\ P)$ 可表示成 $J_e\ (a,\ P) = J_e'\ (a)\ (P/P_0)^2$，因此有

$$J_e\ (a,\ P)/J_R\ (\Delta a) = J_e'\ (a)\left(\frac{P}{P_0}\right)^2 \bigg/ \left[J_e'\ (a_e)\left(\frac{P}{P_0}\right)^2 + J_p'\ (a,\ n)\left(\frac{P}{P_0}\right)^{n+1} \right] \tag{d}$$

令：$H_e = J'_e(a_e)/J'_e(a)$，$H_n = J'_p(a, n)/J'_e(a)$，并注意到 $K_r^2 = J_r = J_e(a, P)/J_R(\Delta a)$，$L_r = P/P_0$，代入上式即得式（3-40）。

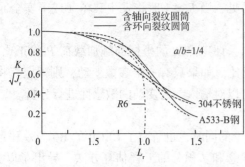

图 3-19　含轴向裂纹及环向裂纹
圆筒的失效评定曲线

在小范围屈服条件下，由 J 与 K_I 的关系式 $J_e = K_I^2/E_1$（平面应力状态 $E_1 = E$，平面应变状态 $E_1 = E/(1 - \mu^2)$），可推得 $J_R = J_{Ic} = K_{Ic}^2/E_1$，于是有 $K_r = \sqrt{J_r} = K_I/K_{Ic}$。

方程式（3-40）描述了 K_r 与 L_r 之间的关系，在此曲线上裂纹驱动力等于材料阻力。由于 H_e 和 H_n 两函数取决于裂纹构形与材料硬化指数，因此评定曲线的形状和位置也取决于这些参数。

根据工程估算方程，求出 H_e 和 H_n 值后，按式（3-40）得到的典型失效评定曲线如图 3-19 所示。

3.3.4　裂纹驱动力图

1）裂纹驱动力图概念

如前所述，对于给定的任意裂纹体，J 积分是裂纹尺寸 a 和外载（单位厚度）P 的函数，当给定某一载荷值 P 时，对于不同的裂纹尺寸 a 可得出对应的 J 积分值，将这些对应点绘制在 J-a 坐标中，便得到一条恒载荷下的 J-a 曲线（恒载荷曲线）。在不同载荷下，可以得到一组恒载荷下的 J-a 的相关曲线，这种相关曲线图就称为裂纹驱动力图。图 3-20 给出了 A533B 钢平面应变紧凑拉伸试样的裂纹驱动力图，图中各细实线即为不同载荷下的恒载荷曲线。

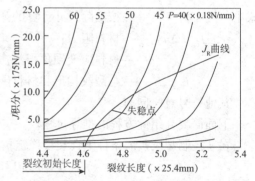

图 3-20　A533B 钢平面应变紧凑拉伸试样
J 积分裂纹驱动力图与阻力曲线

2）裂纹驱动力图的作用

把由实验测定的裂纹扩展阻力 J_R 曲线叠加到裂纹驱动力图上，便可进行弹塑性断裂的全过程分析，即可以预测裂纹启裂时的载荷、失稳时的载荷和稳定扩展范围等。将 J_R 曲线起点交于驱动力图横轴裂纹长度等于初始裂纹长度处，如图 3-20 中粗实线所示。然后，利用此图可以进行如下分析：

（1）确定启裂载荷　根据 J_R 曲线与驱动力曲线的交点，可以判断裂纹启裂时的载荷。具体的做法是：将试验测得的 J_{Ic} 值标绘在 J_R 曲线上，找到恒载荷曲线与该点的交点，便可求得启裂时的载荷 P_c。

（2）确定失稳（最大）载荷　由失稳扩展条件式（3-30）可知，在裂纹扩展过程中达到的最大载荷，即为图 3-20 中恒载荷曲线与 J_R 曲线相切点所对应的载荷。

（3）确定裂纹稳定扩展范围　从启裂载荷点到失稳点的区间，即为裂纹稳定扩展的范围。

实际上，在裂纹扩至失稳点以前，裂纹驱动力 J 与阻力 J_R 总是随着载荷的增加沿阻力曲线同步增长，二者始终保持相等。在启裂点以前，载荷增大，裂纹并不扩展；而在启裂点以后，裂纹随载荷增加而不断扩展，直至失稳点。当裂纹扩展到失稳点后，随着扩展量 Δa 的增加，阻力增加的速度总赶不上驱动力增加的速度，所以驱动力 J 始终大于阻力 J_R。这表明，此时即使不再增大载荷，裂纹也会继续扩展下去，直到整个构件断裂。

由以上讨论可见，裂纹由启裂到失稳扩展通常有一个过程，这一过程的长短以及裂纹扩展量 Δa 的大小取决于试样材料及几何尺寸。在这一过程中，裂纹的连续扩展依赖于载荷的不断提高。此时，驱动力与阻力均随载荷的提高而沿 J_R 曲线变化。因此，在这一过程中驱动力与阻力始终是相等的，亦即促使裂纹扩展的能量与消耗于裂纹扩展中的形变功是平衡的。所以，这一过程属于裂纹稳态扩展阶段，亦称之为亚临界扩展阶段。

J_R 曲线形状除了与材料性能有关外，还与试样的厚度和韧带尺寸有关。这是因为厚度和韧带尺寸都要影响裂纹端部的应力状态和塑性区尺寸，从而影响裂纹扩展的阻力。此外，裂纹的初始长度不同，J 曲线的斜率也不一样（对应于同一载荷而言），而 J_R 曲线的形状基本上不受裂纹初始长度的影响。

习　题

3-1　思考题

1. COD 的含义是什么？

2. 何为 D-M 模型，画图说明。

3. 对于整体屈服的情况，能否用 D-M 模型下的 COD 公式计算 δ 值？为什么？

4. J 积分有几种定义，其定义式如何？

5. 何谓 J 积分的守恒性？

6. J 积分的物理意义是什么？

7. J 积分与应力强度因子之间有何联系？

8. J 积分与 δ 之间有何联系？

9. 何谓 J 主导和 J 控制裂纹扩展？

10. 我国的 COD 设计曲线和 Dawes 设计曲线有何差异？

11. 何为失效评定图？它有何作用？

12. 何为裂纹驱动力图？它有何作用？

3-2　一圆筒形压力容器，内径 $D_i = 1600\text{mm}$，壁厚 $B = 8\text{mm}$，操作压力 $p = 8\text{MPa}$。所用材料为低强度高韧性钢，$\sigma_s = 441\text{MPa}$，$E = 2.06 \times 10^5\text{MPa}$，$\delta_c = 0.15\text{mm}$。试确定筒体上轴向和周向裂纹的临界尺寸 a_c。

3-3　一个用 14MnMoVB 钢制成的圆筒形压力容器，外径 $D_i = 1000\text{mm}$，壁厚 $B = 20\text{mm}$，筒壁焊缝处有一纵向类穿透裂纹，全长 $2a = 600\text{mm}$。已知材料的 $\sigma_s = 515\text{MPa}$，$\sigma_b = 685\text{MPa}$，$E = 2.1 \times 10^5\text{MPa}$，$\delta_c = 0.065\text{mm}$。试求该容器的开裂压力 p_c 及断裂（爆破）压力 p_f。

3-4　某储运厂一台液化气球罐，最高操作压力 $p = 1.8\text{MPa}$，直径 $D_i = 12400\text{mm}$，壁

厚 $B = 32\text{mm}$。主体材质为 16MnR，$\sigma_s = 338\text{MPa}$，$E = 2.09 \times 10^5 \text{MPa}$，$\delta_c = 0.068\text{mm}$。检验发现对接焊缝熔合线内表面存在长 $2c = 200\text{mm}$、深 $a = 8\text{mm}$ 的表面裂纹。若取 δ_c 的安全系数 $n_\delta = 2$，试校核容器是否安全。

3-5 实验表明，在工作应力作用下，压力容器接管根部应力集中区域的最高应变 ε 可达到屈服应变 ε_s 的 2 倍。若已知材料的 σ_s、E 和 δ_c 值，试按 Burdekin 公式确定该部位的临界裂纹尺寸 a_c。

3-6 某压力容器，设计工作应力为材料屈服应力的 2/3，若已知材料的 σ_s、E 和 δ_c 值，（1）试按我国的 COD 设计曲线和 Dawes 设计曲线确定该容器的允许裂纹尺寸 a_m；（2）如假设容器筒体表面存在深长比 $a/c = 0.025$ 轴向浅表面裂纹，试确定该裂纹的允许深度。

第4章 压力容器疲劳裂纹扩展及寿命估算

4.1 概 述

4.1.1 压力容器的疲劳问题

结构或构件在交变载荷作用下产生的破坏即为疲劳破坏。在外载作用下，压力容器的接管部位、支承部位以及其他不连续部位存在着较大的峰值应力，其值往往要比容器的设计应力大得多。当载荷交替变化时，峰值应力也交替变化，成为应力变化幅度较大的交变应力。在交变应力作用下，容器中受力最大的部位或结晶上的薄弱部位就可能萌生出裂纹。另外，容器的焊缝上或母材本身可能存在裂纹或类似裂纹的缺陷。这些裂纹在交变应力的作用下会不断扩展，最后导致容器泄漏或破坏。

压力容器的疲劳破坏都源于高应力部位（如接管根部等）。发生疲劳破坏时无明显的塑性变形。一般在破坏发生前先引起容器的泄漏，但有时也会发生未泄漏而突然破坏的事故，这种事故往往都是灾难性的。通过对在疲劳载荷作用下裂纹扩展规律的研究，就有可能预防或避免这种事故的发生，给容器的安全运行带来保障。

使压力容器产生交变应力的原因是多方面的，主要有：

（1）间隙操作与频繁的开、停工；

（2）操作中的压力变化及波动；

（3）温度波动产生的热载荷变化；

（4）环境温度的周期性变化以及由此引起的较大的压力波动；

（5）操作中的振动等。

当然，并不是所有的交变应力都会引起容器的疲劳破坏。然而，现代的压力容器设计规范使压力容器的设计应力越来越高，各种高强度低合金钢在压力容器中的应用也越来越多，用这些钢种制作的压力容器在制造和使用中产生缺陷的倾向都比较大。因此，因交变应力的作用而使容器产生疲劳破坏的可能性在增大。压力容器的疲劳问题已成为一个比较突出的问题。

4.1.2 疲劳破坏的特征

疲劳破坏与静载破坏有着本质的不同，主要有以下特征：

（1）无论是脆性材料还是塑性材料，疲劳断裂在宏观上均表现为无明显塑性变形的突然断裂，属于类脆性断裂。因此疲劳破坏具有很大的危险性，常常会造成严重的事故。

（2）疲劳破坏带有局部性质，即它不牵涉到整个结构的所有材料，只要局部改变细节设计或制造工艺措施，即可较明显地增加疲劳寿命。因此，结构抗疲劳破坏的能力不仅取决于所用的材料，而且还取决于结构的形状尺寸、连接形式、表面状态和环境条件等。也正因为这一特性，所以当发现疲劳裂纹时，一般并不需要更换全部结构，而只需更换破损部分。在损伤不严重的情况下，有时只需排除疲劳损伤（如磨去细小的表面裂纹），甚至采取止裂措施就可以了（如在裂纹前钻一个止裂孔）。

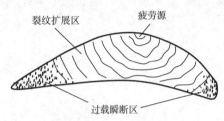

图 4-1 疲劳断口的宏观特征

（3）疲劳破坏是一个累积损伤的过程，要经历一定的甚至很长的时间历程。实践证明，疲劳断裂过程均包括裂纹萌生（成核）、裂纹扩展与失稳断裂三个阶段。由此可以在断口上明显地观察到疲劳源区、裂纹扩展区与过载瞬断区，如图 4-1 所示。疲劳源是疲劳破坏的源区，常发生在受载构件的表面，尤其是应力集中严重的部位。裂纹扩展区是疲劳断口最重要的特征区域，其表面光滑，常带有贝壳状波形辉纹。这些波形辉纹是裂纹在交变载荷作用下每张开扩展一步留下的痕迹，因此波形辉纹的推移方向就是裂纹的扩展方向。过载瞬断区是由于有效截面的减少，致使应力强度达到一定水平而造成的断裂，其过程与单调加载的情形相似。过载瞬断区的形状可分为平断部分和斜断部分，平断部分属脆断型，斜断部分属韧断型。

4.1.3 交变应力的循环特征

一般交变应力的循环特征可用图 4-2 中所示的有关参数来表示。图中 σ_a 为交变应力幅，其值为交变应力变化范围的一半，即

$$\sigma_a = \frac{(\sigma_{max} - \sigma_{min})}{2} \qquad (4-1)$$

σ_m 表示平均应力，其值为

$$\sigma_m = \frac{(\sigma_{max} + \sigma_{min})}{2} \qquad (4-2)$$

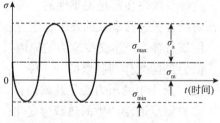

图 4-2 交变应力循环特征

式中 σ_{max}、σ_{min}——分别表示应力循环中的最大和最小应力。

循环载荷的不对称性用应力比 R_σ 来表示，其定义为

$$R_\sigma = \sigma_{min}/\sigma_{max} \qquad (4-3)$$

根据交变应力的对称情况不同，如图 4-3 所示，应力循环可分为以下 6 种：

（a）当 $R_\sigma = -1$ 时，对应的应力循环为对称循环；

（b）当 $R_\sigma = 0$ 时，为脉动拉伸循环；

（c）当 $R_\sigma = -\infty$ 时，为脉动压缩循环；

（d）当 $0 < R_\sigma < 1$ 时，为波动拉伸循环；

（e）当 $-1 < R_\sigma < 0$ 时，为波动拉压循环；

（f）当 $-\infty < R_\sigma < -1$ 时，为波动拉压循环。

作为特例，可以把静载荷看成是 $R_\sigma = 1$ 的交变载荷。

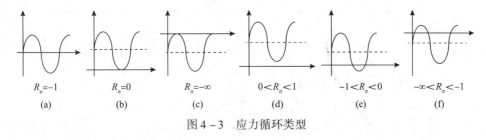

图 4-3　应力循环类型

4.1.4　含裂纹构件的疲劳设计——破损安全设计法

传统的疲劳设计方法是以光滑试样测得的应力幅-破坏循环次数曲线（即 $\sigma_a - N$ 曲线）或虚拟应力幅-破坏循环次数曲线（即 $S_a - N$ 曲线）为依据进行疲劳设计的，其中 $\sigma_a - N$ 曲线适用于高周疲劳或应力疲劳的场合，$S_a - N$ 曲线则适用于低周疲劳或应变疲劳的场合。对有些结构，尤其是像压力容器这样的结构，即使按传统的疲劳设计方法设计是符合安全寿命要求的，在使用中有时也会产生意外的疲劳破坏。之所以产生这种情况，主要是由于传统的疲劳设计方法中所用的疲劳设计曲线是根据光滑试样测得的，这种试样与实际结构存在着根本性的差别。实际构件在制造和使用过程中不可避免地会产生这样或那样的缺陷，如锻造缺陷、焊接裂纹、腐蚀裂纹等，这种带缺陷的构件在交变载荷作用下的行为是传统的疲劳设计方法中所没有考虑的。破损安全设计法弥补了传统疲劳设计方法的这一不足，是对传统疲劳设计方法的重要补充和发展。

破损安全设计方法认为，任何构件不可避免地会存在有裂纹，在疲劳载荷作用下，裂纹将以一定的规律扩展，当裂纹扩展到由材料的断裂韧性所决定的临界裂纹尺寸时，构件就会破坏。按照破损安全设计的观点，根据裂纹的扩展规律、构件的裂纹尺寸、材料的断裂韧性以及有关的工作条件就能确定出保证含裂纹构件安全运行的安全寿命。

实际上，破损安全设计法也就是断裂力学在疲劳设计中的应用。

4.2　疲劳裂纹扩展规律与寿命估算

研究疲劳裂纹的扩展规律是准确估算结构剩余寿命的重要依据。对一台带有裂纹的压力容器来说，令人关心的问题是：裂纹是如何扩展的？裂纹的扩展速率有多大？裂纹扩展到何种程度将会引起容器的破坏？这些问题正是本节所要介绍的内容。

4.2.1　疲劳裂纹扩展过程

疲劳裂纹扩展规律可以用疲劳裂纹扩展速率图来表示。如图 4-4 所示为一个完整的疲劳裂纹扩展速率图。图中纵坐标 $\mathrm{d}a/\mathrm{d}N$ 为裂纹的扩展速率，表示载荷每循环一次所发生的裂纹扩展量；横坐标 ΔK 表示裂纹尖端应力强度因子变化范围，即

$$\Delta K = K_{max} - K_{min} \qquad (4-4)$$

式中　K_{max}、K_{min}——与 σ_{max}、σ_{min} 相应的裂纹尖端最大和最小应力强度因子。

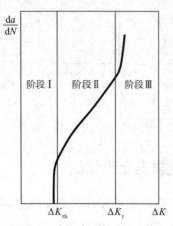

图 4-4　疲劳裂纹扩展速率　　　　　　图 4-5　裂纹扩展示意图

根据疲劳裂纹扩展速率图中扩展速率的变化情况，可以把疲劳裂纹的扩展过程分为三个阶段，即第Ⅰ阶段、第Ⅱ阶段和第Ⅲ阶段。

疲劳裂纹扩展的第Ⅰ阶段为疲劳裂纹的萌生阶段。由于疲劳裂纹萌生后的初始扩展阶段（微观扩展阶段）和裂纹的萌生阶段没有明显的界限，区分起来比较困难，因此把裂纹扩展的初始阶段也归入疲劳裂纹扩展的第Ⅰ阶段。关于疲劳裂纹萌生的机理，有许多种模型。一般认为，疲劳裂纹都在驻留滑移带、晶界或第二相界处萌生，具体受宏观应力分布、微观组织以及环境等复杂因素的影响。如图 4-5 所示为从驻留滑移带萌生疲劳裂纹的情况，所萌生的微观裂纹沿着切应力最大的滑移面扩展，即其扩展方向与主应力成 45°。第Ⅰ阶段的疲劳裂纹扩展速率很低，大约为 $10^{-7} \sim 10^{-6}$ mm/次，对无缺陷构件来说，其疲劳寿命主要消耗在这一阶段。在所萌生的微观裂纹中，有些微观裂纹很快就停止扩展，只有部分微观裂纹能扩展到一定的深度，一般为几个晶粒尺寸（几丝米），然后逐渐偏离原来的滑移面而转向垂直于主应力的方向扩展，进入疲劳裂纹扩展的第Ⅱ阶段。

疲劳裂纹扩展的第Ⅱ阶段为稳定扩展阶段，也称亚临界扩展阶段。在这一阶段，裂纹将沿着垂直于主应力的方向扩展，不再与晶面的滑移联系在一起。亚临界扩展阶段的疲劳裂纹扩展速率要比第Ⅰ阶段大得多，一般为 $10^{-6} \sim 10^{-3}$ mm/次。对含裂纹构件来说，其疲劳寿命主要取决于这一阶段的裂纹扩展。亚临界扩展阶段是人们研究得比较多、也是了解得比较完整的阶段，已可以定量地描述疲劳裂纹在这一阶段的扩展速率。由于压力容器往往因各种原因而带有先天性的裂纹，因此压力容器中的疲劳问题常常是裂纹的亚临界扩展问题。

关于疲劳裂纹亚临界扩展的机理，也有着许多的模型，其中较为流行的是如图 4-6 所示的塑性钝化模型。图 4-6（a）表示一个处于疲劳裂纹扩展第Ⅱ阶段的裂纹，交变应力处于零的状态。图 4-6（b）表示交变应力处于拉伸状态，在拉应力作用下，裂纹尖端由于应力集中而发生屈服。塑性变形集中在与应力成 45° 的最大剪应力区。沿 45° 角滑移面的滑移使裂纹尖端近似成方形。图 4-6（c）表示拉应力增至最大时，裂纹尖端的滑移区变宽并钝化成半圆形，向前伸张。图 4-6（d）表示交变应力由拉伸状态向压缩状态变化，裂纹尖端发生反向屈服，滑移方向与拉伸时相反，裂纹表面开始合拢，裂纹前沿因反向滑移重新成为方形。图 4－6 (e) 表示压应力增至最大时，裂纹表面错合，尖端变锐。当压应力恢复到零时，裂纹重新成为图 4－6 (a) 的状态，但向前扩展了一段距离，并留下一条痕迹，称为疲劳辉纹。这样，交变应力每循环一次，裂纹尖端就经历一次张开、钝化、闭合循环，并向前扩展一段距离，同时留下一条疲劳辉纹。疲劳辉纹对疲劳断裂的分析有着重要意义，我们可以根据断口上疲劳辉纹的走向与间距来分析疲劳裂纹的扩展速率与其他参数间的关系，从而判断断裂部位的受力状况等。

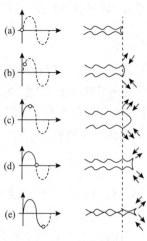

图 4－6　钝化模型

当裂纹扩展到一定长度后，就进入疲劳裂纹扩展的第Ⅲ阶段——快速扩展阶段，又称失稳扩展阶段。目前，对这一阶段的扩展规律研究较少。

4.2.2　疲劳裂纹扩展的门槛值

从疲劳裂纹扩展速率图 4－4 可以看出，当应力强度因子变化范围 ΔK_a 低于某个界限值 ΔK_{th} 时，裂纹几乎不扩展；若高于该值，疲劳裂纹的扩展速率随 ΔK_a 的增大以一定的速率增加。当 ΔK_a 的值达到 ΔK_t 时，疲劳裂纹的扩展速率急剧增加，并导致构件快速断裂。通常，把 ΔK_{th} 称为疲劳裂纹扩展的下门槛值，而把 ΔK_t 称作上门槛值。

试验表明，ΔK_{th} 受应力比 R_σ 的影响很大，随 R_σ 值增大，ΔK_{th} 值变小。当幸存概率为 97.5% 时，对于在空气中的碳钢和碳锰钢，GB/T 19624 和 BS7190 推荐采用以下经验公式

$$\Delta K_{th} = \begin{cases} 170 & R_\sigma \leqslant 0 \\ 170 - 214 R_\sigma & 0 < R_\sigma < 0.5 \\ 63 & R_\sigma \geqslant 0.5 \end{cases} \qquad (4-5)$$

对于焊接接头，GB/T 19624 推荐采用以下经验公式

$$\Delta K_{th} = \begin{cases} 214 \Delta \sigma / \sigma_s - 44 & \Delta \sigma > \sigma_s / 2 \\ 63 & \Delta \sigma \leqslant \sigma_s / 2 \end{cases} \qquad (4-6)$$

式中，ΔK_{th} 的单位为 $N/mm^{3/2}$。

当 ΔK_a 值达到 ΔK_t 时，一般认为，K_{max} 已接近材料的断裂韧性值 K_{Ic} 或 K_c。一些试验结果表明，对于各种金属材料，ΔK_t 所对应的裂纹尖端张开位移的变化范围 $\Delta \delta_t$ 基本上是一个常数，$\Delta \delta_t \approx 4 \times 10^{-2}$ mm。根据断裂力学中平面应力条件下应力强度因子与裂纹尖端张开位移之间的关系 $K_I^2 / E = \sigma_s \cdot \delta$，可得

$$\Delta K_t = (0.04 E \sigma_s)^{1/2} \qquad (4-7)$$

4.2.3　疲劳裂纹亚临界扩展速率

大量的试验表明，在疲劳裂纹亚临界扩展阶段，裂纹扩展速率 da/dN 与裂纹长度 a、

交变应力变化范围 $\Delta\sigma$ 以及材料有关，即

$$\frac{\mathrm{d}a}{\mathrm{d}N}=f\ (\ a,\ \Delta\sigma,\ A) \tag{4-8}$$

这里 A 为与材料相关的常数。

进一步的分析表明，对一定的材料来说，$\mathrm{d}a/\mathrm{d}N$ 取决于裂纹尖端的应力强度因子变化范围 ΔK，二者的关系在双对数坐标中近似呈直线。描述这种关系的公式很多，其中最具有代表性、也是最常用的公式就是 Paris 公式

$$\frac{\mathrm{d}a}{\mathrm{d}N}=A\ (\Delta K)^{m} \tag{4-9}$$

式中　A、m——与材料及其使用条件（包括材料状态、使用环境、循环频率及应力比）
　　　　　有关的常数，可通过实验测得。

目前，关于 A 和 m 的数据很多，但由于材料的使用条件不同，即使同一材料也相差很大。因此，一般应尽可能从服役容器上取样，按有关规定进行实测。当无法取样测试时，作为一种近似估算，可根据使用条件按表 4-1 选取，其计算结果是偏于保守的。

表 4-1　A 和 m 的推荐值

材料	使用条件	A	m	出处
16MnR	在 100℃ 以下的非腐蚀环境中，且 ΔK 在 $300\sim1500\mathrm{N/mm}^{3/2}$ 范围内。	6.44×10^{-14}	3.35	
$\sigma_{0.2}<600\mathrm{MPa}$ 的铁素体钢	在不超过 100℃ 的空气或其他无腐蚀环境中。	3×10^{-13}	3.0	GB/T 19624
	对伴有解理或微孔聚合等具有更高扩展速率的疲劳裂纹扩展机制时。	6×10^{-13}	3.0	
$\sigma_{0.2}<600\mathrm{MPa}$ 的焊接钢（包括奥氏体钢）	在不超过 100℃ 的空气或其他无腐蚀环境中。	5.21×10^{-13}	3.0	BS7910
	在不超过 600℃ 的空气或其他无腐蚀环境中。	$5.21\times10^{-13}\times(E/E_{\mathrm{t}})^{3}$	3.0	
$\sigma_{0.2}<600\mathrm{MPa}$ 的焊接钢（除奥氏体钢外）	在不超过 20℃ 的海洋环境中。	6×10^{-13}	3.0	

注：1. 与 A 和 m 相应的 ΔK 的单位为 N/mm$^{3/2}$，$\mathrm{d}a/\mathrm{d}N$ 的单位为 mm/次；

2. 表中 E 和 E_{t} 分别为材料在常温和工作温度下的弹性模量。

以上介绍的 Paris 公式，其裂纹扩展速率受应力强度因子变化范围控制，具体地讲是由应力控制的，这种疲劳问题属于应力疲劳问题。对处于压力容器高应变区的裂纹，如用应力强度因子或应力为控制量来反映其裂纹的扩展速率显然不尽合理。因为这时裂纹已处于塑性区，裂纹的扩展已由裂纹附近的应变循环所控制，这种疲劳问题属于应变疲劳问题。解决这种疲劳问题，就需要把弹塑性断裂力学的概念引入到裂纹的疲劳问题中来。为此，Dover 等认为，对于应变疲劳问题，裂纹尖端张开位移控制着裂纹扩展速率，裂纹扩展速率 $\mathrm{d}a/\mathrm{d}N$ 与裂纹尖端张开位移变化范围之间存在着与 Paris 公式相类似的幂函数关系，即

$$\frac{\mathrm{d}a}{\mathrm{d}N} = A_\delta \ (\Delta\delta)^{m_\delta} \qquad (4-10)$$

另有人认为，裂纹扩展速率可由 J 积分来控制，于是又有

$$\frac{\mathrm{d}a}{\mathrm{d}N} = A_J \ (\Delta J)^{m_J} \qquad (4-11)$$

式中，$\Delta\delta$ 和 ΔJ 分别为交变载荷作用下裂纹尖端张开位移 δ 和 J 积分的变化范围，A_δ、m_δ 和 A_J、m_J 为与之相应的材料常数，可通过实验测定。

尽管对于像压力容器接管部位那样的大范围屈服情况，以 ΔK 作为控制疲劳裂纹扩展的参量不如以 $\Delta\delta$ 或 ΔJ 为参量合理，但由于后者形式复杂，试验数据少，且在计算上没有应力强度因子完善。一些学者认为，用 Paris 公式来近似地描述压力容器接管部位的疲劳裂纹扩展规律，对于工程应用来说是可行的，因为无论是脆性材料还是塑性材料，疲劳断裂在宏观上均表现为无明显塑性变形的脆性断裂。不过这时的 ΔK 已超出了应力强度因子变化范围的含义，只能把它当作一个物理量来看待。

4.2.4 疲劳裂纹扩展的寿命估算

若疲劳裂纹扩展规律符合 Paris 公式，考虑一般情况，则对于所有 I 型裂纹，应有以下关系：

$$\frac{\mathrm{d}a}{\mathrm{d}N} = A \ (\Delta K_a)^m \qquad (4-12a)$$

$$\frac{\mathrm{d}c}{\mathrm{d}a} = \left(\frac{\Delta K_c}{\Delta K_a}\right)^m \qquad (4-12b)$$

式中 a、c——裂纹尺寸；

ΔK_a、ΔK_c——分别为 a、c 方向的裂纹尖端应力强度因子变化范围。

根据式（2-43），ΔK_a 的一般表达形式如下：

$$\Delta K_a = Y\Delta\sigma \ \sqrt{\pi a} \qquad (4-13)$$

式中 Y——形状系数，与裂纹类型、大小、位置等几何因素有关，对于穿透裂纹 $Y=1$；

$\Delta\sigma$——交变应力变化范围，$\Delta\sigma = \sigma_{\max} - \sigma_{\min}$。

一般 ΔK_c 的计算是很复杂的。对于受均布载荷作用的板壳，可采用以下经验公式：

对于埋藏裂纹

$$\frac{\Delta K_c}{\Delta K_a} = \left\{1 - \frac{(2a/B)\ [2.6 - (4a/B)]^{0.5}}{1 + 4a/c}\right\}\left(\frac{a}{c}\right)^{0.5} \qquad (4-14a)$$

对于表面裂纹

$$\frac{\Delta K_c}{\Delta K_a} = \left[1.1 + 0.35\left(\frac{a}{B}\right)^2\right]\left(\frac{a}{c}\right)^{0.5} \qquad (4-14b)$$

当用式（4-12）~式（4-14）来估算结构的疲劳安全寿命时，要确定一个裂纹扩展的最终尺寸（a_f，c_f），当裂纹尺寸扩展到（a_f，c_f）时，即认为结构失效。通常，可把裂纹尖端的最大应力强度因子 $K_{\max}$ 达到材料的断裂韧性值 K_c 时，所对应的临界裂纹尺寸（a_c，c_c）定为裂纹扩展的最终尺寸（a_f，c_f）。在 K_c 不能直接得到时，可以由 J 积分的断裂韧性值 J_{Ic} 或 COD 的断裂韧性值 δ_c 按下式估算：

$$K_c = \sqrt{EJ_{Ic}/(1-\mu^2)} \qquad\qquad (4-15a)$$

$$K_c = \sqrt{1.5\sigma_s E\delta_c/(1-\mu^2)} \qquad\qquad (4-15b)$$

1）疲劳裂纹扩展的迭代计算方法

由于 ΔK_a 表达式（4-13）中的形状系数 Y 一般也是裂纹尺寸（a, c）的函数，因此在利用 Paris 公式进行寿命估算时，需进行一系列的迭代计算。亦即，如要确定裂纹从（a_0, c_0）扩展到（a_N, c_N）时的寿命（循环次数 N），可令 $da = \Delta a$, $dc = \Delta c$, $dN = \Delta N = 1$，这样式（4-12）成为

$$\Delta a = A(\Delta K_a)^m \qquad\qquad (4-16a)$$

$$\frac{\Delta c}{\Delta a} = \left(\frac{\Delta K_c}{\Delta K_a}\right)^m \qquad\qquad (4-16b)$$

然后按以下步骤进行：

（1）先由初始尺寸 a_0、c_0，按相应公式算出 ΔK_{a0} 和 ΔK_{c0}；

（2）然后按式（4-16）计算第 i 次循环的裂纹扩展量 Δa_i、Δc_i 和新裂纹尺寸 $a_i = a_{i-1} + \Delta a_i$、$c_i = c_{i-1} + \Delta c_i$（$i = 1, 2, 3, \cdots$）；

（3）再按式（4-13）和式（4-14）计算出 ΔK_{ai} 和 ΔK_{ci}。

重复步骤（2）（3），直到裂纹尺寸达到（a_N, c_N）时为止，此时所对应的循环次数 i 即为裂纹从（a_0, c_0）扩展到（a_N, c_N）时的寿命 N。

欲要确定裂纹扩展的最终寿命，在每次循环计算中还应计算裂纹尖端的最大应力强度因子 K_{maxi}，并与 K_c 比较，如果 $K_{maxi} > K_c$，循环次数 $i-1$ 即为裂纹扩展的最终寿命 N_f，相应的裂纹尺寸（a_{i-1}, c_{i-1}）即为裂纹扩展的最终尺寸（a_f, c_f）。

2）可忽略 c 方向扩展的简化计算

若 c、a 方向的裂纹尖端应力强度因子变化范围满足

$$\Delta K_c/\Delta K_a < 0.5 \qquad\qquad (4-17)$$

c 方向的扩展相对 a 方向的扩展可以忽略不计。此时，在每次循环计算中可不计算有关 c 方向的所有参数。

3）疲劳裂纹扩展的近似积分算法

无论如何，用迭代法进行裂纹扩展的人工计算都是非常繁琐的，通常一般多采用计算机计算。

在满足式（4-17）的情况下，假如形状系数 Y 与裂纹尺寸 a 关系不大或无关，则可直接用积分的方法来计算寿命。

将式（4-13）代入式（4-12a）得

$$\frac{da}{dN} = A(Y\Delta\sigma\sqrt{\pi a})^m$$

分离变量得

$$dN = \frac{1}{A(Y\Delta\sigma\sqrt{\pi})^m a^{m/2}} da$$

对上式积分后可求得裂纹从 a_0 扩展到 a_N 时的循环次数 N 为

$$N = \begin{cases} \dfrac{2}{m-2}\dfrac{a_0}{A\,(\Delta K_{a0})^m}\left(1 - \dfrac{a_0^{\,m/2-1}}{a_N^{\,m/2-1}}\right) & m \neq 2 \\[4mm] \dfrac{a_0}{A\,(\Delta K_{a0})^2}\ln\dfrac{a_N}{a_0} & m = 2 \end{cases} \qquad (4-18)$$

式中，$\Delta K_{a0} = Y\Delta\sigma\sqrt{\pi a_0}$。

式（4-18）描述了疲劳循环次数 N 与相应的裂纹尺寸 a_N 之间的关系。如给定循环次数 N，则经 N 次循环后的裂纹尺寸为

$$a_N = \begin{cases} a_0 \Big/ \left[1 - \dfrac{(m-2)\,A\,(\Delta K_{a0})^m N}{2a_0}\right]^{\frac{2}{m-2}} & m \neq 2 \\[4mm] a_0\exp\left[\dfrac{A\,(\Delta K_{a0})^2 N}{a_0}\right] & m = 2 \end{cases} \qquad (4-19)$$

例题 4-1 某薄壁容器，直径 $D = 800\text{mm}$，壁厚 $B = 8\text{mm}$，受交变内压 $p = 2 \sim 14\text{MPa}$ 作用。容器材料的 $K_c = 1660\text{N/mm}^{1.5}$，疲劳裂纹扩展速率 $\mathrm{d}a/\mathrm{d}N = 6.86\times10^{-11}\,(\Delta K)^{2.5}\ \text{mm/次}$。现发现容器的膜应力区有一条长度 $2a_0 = 2\text{mm}$ 的轴向穿透裂纹，问：（1）该容器的剩余疲劳寿命为多少？（2）经 100 次循环后的裂纹尺寸有多大？

解：在交变内压作用下容器中的最大环向应力为

$$\sigma_{\max} = \frac{p_{\max}D}{2B} = \frac{14\times800}{2\times8} = 700\text{MPa}$$

交变应力变化范围为

$$\Delta\sigma = \frac{\Delta pD}{2B} = \frac{(14-2)\times800}{2\times8} = 600\text{MPa}$$

轴向裂纹的鼓胀效应系数为

$$M_g = \left(1 + 1.61\frac{a_0^2}{RB}\right)^{1/2} = \left(1 + 1.61\frac{1^2}{400\times8}\right)^{1/2} = 1.00025$$

强度因子变化范围为

$$\Delta K_{a0} = M_g\Delta\sigma\sqrt{\pi a_0} = 1.00025\times600\sqrt{\pi\times1} = 1063.7\text{N/mm}^{1.5}$$

（1）设当 $K_{\max} = K_c$ 时，容器即告破坏，则疲劳裂纹扩展的最终尺寸为

$$a_f = \frac{1}{\pi}\left(\frac{K_c}{M_g\sigma_{\max}}\right)^2 = \frac{1}{\pi}\left(\frac{1660}{1.00025\times700}\right)^2 = 1.79\text{mm}$$

故裂纹尺寸从 $a_0 = 1\text{mm}$ 扩展到 $a_f = 1.79\text{mm}$ 所需的次数 N，由式（4-18）可得

$$N = \frac{2}{m-2}\frac{a_0}{A\,(\Delta K_{a0})^m}\left(1 - \frac{a_0^{\,m/2-1}}{a_f^{\,m/2-1}}\right)$$

$$= \frac{2}{2.5-2}\frac{1}{6.86\times10^{-11}(1063.7)^{2.5}}\left(1 - \frac{1^{2.5/2-1}}{1.79^{2.5/2-1}}\right) = 214\ \text{次}$$

即该容器的剩余疲劳寿命为 214 次。

（2）经 $N = 100$ 次循环后的裂纹尺寸，由式（4-19）可得

$$a_N = a_0 \Big/ \left[1 - \frac{(m-2)\,A\,(\Delta K_{a0})^m N}{2a_0}\right]^{\frac{2}{m-2}}$$

$$= 1 / \left[1 - \frac{(2.5-2) \times 6.86 \times 10^{-11} (1063.7)^{2.5} \times 100}{2 \times 1} \right]^{\frac{2}{2.5-2}}$$

$$= 1.30\text{mm}$$

即经 100 次循环后，裂纹的长度为 2.6mm。

例题 4-2 某圆筒形压力容器，直径 $D = 600\text{mm}$，壁厚 $B = 24\text{mm}$，间歇操作，最高操作压力 $p = 20\text{MPa}$。材料的疲劳裂纹扩展速率为 $da/dN = 2 \times 10^{-14} (\Delta K)^4 \text{mm/次}$。经检验发现容器的膜应力区有一长度 $2c_0 = 40\text{mm}$，深度 $a_0 = 3\text{mm}$ 的环向浅表面裂纹。如不计长度方向的扩展，问经 500 次循环后该裂纹的深度为多少？

解：因该环向裂纹处于膜应力区，故间歇操作中的轴向应力变化范围为

$$\Delta \sigma = \frac{(p_{\max} - 0)D}{4B} = \frac{(20 - 0) \times 600}{4 \times 24} = 125\text{MPa}$$

对于浅表面裂纹，其应力强度因子变化范围可按式 (2-29) 近似计算，即

$$\Delta K_{a_0} = \frac{1.1}{\phi} \Delta \sigma \sqrt{\pi a_0}$$

其中

$$\phi = \left[1 + 1.464 \left(\frac{a_0}{c_0} \right)^{1.65} \right]^{1/2} = \left[1 + 1.464 \left(\frac{3}{20} \right)^{1.65} \right]^{1/2} = 1.031$$

所以

$$\Delta K_{a_0} = \frac{1.1}{\phi} \Delta \sigma \sqrt{\pi a_0} = \frac{1.1}{1.031} \times 125 \sqrt{\pi \times 3} = 409.4 \text{N/mm}^{1.5}$$

由式 (4-19)，则经 $N = 500$ 次循环后的裂纹深度为

$$a_N = a_0 / \left[1 - \frac{(m-2)A(\Delta K_{a_0})^m N}{2a} \right]^{\frac{2}{m-2}} = 3 / \left[1 - \frac{2 \times 2 \times 10^{-14} (409.4)^4 \times 500}{2 \times 3} \right] = 3.31\text{mm}$$

4.3 影响疲劳裂纹扩展速率的因素

在 4.2 节中已经指出，应力疲劳的疲劳裂纹亚临界扩展速率由 ΔK 控制，并符合 Paris 公式。事实上，还有一些因素，如平均应力、过载峰、加载频率、温度、环境介质等，对疲劳裂纹的扩展速率有影响，有时甚至是较大的影响。本节将对这些影响因素加以讨论。

4.3.1 平均应力的影响

平均应力如用交变应力变化范围 $\Delta \sigma$ 和应力比 R_σ 来表示，由式 (4-2) 可得

$$\sigma_m = \frac{\Delta \sigma}{1 - R_\sigma} - \frac{\Delta \sigma}{2} \tag{4-20}$$

由此可见，在交变应力变化范围 $\Delta \sigma$ 一定的情况下，应力比 R_σ 的大小反映了平均应力 σ_m 的大小，R_σ 越大则 σ_m 也越大。因此，平均应力对疲劳裂纹扩展速率的影响可以通

过应力比 R_σ 来描述。

图 4-7 为某材料在不同应力比下按 Paris 公式整理得到的 $\dfrac{da}{dN} - \Delta K$ 曲线。从图中可以看出，应力比 R_σ 的大小对疲劳裂纹的扩展速率有着较为明显的影响，随着应力比的增大，裂纹扩展速率变大，而下门槛值 ΔK_{th} 变小。因而，减小应力比，亦即减小平均应力可以提高结构的疲劳寿命；反之，将会降低结构的疲劳寿命。

既然平均应力对疲劳裂纹扩展速率有明显的影响，可以想象，裂纹所在部位的残余应力也会因对平均应力的影响而影响裂纹的扩展速率。当裂纹处存在有残余拉应力时，平均应力将因残余应力的存在而升高，R_σ 值变大。当裂纹处存在有残余压应力时，平均应力将因残余应力的存在而下降，R_σ 值变小。因此，从提高结构的疲劳寿命来看，残余拉应力的存在是不利的；而残余压应力的存在则是有利的。渗碳、渗氮、外表滚压及表面喷丸强化处理可在金属表面形成残余压应力，压力容器中的自增强处理技术及预应力缠绕技术可在容器内壁产生一定的预压应力。

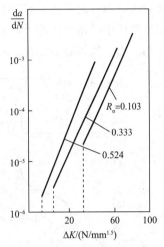

图 4-7 σ_{m} 对 da/dN 的影响

为了考虑平均应力对疲劳裂纹扩展速率的影响，Forman 对 Paris 公式作了修正，提出了一个考虑平均应力影响的裂纹扩展速率公式，即 Forman 公式

$$\frac{da}{dN} = \frac{A\,(\Delta K)^m}{(1 - R_\sigma)\,K_c - \Delta K} \tag{4-21}$$

式中 K_c 为平面应力断裂韧性。从式（4-21）不难看出，Forman 公式不仅考虑了平均应力对 $\dfrac{da}{dN}$ 的影响，也考虑了材料断裂韧性 K_c 对 $\dfrac{da}{dN}$ 的影响，K_c 值越高，$\dfrac{da}{dN}$ 值就越小。此外，当 $\Delta K \to (1 - R_\sigma)\,K_c$ 时，亦即 $\dfrac{\Delta K}{1 - R_\sigma} = K_{\max} \to K_c$ 时，$\dfrac{da}{dN} \to \infty$，因此 Forman 公式也反映了疲劳裂纹扩展的第 III 阶段。

4.3.2 过载峰的影响

实际结构的载荷谱往往都不是理想的恒幅载荷谱，有时会在载荷谱中出现高应力的过载峰。对压力容器来说，定期的耐压试验反映在载荷谱上就是典型的过载峰。

图 4-8 示意地描述了某压力容器器壁中的裂纹在过载峰作用下的扩展情况。该容器在正常工作条件下的交变应力强度因子范围为 $\Delta K = 948\mathrm{N/mm}^{1.5}$，试验中曾受过三次过载峰 $K_{\max}^* = 1580, 1896, 2212\mathrm{N/mm}^{1.5}$ 的作用。从图中可以看出，过载峰的作用明显地减缓了裂纹的扩展速率。通常把疲劳裂纹扩展因过载峰的影响而减缓甚至停滞的现象称为过载效应。

过载效应的机理一般可用裂纹尖端的塑性来解释。对于非恒幅载荷的情况，过载峰的出现会使裂纹尖端产生一个范围较大的塑性区，过载峰作用后，便在这个塑性区残留下一定的残余压应力。于是当低应力幅作用时，所引起的较小塑性区将受过载造成的大塑性区中的残余压应力的作用，从而导致裂纹的扩展速率下降，使扩展减缓。直到裂纹穿过这一残余压应力区之后，裂纹的扩展速率才得以恢复。因而，在过载峰作用后，只要随后正常应力循环中的塑性区尺寸在过载峰造成的塑性区尺寸范围以内（图 4-9），过载效应就起作用。为了反映这种情况，Wheeler 在 Paris 公式中引入了一个延缓系数 D，即

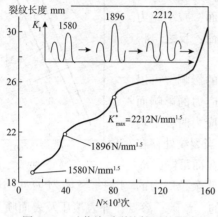

图 4-8　过载峰对裂纹扩展的影响

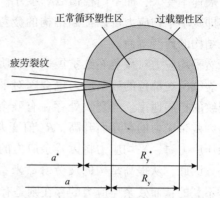

图 4-9　基于塑性区概念的模型

$$\frac{\mathrm{d}a}{\mathrm{d}N} = D \cdot A \, (\Delta K)^m \qquad (4-22)$$

延缓系数 D 可按下式确定

$$D = \begin{cases} \left(\dfrac{R_\mathrm{y}}{a^* + R_\mathrm{y}^* - a} \right)^n & a + R_\mathrm{y} < a^* + R_\mathrm{y}^* \\ 1 & a + R_\mathrm{y} \geqslant a^* + R_\mathrm{y}^* \end{cases} \qquad (4-23)$$

式中　n——与材料有关的指数，由实验确定；

a、a^*——分别为应力循环中的裂纹尺寸和过载峰作用时的裂纹尺寸，R_y、R_y^* 为相应的塑性区尺寸，可参考式（2-35）计算，即 $R_\mathrm{y} = \dfrac{\lambda^2}{\pi} (K_{\max}/\sigma_\mathrm{s})^2$，$R_\mathrm{y}^* = \dfrac{\lambda^2}{\pi}$ $(K_{\max}^*/\sigma_\mathrm{s})^2$，其中 $K_{\max}$、$K_{\max}^*$ 为相应的最大应力强度因子。

可见，采用合理的过载峰来提高结构的疲劳寿命，对工程结构来说具有一定的实际意义，但如何在压力容器中加以采用仍需进一步的探讨。

4.3.3　加载频率的影响

交变载荷的频率对疲劳裂纹的扩展速率也有一定的影响，这主要是因为频率增高，载荷的迅速改变使得金属材料不能及时地产生与载荷相应的塑性变形，而材料的塑性变形与裂纹的扩展是直接相关的。图 4-10 为 304 不锈钢在高温下以不同的加载频率进行疲劳试验整理出的结果。从图 4-10 中可以看出，加载频率 f 对 $\mathrm{d}a/\mathrm{d}N$ 的影响可定性地得出以下几条规律：

（1）在 ΔK 较小时，$\mathrm{d}a/\mathrm{d}N$ 也较小，此时加载频率 f 对 $\mathrm{d}a/\mathrm{d}N$ 几乎没有影响。

（2）随着裂纹的扩展，ΔK 逐渐变大，da/dN 也随之加快，加载频率 f 对 da/dN 的影响开始显露出来。在 ΔK 相同的情况下，da/dN 随 f 的降低而增大。

（3）各频率 f 下的 $\dfrac{da}{dN}$ - ΔK 曲线几乎平行。因此 Paris 公式中的材料常数，只有系数 A 与频率 f 有关，而指数 m 则基本不变，即

$$\frac{da}{dN} = A\ (f)\ \cdot\ (\Delta K)^m \qquad (4-24)$$

进一步的研究还表明，$A\ (f)$ 与 f 之间近似成指数关系，可用下式表示

$$A\ (f) = C \cdot f^{-k} \qquad (4-25)$$

式中 C 和 k 为与材料有关的常数，由实验确定。

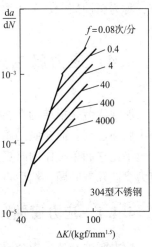

图 4 - 10 f 对 da/dN 的影响

4.3.4 温度的影响

高温下有许多与时间有关的因素将会影响裂纹的扩展，如材料微观组织的变化、蠕变、应力松弛、蠕变裂纹扩展以及加载波形等。因此，温度对裂纹扩展速率的影响非常复杂。一般来说，da/dN 总是随着温度的升高而增大。

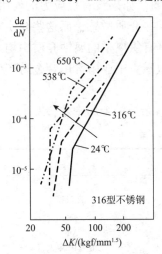

图 4 - 11 温度对 da/dN 的影响

在温度较高的情况下，只要不出现明显的蠕变现象，并且小范围屈服条件基本成立，则仍可用 Paris 公式来描述疲劳裂纹的扩展规律，即在一定条件下高温疲劳裂纹扩展速率可用下式描述：

$$\frac{da}{dN} = A\ (T)\ \cdot\ (\Delta K)^{m(T)} \qquad (4-26)$$

式中 $A\ (T)$ 和 $m\ (T)$ 为与温度 T 有关的材料常数，由试验确定。

图 4 - 11 为 316 不锈钢在不同温度下的 $\dfrac{da}{dN}$ - ΔK 曲线。从图中可以看出，高温下裂纹的疲劳扩展速率基本上符合随温度升高而增大这一规律，并且在双对数坐标中，各个温度下的 $\dfrac{da}{dN}$ - ΔK 曲线都为直线，但斜率各不相同，这说明它们符合式（4 - 26）的关系。

4.3.5 环境介质的影响

环境介质对疲劳裂纹扩展速率的影响是非常显著的，且其影响的程度与频率、平均应力和温度等有关，一般来说，频率越低、平均应力越大、温度越高，介质的影响越严重。根据 ASME 提供的疲劳扩展速率，在压力水中约为在空气中的 14 倍。因此在估算结构的疲劳寿命时，一定要注意环境介质的影响。结构在腐蚀介质和交变载荷共同作用下的失

效，称为腐蚀疲劳。关于腐蚀疲劳将在下一节专门介绍。

4.4 应力腐蚀开裂与腐蚀疲劳裂纹扩展

腐蚀疲劳是指结构在腐蚀介质作用下的疲劳问题。在腐蚀疲劳中，交变应力的作用促进了腐蚀过程，而介质的腐蚀作用又加剧了裂纹的疲劳扩展。腐蚀与疲劳之间的互相作用产生了比它们单独作用时更加有害的效果。在本节中，将首先简单介绍在静载荷作用下的应力腐蚀开裂问题，然后再对腐蚀疲劳问题加以讨论。

4.4.1 应力腐蚀开裂

应力腐蚀开裂是指金属在拉应力和特定的环境介质作用下，经过一段时间，所产生的低应力脆断现象，常用英文的三个字头"SCC"表示。破坏前一般没有明显的预兆，易引起灾难性的后果。

应力腐蚀开裂一般都是在特定的条件下产生的：

（1）只有在拉应力作用下才能引起应力腐蚀开裂。这种拉应力可以是外加载荷造成的应力；也可以是各种残余应力，如焊接残余应力，热处理残余应力和装配应力等。

（2）产生应力腐蚀的介质是特定的，这种介质一般都很弱，如果没有拉应力的作用，材料在这种介质中腐蚀速度很慢。也就是说，每种材料只对某些介质敏感，而这些介质对其他材料可能没有明显作用。如黄铜在氨气氛中，不锈钢在具有氯离子的腐蚀介质中均易发生应力腐蚀，但反过来不锈钢对氨气，黄铜对氯离子就不敏感。工业中常用合金易产生应力腐蚀的介质如表 4-2 所示。

（3）一般纯金属不产生应力腐蚀破坏，只有在合金或含有杂质的金属中才会发生。

表 4-2　工业常用合金易产生应力腐蚀的介质

合　金	介　质		
碳钢和低合金钢	OH（NaOH，KOH）	$FeCl_3$	液态锌
	K_2CO_3	无水液氨	镉
	$HCO_3{}^{2-}$	H_2S	锂
	$HCO_3{}^-$	红色发烟硝酸	工业及海洋大气
	NO_3（NH_4NO_3，$NaNO_3$，$Ca（NO_3）_2\cdots$）	H_2SO_4	$CO_2 + H_2O$
	$HNO_3 + H_2SO_4$	H_3PO_4	海水
	HCl 水溶液	醋酸	NH_4Cl 水溶液
	$MgCl_2$	HCl	$NaOH + NaSiO_3$ 水溶液
	NaF	铬酸	$HCN + SnCl_2 + AsCl_2 + CHCl_3$ 水溶液
	Na_3PO_4	乙醇胺 $H_2S + CO_2$	CH_3COOH 水溶液
	$CaCl_2$	乙胺	$FeCl_3$ 水溶液

续表

合 金	介 质		
铝合金	NaCl, KCl CaCl$_2$ MgCl$_2$ NH$_4$Cl CoCl$_2$	NaCl + H$_2$O$_2$ NaCl + NaHCO$_3$ 海水 水和水蒸气 H$_2$S（湿）	HgCl$_2$ 汞，铋，钠，锌，锡，镓，锑 醋酸 + 汞盐 氯化物水溶液 液体金属
Cr – Ni 奥氏体不锈钢	Cl$^-$, Br$^-$, I$^-$, F$^-$ NaCl, NaBr, NaI, NaF MgCl$_2$, CoCl$_2$, BaCl$_2$ CaCl$_2$, ZnCl$_2$, LiCl, NaCl NaCl + H$_2$O$_2$ NaCl + NH$_4$NO$_3$ NaCl + NaNO$_2$ 氯化物 + 蒸汽 CH$_3$CH$_2$Cl + H$_2$O FeCl$_3$ + FeCl$_2$ NO$_3^-$, NaNO$_3$ Na$_3$PO$_4$ NaH$_2$PO$_4$ Na$_2$SO$_3$, 芒硝（Na$_2$SO$_4$） NaClO$_3$	CH$_3$COONa H$_2$SO$_4$ + CuSO$_4$ H$_2$S H$_2$SO$_4$ NaOH, KOH 海水，热海水 海洋大气 高温水，浓缩锅炉水 湿润空气（RH90%） 热氯化钠 NaOH + 硫化物水溶液 Na$_2$CO$_3$ + 0.1% NaCl H$_2$S + 氯化物水溶液 热浓碱 过氯化钠	严重污染的工业大气 湿 MgCl$_2$ 绝缘物 粗苏打和硫化物纸浆 明矾水溶液 25% ~50% NaCl 水溶液 酸式亚硫酸钠 硫胺饱和溶液 二氯乙烷 粗 NaHCO$_3$ + NH$_3$ + NaCl 溶液 邻二氯笨 体液（汗和血清） 甲基三聚氯胺 联苯和二苯醚 氯乙醇 + H$_2$O 聚连多硫酸
钛及钛合金	红色发烟硝酸 N$_2$O$_4$（含氧不含 NO, 24 ~74℃） 汞（常温） AgCl（371 ~482℃） Ag-5Al-2.5Mn（343℃） 湿 Cl$_2$（288℃，346℃，427℃） Br$_2$，蒸汽 F$_2$蒸汽（ -196℃） HCl（10%，35℃）	H$_2$SO$_4$（7% ~60%） 氯化物盐（288 ~427℃） 甲基氯代甲醛 甲醇 甲基氯仿（482℃） 乙醇 乙烯二醇 三氯乙烯（常温46℃，66℃） 三氟氯乙烯（PCA，63℃）	氯化二甲基（316 ~482℃） 水，海水 CCl$_4$ H$_2$ 甲醇蒸汽 甲基肼（19 ~40℃） 硫酸铀 全氯乙烯 三氯乙烯氟化烷
镍及镍基合金	熔融 NaOH HCN + 不纯物 硫酸（>260℃） 水蒸气（>427℃） 高温水（>350℃） 浓 NaOH 水溶液（260 ~427℃） 浓缩锅炉水（260 ~427℃） HF 酸	硅氢氟酸 液态铅 水蒸气 + SO$_2$ 浓 Na$_2$S 水溶液 MgSO$_4$ MgSiF$_6$ 汞 HCl + 水 + 丁烷（440℃）	HgCl$_2$, Hg（CN）$_2$ Hg（NO$_3$）$_2$ NaNO$_3$ ZnSiF$_6$ （NH$_4$）$_2$SiF$_6$ 铬酸 氯苯 磺化油

1）应力腐蚀机理与断口特征

应力腐蚀开裂并不是金属在应力作用下的机械性破坏与在腐蚀介质作用下的腐蚀性破坏的迭加所造成的，而是在应力和腐蚀介质的联合作用下按特有机制产生的断裂。

应力腐蚀机理基本上可归为阳极溶解和氢脆两种：

（1）阳极溶解机理认为，在腐蚀介质中金属表面形成钝化膜，而在外载作用下，表面晶体缺陷或结构缺陷处会因局部塑性变形引起钝化膜破裂，露出新表面，与具有钝化膜部分构成小阳极大阴极腐蚀电池，小阳极溶解形成裂纹或蚀坑，使金属沿特定的狭窄区域开裂。

（2）氢脆机理认为，裂纹或蚀坑内形成闭塞电池，使裂纹尖端或蚀坑底部的介质具有较低的 pH 值，满足了阴极析氢的条件，氢原子吸附于金属表面，使金属脆化而出现裂纹，并沿氢脆部位向前扩展，导致破裂。

应力腐蚀裂纹和断口有一些独有的特征，按宏观和微观分别归纳如下：

（1）应力腐蚀断口的宏观特征

由于应力腐蚀的发生需要腐蚀介质的参与，因此应力腐蚀裂纹多萌生于材料表面，裂纹源一般为局部腐蚀（如点蚀或缝隙腐蚀）的蚀坑或其他类型的裂纹（如焊接和热处理裂纹）。裂纹存在明显分叉，裂纹面与主应力基本垂直。断口在宏观上表现为脆性，即使原本韧性很好的材料也不显示任何塑性变形。与疲劳断裂相似，从裂纹亚临界扩展区尺寸与过载瞬断区尺寸的比例关系可以推测应力水平的高低。由于环境条件的变化或应力腐蚀/过载的交替进行，断口上会出现海滩花样，应与疲劳区分开来。由于应力腐蚀断口会因腐蚀或介质污染而变色，因此断口上常常可以看到裂纹源及被黑色或灰黑色腐蚀产物覆盖的裂纹稳态扩展区以及无明显腐蚀特征的过载瞬断区，这为区分应力腐蚀与疲劳提供了一条途径。

应力腐蚀主裂纹或主断口附近常出现表面裂纹，这些表面裂纹基本平行于主断口，其机理也是应力腐蚀。在主断口上还会出现二次裂纹，仍呈现分叉、沿晶的特点。因此，当主断口因腐蚀无法观察的情况下，打开表面裂纹或垂直于断口作剖面也许可以发现应力腐蚀的特点。由于表面裂纹和二次裂纹没有打开，不受试样清洗的影响，裂缝里保存了在发生应力腐蚀时的介质成分，某些组分还可能被浓缩，因此对裂缝里进行微区成分分析可以较好地了解当时介质的真实成分。

（2）应力腐蚀断口的微观特征

应力腐蚀断口的微观形貌可能是穿晶的，也可能是沿晶的，还可能是混合的，且同一材料在不同条件下的微观形貌是可变的，取决于材料、热处理和环境。铝合金、低碳钢、高强钢和 α 黄铜等材料的应力腐蚀断口为沿晶型，而镁合金和 γ 不锈钢则为穿晶型。奥氏体不锈钢，在一般含氯离子溶液中，其应力腐蚀断口为穿晶型，但在 50℃ 以下或敏化组织出现时，则为沿晶型。穿晶型应力腐蚀断口呈现解理花样。沿晶断口常被轻微腐蚀或被少量腐蚀产物覆盖，以致在电镜下沿晶小刻面的平面不光滑、棱角不锐利，或者小刻面上有腐蚀坑，严重时小刻面上有腐蚀沟槽，即所谓"核桃纹"。由于腐蚀，应力腐蚀断口上有时会出现"泥纹花样"，这实际是腐蚀产物干燥后的龟裂。

另外，阳极溶解型应力腐蚀断口可以看到许多二次裂纹，而氢脆型断口则不易发现二次裂纹，这是区别阳极溶解与氢脆不同应力腐蚀机制的重要特征。

2）应力腐蚀开裂的过程

在应力腐蚀环境中工作的含裂纹构件，即使 $K_I < K_{Ic}$，裂纹也会发生开裂。图 4-12 为尺寸相同所加应力不同的一组试样在应力腐蚀环境中测得的寿命曲线。从图中可以看出，随着试样裂纹尖端应力强度因子 K_I 增大，试样寿命变短。当寿命很短时，K_I 已基本

达到 K_{Ic}；当 K_I 小于某一值 K_{ISCC} 时，试样寿命很长，即裂纹不开裂。K_{ISCC} 即为裂纹在应力腐蚀环境中不发生应力腐蚀开裂所能承受的最大应力强度因子，称为应力腐蚀临界应力强度因子。对一定的材料和介质而言，K_{ISCC} 为一常数，它反映了材料在该介质中抵抗裂纹产生应力腐蚀开裂的能力，也称应力腐蚀断裂韧性。钢材的 K_{ISCC} 值随屈服强度 σ_s 的提高而下降。因此，一般来说，提高钢的屈服强度更容易导致应力腐蚀开裂。

在应力腐蚀环境中，当裂纹尖端应力强度因子 K_I 满足 $K_{ISCC} < K_I < K_{Ic}$ 时，裂纹就会发生应力腐蚀开裂，其过程一般可分为三个阶段，图 4 – 13 示意地表示了在这三个阶段中的裂纹开裂情况。

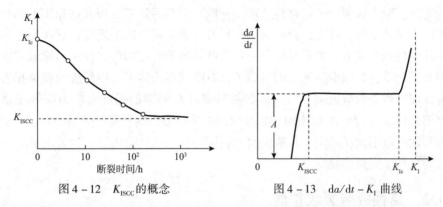

图 4 – 12 K_{ISCC} 的概念   图 4 – 13 da/dt – K_I 曲线

（1）第 I 阶段为孕育阶段。这时 K_I 稍大于 K_{ISCC}，经过一段孕育期后，裂纹的开裂速率（即单位时间内的裂纹扩展量）da/dt 随着 K_I 的增大以较快的速度增加。

（2）第 II 阶段为稳定扩展阶段。这时裂纹开裂主要受腐蚀过程控制，开裂的速率 da/dt 几乎不随 K_I 变化，即

$$\frac{da}{dt} = A \qquad (4-27)$$

式中 A——与材料及介质有关的常数。

（3）第 III 阶段为失稳扩展阶段。此时裂纹的长度已接近发生脆性断裂的临界裂纹长度，裂纹开裂速率又开始随着 K_I 的增大而急剧增大，直至断裂。

一般，第 II 阶段是应力腐蚀裂纹开裂的主要阶段，它占据了裂纹开裂过程的大部分时间。含裂纹构件在应力腐蚀作用下的寿命估算大都以这个阶段为依据，如裂纹发生应力腐蚀开裂，则从 a_0 扩展到 a_t 所需的时间由式（4 – 27）积分，即得

$$t = \frac{a_t - a_0}{A} \qquad (4-28)$$

例题 4 – 3 一高强度钢制厚板件，在水介质中工作，工作应力 $\sigma = 250\text{MPa}$，经检验发现板件边缘有一长度 $a_0 = 3\text{mm}$ 的边缘裂纹。已知材料的 $K_{Ic} = 2500\text{N/mm}^{1.5}$，并测得材料在水介质中的 $K_{ISCC} = 700\text{N/mm}^{1.5}$，第 II 阶段扩展速率 $da/dt = 2 \times 10^{-5}\text{mm/s}$。试估算该构件能使用多久？

解：根据式（2 – 18），厚板件中边缘裂纹的应力强度因子为

$$K_I = 1.1\sigma\sqrt{\pi a}$$
$$= 1.1 \times 250 \times \sqrt{\pi \times 3} = 844.2\text{N/mm}^{1.5}$$

可见，$K_{ISCC} < K_I < K_{Ic}$，裂纹将产生应力腐蚀扩展。其临界裂纹尺寸为

$$a_c = \frac{1}{\pi}\left(\frac{K_{Ic}}{1.1\sigma}\right)^2 = \frac{1}{\pi}\left(\frac{2500}{1.1 \times 250}\right)^2 = 26.3\text{mm}$$

则由式（4-28），从 a_0 扩展到 a_c 所需的时间为

$$t = \frac{a_c - a_0}{A} = \frac{26.3 - 3}{2 \times 10^{-5}} = 11.65 \times 10^5 \text{s} = 323.6\text{h}$$

即该构件最多能使用 323.6h。

3）防止应力腐蚀开裂的措施

如前所述，应力腐蚀开裂是材料、环境介质、力学因素三方面共同作用的结果。为预防和减缓应力腐蚀破坏，首先是合理选用材料及改进材料的冶金质量；其次则是降低或消除受力构件中的残余应力，主要是拉应力；再就是改善介质条件，设法消除或减少促进应力腐蚀的有害物质，如减少溶液中的氯离子，对降低奥氏体不锈钢的应力腐蚀损害很有效果，还可以加入适当的缓蚀剂。另外，选材时要注意到钢的强度对应力腐蚀很敏感，对低、中碳钢，硬度在 250HV 以上时，H_2S 应力腐蚀抗力急剧下降。美国防腐学会对天然气输送管道的硬度范围做了规定，其他国家和我国一些天然气输送管道为防止 H_2S 应力腐蚀也对钢管硬度做了限制的规定。

4.4.2 腐蚀疲劳裂纹扩展

工程结构或构件在腐蚀环境与循环载荷的协同作用下引起材料的破坏，称为腐蚀疲劳，常用英文的两个字头"CF"表示。

通常，可将干燥纯净的空气视为"惰性"介质，把在空气中的疲劳看成"纯"机械疲劳，并以此作为研究腐蚀疲劳的对比依据。

腐蚀疲劳除具有纯机械疲劳的特点外，由于受腐蚀环境的侵蚀，所以是一种非常复杂的失效现象。

与应力腐蚀和纯机械疲劳相比，腐蚀疲劳具有如下特点：

（1）腐蚀疲劳在任何腐蚀介质中都会发生，没有特定的材料-介质组合关系。

（2）在存在应力腐蚀环境的条件下，即使 $K_{max} < K_{ISCC}$，疲劳裂纹仍旧会扩展。

（3）腐蚀疲劳没有真实的疲劳极限，即使交变应力很低，只要循环次数足够大，材料总会发生断裂，因此只能规定条件疲劳极限，且条件疲劳极限与材料抗拉强度没有直接关系。

（4）腐蚀疲劳的裂纹萌生循环周次很短，在总寿命中，裂纹萌生寿命所占的比值只约为 10%，而纯机械疲劳约为 90%。

1）腐蚀疲劳机制与断口特征

腐蚀疲劳与应力腐蚀的共同之点都是力和介质共同作用造成的损伤，因而腐蚀疲劳也和应力腐蚀一样，其损伤和断裂过基本上都是氢脆和阳极溶解，其区别只在于应力腐蚀所受的力为静态的或准静态的，而腐蚀疲劳所受的力是动态的，因而研究腐蚀疲劳的破坏过程，可在应力腐蚀破坏过程的基础上，考虑应力的动态效应，以进行修正。腐蚀疲劳裂纹萌生可分为如下几种机制：

（1）滑移溶解机制 在交变应力作用下，滑移过程出现滑移台阶，破坏了表面的钝化

膜而暴露出新鲜金属表面；新鲜金属表面被溶解；在反向滑移时，被溶解的表面不能重新闭合。这样在交变应力作用下，滑移台阶不断被溶解，因而促使疲劳裂纹的萌生。

（2）点蚀形成裂纹机制　这种观点认为金属表面形成一些点蚀坑，成为应力集中的地方，在交变应力作用下，蚀坑处出现滑移台阶，然后滑移台阶优先溶解，形成裂纹源。

（3）吸附理论　介质中活性因子被金属表面吸附，在微观隙缝处起到楔子作用，产生应力集中，并降低金属结合力，在交变应力作用下，成为疲劳源。如果腐蚀过程中产生氢，导致氢脆，则为氢致疲劳。

（4）表面膜破裂机制　表面膜与基体性质不同，在交变应力作用下表面膜破裂，破裂处成为微阳极，周围的膜成为大阴极，在介质与应力共同作用下，膜破裂处形成疲劳裂纹核心。

腐蚀疲劳的断口，与纯机械疲劳断裂一样，也有源区、扩展区和瞬断区，但在细节上，腐蚀疲劳断口有其独有的特征：

（1）腐蚀疲劳断口的源区和扩展区具有较明显的腐蚀特征，如腐蚀坑、泥纹花样等，并残留有腐蚀产物。通过微区成分分析，可测定出腐蚀介质的组分及相对含量。

（2）腐蚀疲劳断裂起源于表面腐蚀损伤处（包括点蚀、晶间腐蚀和应力腐蚀），因此在大多数腐蚀疲劳断口的源区可见到腐蚀损伤特征。

（3）腐蚀疲劳断裂的重要微观特征是具有穿晶解理脆性疲劳条带。当腐蚀损伤占主导地位时，腐蚀疲劳断口呈现穿晶与沿晶混合型；当 $K_{max} > K_{ISCC}$ 时，在频率很低的情况下，腐蚀疲劳断口呈现穿晶解理与韧窝混合特征。

（4）腐蚀疲劳断口往往沿垂直于拉应力方向同时有多条裂纹形成，而纯机械疲劳常常只有一条裂纹。腐蚀疲劳的这种多条裂纹性，导致了碳钢和低合金钢在中性腐蚀介质中的疲劳断口呈现多平面特征。

2）几种典型的腐蚀疲劳裂纹扩展规律

腐蚀疲劳裂纹的扩展规律是很复杂的，根据腐蚀疲劳裂纹的扩展速率与交变应力强度因子范围的关系曲线不同，可以把它们大致地归纳成如图 4 – 14 所示的三种类型。在图 4 – 14 中，$(da/dN)_{CF}$ 和 ΔK_{thCF} 表示在腐蚀介质中疲劳裂纹的扩展速率和下门槛值，曲线 1 为 $(da/dN)_{CF}$ 与 ΔK 的关系曲线；$(da/dN)_F$ 和 ΔK_{th} 表示在惰性介质中疲劳裂纹的扩展速率和下门槛值，曲线 2 为 $(da/dN)_F$ 与 ΔK 的关系曲线。

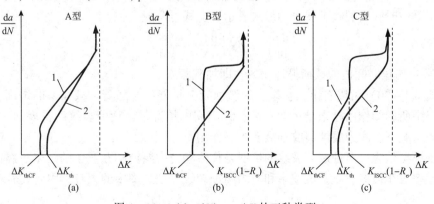

图 4 – 14　$(da/dN)_{CF} - \Delta K$ 的三种类型

A 型腐蚀疲劳裂纹扩展速率曲线如图 4 – 14 （a） 中的曲线 1 所示。从图中可以看出，这种类型的$(da/dN)_{CF}$ – ΔK 曲线与在惰性介质中的曲线 2 类似，腐蚀介质的作用使得 ΔK_{thCF} 比 ΔK_{th} 小，而扩展速率$(da/dN)_{CF}$ 则比 $(da/dN)_F$ 大。一般 $K_{max} < K_{ISCC}$ 时的疲劳裂纹扩展就属于这种类型。在这种扩展类型中，裂纹的扩展速率主要由载荷循环控制，其扩展速率变化规律与在惰性介质中时相同，而介质的腐蚀作用促进了疲劳裂纹的扩展使其扩展速率比在惰性介质中时大。工程中，把这种腐蚀疲劳称为"真正的腐蚀疲劳"，即所谓的"TCF"。

B 型腐蚀疲劳裂纹扩展速率曲线如图 4 – 14 （b） 中的曲线 1 所示。在这种扩展类型中，当 $K_{max} < K_{ISCC}$时，$(da/dN)_{CF}$ 与$(da/dN)_F$ 相同，即裂纹扩展完全由载荷循环控制，腐蚀的影响可以忽略。而当 $K_{max} > K_{ISCC}$ 时，腐蚀介质中的疲劳裂纹扩展方式与惰性介质中的疲劳裂纹扩展方式完全不同，其裂纹扩展是由载荷循环与应力腐蚀共同作用的结果，并且应力腐蚀起着主要作用，而疲劳作用促进了应力腐蚀扩展速率，因此总的扩展方式与应力腐蚀裂纹的扩展方式相同（出现了应力腐蚀扩展平台），但扩展速率要比应力腐蚀裂纹大。工程中，把这种腐蚀疲劳称为"应力腐蚀疲劳"，即所谓的"SCF"。

C 型腐蚀疲劳裂纹扩展速率曲线如图 4 – 14 （c） 中的曲线 1 所示。它是 A 型和 B 型的组合，在这种类型中，当 $K_{max} < K_{ISCC}$ 时，裂纹的扩展由载荷循环控制，腐蚀起促进作用；当 $K_{max} > K_{ISCC}$ 时，裂纹的扩展由应力腐蚀控制，载荷循环起促进作用，或由两者一起控制。

实际的腐蚀疲劳裂纹扩展规律一般都为上述三种类型之一。

3） 腐蚀疲劳裂纹扩展速率的计算

一般，确定腐蚀疲劳裂纹扩展速率$(da/dN)_{CF}$的方法有两种：一种是由实验来确定；另一种为用常规疲劳裂纹扩展速率$(da/dN)_F$（即惰性介质中的疲劳裂纹扩展速率） 和应力腐蚀裂纹开裂速率$(da/dN)_{SCC}$进行估算。

用估算法来确定腐蚀疲劳裂纹扩展速率有两种模型，即线性迭加模型和竞争模型。

线性迭加模型认为，腐蚀疲劳裂纹扩展速率为疲劳裂纹扩展速率和应力腐蚀裂纹开裂速率的线性迭加，即

$$\left(\frac{da}{dN}\right)_{CF} = \left(\frac{da}{dN}\right)_F + \int_\tau \left(\frac{da}{dt}\right)_{SCC} dt \tag{4 – 29}$$

式中 τ——一个载荷循环所需的时间，即循环周期。

如用单位时间内裂纹扩展量的形式表示，上式可写成

$$\left(\frac{da}{dt}\right)_{CF} = f \cdot \left(\frac{da}{dN}\right)_F + \left(\frac{da}{dt}\right)_{SCC} \tag{4 – 30}$$

式中 f——单位时间内的载荷循环次数，即加载频率。

从式 （4 – 30） 可以看出，在裂纹的腐蚀疲劳扩展中，随着加载频率的增高，疲劳在裂纹扩展中所起的作用越来越大。一般，在高周的情况下，疲劳裂纹的扩展起主导作用；在低周的情况下，应力腐蚀裂纹开裂起主导作用。

竞争模型认为，腐蚀疲劳裂纹的扩展是疲劳和应力腐蚀相互竞争的结果。腐蚀疲劳裂纹扩展速率等于疲劳裂纹扩展速率和应力腐蚀裂纹开裂速率中的大者，用公式表示即为

$$\left(\frac{da}{dN}\right)_{CF} = \max\left\{\left(\frac{da}{dN}\right)_F, \int_\tau \left(\frac{da}{dt}\right)_{SCC} dt\right\} \tag{4 – 31}$$

式（4−31）没有考虑疲劳与应力腐蚀的相互作用，这与实际情况不符。为此，可对其做如下修正

$$\left(\frac{\mathrm{d}a}{\mathrm{d}N}\right)_{CF} = \max\left\{\left(\frac{\mathrm{d}a}{\mathrm{d}N}\right)_{F} + \Delta\left(\frac{\mathrm{d}a}{\mathrm{d}N}\right)_{F},\ \left(\frac{\mathrm{d}a}{\mathrm{d}N}\right)_{SCC} + \Delta\left(\frac{\mathrm{d}a}{\mathrm{d}N}\right)_{SCC}\right\} \quad (4-32)$$

式中　$\Delta\left(\dfrac{\mathrm{d}a}{\mathrm{d}N}\right)_{F}$——由介质的影响而引起的疲劳裂纹扩展速率增量；

　　　$\Delta\left(\dfrac{\mathrm{d}a}{\mathrm{d}N}\right)_{SCC}$——由疲劳的作用而引起的应力腐蚀裂纹开裂速率增量。

修正项要根据材料、介质、疲劳参数等不同组合情况而定。

4）影响腐蚀疲劳的因素

影响腐蚀疲劳的因素很多，也十分复杂，目前尚缺乏较为系统的研究，只能大致地分为以下几个方面：

（1）加载方式的影响

在加载方式中，载荷频率和应力比对腐蚀疲劳的影响要比对机械疲劳的影响大得多。载荷频率愈低，在同样循环周次下，腐蚀介质作用时间就愈长，腐蚀作用愈强，腐蚀疲劳性能愈低；应力比（或平均应力）愈大，也会使腐蚀疲劳裂纹扩展速率增大，使腐蚀疲劳性能变差。

（2）环境的影响

介质对腐蚀疲劳也有较大的影响。在空气介质中，氧和水蒸气是引起腐蚀的主要成分，它们对降低材料和腐蚀疲劳强度作用很大。对于铜、黄铜和碳钢等韧性材料，起腐蚀作用主要的是氧。而对于高强度钢，高强度铝合金等对应力腐蚀敏感的材料，水蒸气对裂纹扩展速率有很大影响。

介质的温度对腐蚀疲劳也有明显的影响。

关于水溶液pH值的影响，一般说来，当pH值低于5时疲劳强度降低较大；pH值在5~10之间时，虽比在空气中要低些，但降低不多；当pH值大于12时，疲劳强度与空气中接近。

（3）腐蚀性介质作用方式的影响

腐蚀性介质的作用方式对腐蚀疲劳也有影响，如浸泡式接触的试样，其疲劳寿命有时要比喷洒式接触的试样要高。

5）减缓腐蚀疲劳的措施

既然腐蚀疲劳是腐蚀环境与交变应力共同作用的结果，那么腐蚀疲劳的控制就应从以下三个方面考虑。

（1）合理选用材料　在强腐蚀环境中，选择适于环境的稳定材料是常用的方法之一。一般来说，抗点蚀能力高的材料，其腐蚀疲劳强度也较高；而应力腐蚀开裂敏感性高的材料，其腐蚀疲劳强度较低；强度高的材料，其腐蚀疲劳的门槛值也较低。

（2）降低应力水平　适当降低构件的应力水平，可有效减轻腐蚀疲劳损伤。因此在结构设计时，应尽可能避免表面形状突变，减小应力集中。必要时，应采用热处理以消除残余内应力，或应采用喷丸等表面处理，使表面层存有残余压应力。

（3）减轻环境侵蚀　通常，腐蚀环境可缩短疲劳寿命许多倍，因此只要消除或减轻环

境的影响，就可以延长构件在腐蚀环境中的使用寿命。从这个意义上讲，减缓腐蚀疲劳的措施与减缓腐蚀措施没有什么很大区别。凡是能够减轻腐蚀的方法，几乎对减缓腐蚀疲劳都有效。但应注意，在酸性腐蚀介质或有氢脆的场合，不宜采用阴极保护，因为过度的阴极保护会使材料产生过量的氢，构件将可能处于氢脆的危险。

习　题

4－1　思考题

1. 什么叫破损安全设计方法？

2. 什么是疲劳裂纹扩展的钝化模型？

3. 什么叫疲劳裂纹的下门槛值？

4. 如何描述疲劳裂纹亚临界扩展阶段的扩展速率？

5. 影响疲劳裂纹扩展速率的因素有哪些？它们对疲劳裂纹的扩展速率有什么影响？

6. 什么叫应力腐蚀开裂？发生应力腐蚀开裂必须具备哪些条件？

7. 试简述应力腐蚀的机理。

8. 应力腐蚀断口宏观上有哪些特征？

9. 在什么条件下会发生应力腐蚀裂纹开裂？

10. 防止应力腐蚀开裂有哪些措施？

11. 试简述应力腐蚀裂纹开裂的过程。

12. 什么叫腐蚀疲劳？

13. 与纯机械疲劳及应力腐蚀相比，腐蚀疲劳有哪些特点？

14. 试简述腐蚀疲劳裂纹萌生的机制。

15. 有哪几种典型的腐蚀疲劳裂纹扩展规律？

16. 如何估算腐蚀疲劳裂纹的扩展速率？

4－2　某压力容器层板上有一长度 $2a = 42mm$ 的环向穿透裂纹，容器每次升、降压在该层板上引起的交变应力范围为 $\Delta\sigma = 100MPa$。若已知该层板的临界裂纹尺寸 $a_c = 225mm$，材料的裂纹扩展速率为 $da/dN = 3 \times 10^{-13}(\Delta K)^3 mm/$次，试估算容器的疲劳寿命和经 10 万次循环后裂纹的尺寸。

4－3　已知材料的断裂韧性 $K_{Ic} = 1988N/mm^{1.5}$，如要求裂纹深度不得大于壁厚 B 的 70%，试估算例题 4－2 中容器的疲劳寿命。

4－4　某污水处理系统中的油水分离器，工作应力 $\sigma = 150MPa$，经检验发现筒体中有一长度 $2c = 60mm$、深度 $a = 4mm$ 的浅表面裂纹。已知材料的 $K_{Ic} = 1250N/mm^{1.5}$，并测得壳体材料在污水中的 $K_{ISCC} = 350N/mm^{1.5}$，第 II 阶段扩展速率 $da/dt = 8 \times 10^{-6} mm/s$。试估算该分离器的使用寿命还有多久？

第5章 金属材料的高温蠕变与蠕变断裂

长期在高温条件下工作的设备或构件，如炉管等，即使工作应力低于材料的屈服极限，使用一段时间后仍然会发生因塑性变形过量或因破裂而失效的现象。随着科学技术的发展，金属材料的使用温度逐步提高，这种失效也越来越突出，从而促进了人们对金属材料高温力学行为的研究。

金属构件或容器在高温下由于蠕变而导致的失效主要有以下三种形式：

（1）过量变形 例如高温下容器、壳体的失稳，炉管的侧弯变形过量，气缸蠕胀而泄漏等。

（2）蠕变断裂 当蠕变发展到一定程度时，构件发生断裂或容器发生破裂。

（3）应力松弛 在高温下的一些紧固件，如压紧螺栓、铆钉等，会由于蠕变而发生紧固力降低的现象。

5.1 金属材料的蠕变

5.1.1 金属材料的蠕变现象

如将一金属试样在高温下持续承受一定的载荷，然后再卸去载荷，观察变形随时间的变化，可以看到如图 5 - 1 所示的现象。加载时有一个瞬时应变 ε_0，而后，随着时间的推移将产生一个延续的应变 ε_1，且速率逐渐减低；卸去载荷同样也有一个瞬时应变 ε_0'，但在随后的一段时间内还会出现一个恢复应变 ε'，其速率也是衰减的。最后留下一个永久的塑性应变 ε_c。如果载荷一直持续下去，那么试样迟早将会断裂。这种在高温和载荷持续作用下，材料发生缓慢变形的现象就称为蠕变。这里所谓的高温并没有绝对的意义，而是相对材料的熔点 T_M（以绝对温度表示）而言的，如铅和锡在室温下就会发生蠕变。通常，当温度 $T >$ （0.3～0.4）T_M 时，蠕变现象就变得比较明显。例如，当碳素钢的温度超过300～350℃，合金钢的温度超过400～450℃时，在一定的应力作用下，就会发生蠕变。温度越高，蠕变现象越明显。

金属材料的蠕变现象，可用材料在高温下承受一定的应力时，变形与时间的关系曲线来表示。此曲线称为蠕变曲线。典型的蠕变曲线如图 5 - 2 所示。

图中初始部分 ε_0 是由载荷引起的瞬时应变。如果所使加的应力超过该温度下的屈服极限，则 ε_0 由弹性应变和塑性应变所组成。这一变形仅仅是由外加载荷引起的一般变形过程，并不具有蠕变特征，随后的曲线部分才标志着蠕变的发生。由此可以看出，金属材料的蠕变过程大致可分为以下三个阶段：

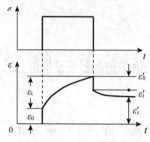

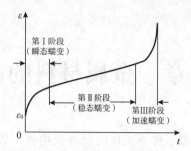

图 5 - 1 加、卸载过程中的变形　　　图 5 - 2 典型的蠕变曲线

蠕变第 I 阶段，为蠕变的不稳定阶段。在这一阶段，蠕变速率很大，但随时间的延续而逐渐降低。因此也称为蠕变的减速阶段，或瞬态蠕变阶段。

蠕变第 II 阶段，为蠕变的稳定阶段，或稳态蠕变阶段。在曲线上表现为直线段，亦即蠕变速率（线段的斜率）趋于恒定，因此也称为蠕变的等速阶段。在整个蠕变过程中，这一阶段的蠕变速率最小。最小蠕变速率在工程研究中被广泛应用。

蠕变第 III 阶段，也称为蠕变的加速阶段。在这一阶段中，由于材料产生了缩颈及内部损伤，从而致使蠕变速率不断增加，直至最后发生断裂。在整个蠕变过程中，第 III 阶段所占的时间是比较短的，但所产生的变形却往往较大。这样，对于许多高温构件可以从测定它们的蠕变变形情况去判断它们是否接近断裂而必须及时换新。实际中，一般都不把第 III 阶段所占的时间计入构件的寿命之内。

不同材料在不同条件下得到的蠕变曲线是不同的，同一种金属材料的蠕变曲线的形状随应力和温度不同亦不相同。然而，一般来讲，各蠕变曲线差不多都保持着上述三个基本组成部分，但各阶段持续的时间有长有短。图 5 - 3 和图 5 - 4 分别表示了应力和温度对蠕变曲线的影响。

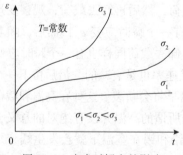

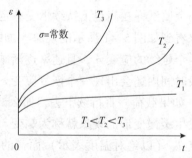

图 5 - 3 应力对蠕变的影响　　　图 5 - 4 温度对蠕变的影响

由图可知，在给定的温度或应力很小的情况下，蠕变第 II 阶段持续时间很长，甚至蠕变第 III 阶段可能不发生。相反，在给定的温度或应力很大时，蠕变第 II 阶段将很短，甚至完全消失，这时蠕变只有第 I 和第 III 阶段，试样将在很短的时间内发生断裂。

一种理想的材料，要求它的蠕变曲线具有很小的起始蠕变（蠕变第 I 阶段）和低的蠕变速率（蠕变第 II 阶段），以便延长产生总变形量所需的时间。同时也要有一个明显的第 III 阶段，可以预示材料强度的消失，并且断裂时要有一定的塑性。

蠕变是一个包含有许多过程的复杂现象。特别是在高温时，除了随着变形产生的应变硬化现象外，还会产生晶格的恢复、再结晶、扩散、相变等一系列过程。因而，金属材料的蠕变性能比其室温下的机械性能对组织结构的变化更为敏感。所以，蠕变曲线的形状，往往还随着材料的组织状态以及它在蠕变过程中所发生的组织结构变化而不相同。例如，在高温下会发生相变的某些金属（如：Fe – 20.5% W，Ni – 25.5% Mo 等），即使在承受拉伸载荷时，也会由于相变时的体积变化而使之收缩，形成所谓的"负蠕变现象"。

5.1.2　蠕变的经验规律

综上所述，一个受单向拉伸试样的蠕变变形 ε_c 随时间 t 而增加的规律，与时间 t、温度 T、应力 σ 及组织状态 S 有关，一般可表示成

$$\varepsilon_c = f\ (t,\ T,\ \sigma,\ S)$$

实验表明，在一定的温度和应力范围内，在固定的材料组织结构条件下，上述函数可分离为时间、温度、应力函数之积，即

$$\varepsilon_c = f_1\ (t)\ f_2\ (T)\ f_3\ (\sigma) \tag{5-1}$$

式中 $f_1\ (t)$、$f_2\ (T)$、$f_3\ (\sigma)$ 分别为蠕变方程的时间函数、温度函数和应力函数，其变化规律分别称为蠕变的时间律、温度律和应力律。

1）蠕变的时间律

关于蠕变的时间律，因材料不同、施加的应力及温度水平不同而呈现出不同的规律，其一般形式可用蠕变速率的经验公式表示

$$\dot{\varepsilon}_c = \frac{\partial f\ (t)}{\partial t} = \Sigma a_i t^{-n_i}$$

这是一个幂多项式，式中 a_i 和 n_i 是由温度及应力决定的材料常数。实验表明，指数 n_i 的值在 0 ~ 1 之间，随温度的升高而减小。选用不同的项数及幂指数 n_i，可以表示出蠕变第 I、II 阶段的各种变化规律。

在高温情况下，可选用单项，如取 $n_i = 2/3$，可表示第 I 阶段的蠕变规律，即

$$\dot{\varepsilon}_1 = \frac{1}{3}\beta t^{-2/3} \tag{5-2}$$

又称为 β 蠕变。如取 $n_i = 0$，则表示第 II 阶段的蠕变规律，即

$$\dot{\varepsilon}_2 = \chi \tag{5-3}$$

符合式（5 – 3）规律的蠕变又称为 χ 蠕变。

根据式（5 – 2）和式（5 – 3），蠕变第 I 阶段和第 II 阶段可用如下通用关系式来表示

$$\varepsilon_c = \beta t^{1/3} + \chi t \tag{5-4}$$

β 蠕变和 χ 蠕变均属于高温蠕变。随着温度的降低，蠕变的第 I 阶段（瞬态蠕变部分）越来越突出。在较低的温度下，蠕变将变得只有第 I 和第 II 阶段，而无第 III 阶段，亦即在经过一定的时间后，蠕变趋于停止。在这种情况下，应变或蠕变速率与时间的关系可取为

$$\dot{\varepsilon}_c = \alpha t^{-1}$$

$$\varepsilon_c = \alpha \ln t \tag{5-5}$$

符合式（5 – 5）规律的蠕变被称为 α 蠕变或对数蠕变，亦称为低温蠕变。

高温蠕变和低温蠕变并没有严格的区分界限，不过前者往往发生在原子扩散速度比较快的情况下，一般以 $0.5T_M$ 作为界限，以上为高温蠕变，以下则为低温蠕变。

关于蠕变的第Ⅲ阶段，由于其加速过程是因缩颈及内部损伤所致，所以这一段向来被认为没有共同的表达式。

英国的 Wilshire 根据恒应力蠕变试验结果，将整个蠕变曲线描绘述为

$$\varepsilon_c = \theta_1 \left(1 - e^{-\theta_2 t}\right) + \theta_3 \left(e^{\theta_4 t} - 1\right)$$

$$\dot{\varepsilon}_c = \theta_1 \theta_2 e^{-\theta_2 t} + \theta_3 \theta_4 e^{\theta_4 t}$$

$$(5-6)$$

式中 θ_1、θ_2、θ_3、θ_4 为由温度及应力决定的材料常数。这实际上是把蠕变视为减速与加速两类物理过程的叠加。

2）蠕变的温度律

温度对蠕变的影响主要表现为对材料常数和变形机制的影响。然而无论哪种变形机制都可用热激活运动的公式来描述。当在某一温度范围内，只存在一种热激活过程时，蠕变的温度律可表示成

$$f_2 (T) = B' \exp (-U/RT)$$

$$(5-7)$$

由于蠕变第Ⅱ阶段的速率与时间无关，因此在材料和应力一定的情况下，高温稳态蠕变速率（第Ⅱ阶段的速率）$\dot{\varepsilon}_2$ 与温度 T 之间的关系可写成

$$\dot{\varepsilon}_2 = B \exp (-U/RT)$$

$$(5-8)$$

式中　　B——材料常数；

　　　　U——热激活能；

　　　　R——气体常数。

3）蠕变的应力律

关于蠕变应力律的研究较多，其表达形式也不尽相同。一般地说，在不同的温度范围内，应力的作用是不同的。在高温蠕变范围内应力不太大时，呈幂函数关系。这时，常以下列 Norton（诺顿）经验公式表示

$$f_3 (\sigma) = A' \sigma^m$$

$$(5-9)$$

在材料和温度一定的情况下，高温稳态蠕变速率 $\dot{\varepsilon}_2$ 与应力 σ 之间的关系可写成

$$\dot{\varepsilon}_2 = A \sigma^m$$

$$(5-10)$$

在低温蠕变范围内，应力的影响主要是促进热激活，其作用与热激活能相当，故呈指数关系。这时，可用 Dorn（多恩）经验公式表示

$$f_3 (\sigma) = D \exp (b\sigma)$$

$$(5-11)$$

以上各式中，除 σ 外其他均为材料常数。

5.1.3　蠕变分析理论

由前述蠕变的经验规律可知，蠕变与应力、时间及温度之间存在着较复杂的关系，而且对于不同材料、不同温度和应力等条件下符合的情况亦不同，所以要得出统一的蠕变公式极其困难，为此人们提出某些假设，以最少的变量来反映蠕变的主要因素，建立相应的分析公式。归纳起来常用的有：陈化理论、时间硬化理论和应变硬化理论等。

1）陈化理论

这种理论认为蠕变过程中，影响蠕变进行的主要因素是金属在高温负荷下所保持的时间。因此，当温度一定时，蠕变变形与应力和时间之间存在如下关系：

$$\varepsilon_c = \sigma^m \Omega(t)$$

式中，$\Omega(t)$ 是与蠕变曲线成一定比例的函数。如取 $\Omega(t) = At^n$，$0 < n \leq 1$，则得

$$\varepsilon_c = A\sigma^m t^n \qquad (5-12)$$

式（5-12）即为常用的 Bailey-Norton（贝雷—诺顿）定律。

2）时间硬化理论

时间硬化理论认为，在蠕变过程中蠕变速率降低显示出材料硬化的主要因素是时间，而与蠕变变形无关。因此，将上式对时间求导可得：

$$\dot{\varepsilon}_c = \frac{\partial \varepsilon_c}{\partial t} = An\sigma^m t^{n-1} \qquad (5-13)$$

式（5-13）称为"时间硬化"公式。

3）应变硬化理论

该理论最初认为，蠕变过程中的硬化现象与塑性变形的程度有关，而与时间无关。后来 Nadai（纳戴）、Davis（戴维斯）等进行了高温下金属硬化的实验，研究结果证明：蠕变变形与瞬时塑性变形不同，瞬时塑性变形并不引起蠕变硬化，而影响蠕变硬化的仅是蠕变变形量。因此，应变硬化理论的基本思想是：蠕变过程中起强化作用的主要因素是蠕变变形，而与时间无关。联立式（5-12）和式（5-13），消去时间 t，可得：

$$\dot{\varepsilon}_c = A^{1/n} n\sigma^{m/n} \varepsilon_c^{(n-1)/n} \qquad (5-14)$$

式（5-14）即为 Davis 提出的"应变硬化"公式。

在以上各式中，如取 $n=1$，即为稳态蠕变分析公式。可见，在这种情况下，陈化理论、时间硬化理论和应变硬化理论的公式完相同。

例题 5-1 一超静定桁架如图 5-5 所示，由三根等截面杆构成，杆的截面积为 F。该桁架在 500℃环境下承受集中载荷 P，如取 $\varepsilon_c = A\sigma^2 t^{2/3}$，试按陈化理论分析该桁架的蠕变应力。

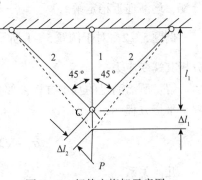

图 5-5 超静定桁架示意图

解：对蠕变问题的分析，如同弹塑性问题一样，要满足平衡方程、几何关系及本构方程（物理方程）。

平衡方程：分析节点 C 的受力，可得

$$\sigma_1 + 2\sigma_2 \cos 45° = P/F$$

即

$$\sigma_1 + \sqrt{2}\sigma_2 = P/F \qquad (a)$$

几何关系：分析节点 C 的变形，可得

$$\Delta l_1 = \Delta l_2 / \cos 45°$$

又因

$$l_1 = l_2 \cos 45°$$

故有

$$\varepsilon_1 = 2\varepsilon_2 \tag{b}$$

蠕变本构方程：注意到 $\varepsilon = \varepsilon_e + \varepsilon_c$，所以

$$\varepsilon_1 = \frac{\sigma_1}{E} + A\sigma_1^2 t^{2/3}, \quad \varepsilon_2 = \frac{\sigma_2}{E} + A\sigma_2^2 t^{2/3} \tag{c}$$

联解式（a）、式（b）、式（c）三式，可得

$$\begin{cases} \sigma_1 = P/F - \sqrt{2}\sigma_2 \\ \sigma_2 = \dfrac{P/F + AE(P/F)^2 t^{2/3}}{(2+\sqrt{2}) + 2\sqrt{2}AE(P/F)t^{2/3}} \end{cases}$$

当 $t=0$ 时，可得初始应力（弹性解）为

$$\begin{cases} \sigma_{10} = \dfrac{2P}{(2+\sqrt{2})F} \\ \sigma_{20} = \dfrac{P}{(2+\sqrt{2})F} \end{cases}$$

当 $t\to\infty$ 时，得

$$\begin{cases} \sigma_1 = \dfrac{P}{2F} \\ \sigma_2 = \dfrac{P}{2\sqrt{2}F} \end{cases}$$

此时，应力与时间无关，称为稳定解。

由计算结果可见，在蠕变过程中，即使外载荷不变，应力也会随时间的延续发生重新分配，逐渐逼近稳定解。

例题 5-2 对于例题 5-1 所示超静定桁架，如取 $\dot{\varepsilon}_c = \dfrac{2}{3}A\sigma^2 t^{-1/3}$，试用时间硬化理论分析其蠕变应力。

解：所需满足的基本方程参照例题 5-1，可得：

平衡方程

$$\sigma_1 + \sqrt{2}\sigma_2 = P/F, \quad \frac{d\sigma_1}{dt} + \sqrt{2}\frac{d\sigma_2}{dt} = 0 \tag{a}$$

几何关系

$$\dot{\varepsilon}_1 = 2\dot{\varepsilon}_2 \tag{b}$$

蠕变本构方程　因 $\dot{\varepsilon} = \dot{\varepsilon}_e + \dot{\varepsilon}_c$，$\dot{\varepsilon}_e = \dfrac{1}{E}\dfrac{d\sigma}{dt}$，所以

$$\dot{\varepsilon}_1 = \frac{1}{E}\frac{d\sigma_1}{dt} + \frac{2}{3}A\sigma_1^2 t^{-1/3}, \quad \dot{\varepsilon}_2 = \frac{1}{E}\frac{d\sigma_2}{dt} + \frac{2}{3}A\sigma_2^2 t^{-1/3} \tag{c}$$

联解式（a）、式（b）、式（c）三式可得

$$\begin{cases} \sigma_1 = P/F - \sqrt{2}\sigma_2 \\ \dfrac{d\sigma_2}{dt} = \dfrac{2EAP}{3(2+\sqrt{2})F}\left(\dfrac{P}{F} - 2\sqrt{2}\sigma_2\right)t^{-1/3} \end{cases} \tag{d}$$

积分式（d）中的第二式，并注意到初值条件 $\sigma_2|_{t=0} = \sigma_{20}$，可得

$$\begin{cases} \sigma_1 = P/F - \sqrt{2}\sigma_2 \\ \sigma_2 = \dfrac{p}{2\sqrt{2}F} + \left(\sigma_{20} - \dfrac{p}{2\sqrt{2}F}\right) \exp\left[\dfrac{-2\sqrt{2}EAP}{(2+\sqrt{2})F}t^{2/3}\right] \end{cases}$$

当 $t \to \infty$ 时，得

$$\begin{cases} \sigma_1 = \dfrac{P}{2F} \\ \sigma_2 = \dfrac{P}{2\sqrt{2}F} \end{cases}$$

可见，所得结果与上例的稳定解相同，这说明随着时间的延续，时间硬化理论的解与陈化理论的解趋于一致。

此外，在利用蠕变分析理论来计算阶段性变应力下的蠕变时，要涉及到采用哪个"理论公式"的问题。

如设某单向拉伸试样，先施以应力 σ_1，经 t_1 时间后改施以应力 σ_2，如图 5 – 6 所示，图中曲线 OAC 和 OBD 分别为 σ_1 和 σ_2 单独作用时的蠕变曲线。则在 t_1 以前应按 OA 计算，但而后就有三种情况：

①按时间硬化理论计算，就是与线段 BD 呈平行的虚线1；

②按应变硬化理论计算，就是与线段 A'D 呈平行的虚线2；

③直接按陈化理论计算，就是 BD，亦即虚线3。

显然，三者的结果是不同的，其中按应变硬化理论计算，亦即虚线2，较符合实际，且总介入虚线1、3之间，但计算较为复杂。

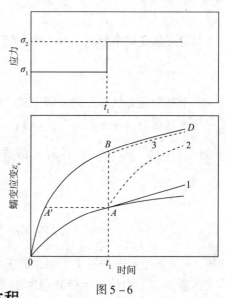

图 5 – 6

5.1.4 三向应力状态下的稳态蠕变方程

由于蠕变属于塑性变形，因此对于三维问题要根据塑性力学原理先做如下基本假设：

（1）塑性变形时，主应力 σ_1、σ_2、σ_3 的方向与主应变 ε_1、ε_2、ε_3 的方向一致；

（2）在蠕变阶段，材料的密度不变，故单位体积的变化为零，即

$$\varepsilon_1 + \varepsilon_2 + \varepsilon_3 = 0$$

（3）主剪应变与主剪应力成正比，即

$$\frac{\varepsilon_1 - \varepsilon_2}{\sigma_1 - \sigma_2} = \frac{\varepsilon_2 - \varepsilon_3}{\sigma_2 - \sigma_3} = \frac{\varepsilon_3 - \varepsilon_1}{\sigma_3 - \sigma_1} = C$$

根据以上假设，可得

$$\varepsilon_1 = \frac{2C}{3}\left[\sigma_1 - \frac{1}{2}\ (\sigma_2 + \sigma_3)\right]$$

$$\varepsilon_2 = \frac{2C}{3}\left[\sigma_2 - \frac{1}{2}\ (\sigma_3 + \sigma_1)\right]$$

$$\varepsilon_3 = \frac{2C}{3}\left[\sigma_3 - \frac{1}{2}\ (\sigma_1 + \sigma_2)\right]$$

对于稳态蠕变，用蠕变速率表示，上式又可写成如下形式

$$\dot{\varepsilon}_1 = \frac{2C}{3t}\left[\sigma_1 - \frac{1}{2}\ (\sigma_2 + \sigma_3)\right]$$

$$\dot{\varepsilon}_2 = \frac{2C}{3t}\left[\sigma_2 - \frac{1}{2}\ (\sigma_3 + \sigma_1)\right]$$

$$\dot{\varepsilon}_3 = \frac{2C}{3t}\left[\sigma_3 - \frac{1}{2}\ (\sigma_1 + \sigma_2)\right]$$

将它用于单向拉伸情况（$\sigma_1 = \sigma$，$\sigma_2 = \sigma_3 = 0$），应有

$$\dot{\varepsilon} = \frac{2C}{3t}\sigma$$

与稳态蠕变速率公式 $\dot{\varepsilon}_c = A\sigma^m$ 比较，则得

$$\frac{2C}{3t} = A\sigma^{m-1}$$

对于复杂应力状态，只要将上式中的 σ 改为当量应力 σ_{eq} 即可。故三向应力状态下的蠕变速率方程为

$$\dot{\varepsilon}_1 = A\sigma_{eq}^{m-1}\left[\sigma_1 - \frac{1}{2}\ (\sigma_2 + \sigma_3)\right]$$

$$\dot{\varepsilon}_2 = A\sigma_{eq}^{m-1}\left[\sigma_2 - \frac{1}{2}\ (\sigma_3 + \sigma_1)\right]$$

$$\dot{\varepsilon}_3 = A\sigma_{eq}^{m-1}\left[\sigma_3 - \frac{1}{2}\ (\sigma_1 + \sigma_2)\right] \tag{5-15}$$

式中　$\dot{\varepsilon}_1$、$\dot{\varepsilon}_2$、$\dot{\varepsilon}_3$——各主平面上的主蠕变速率。

例题 5-3　内外壁半径分别为 R_i 和 R_o 的厚壁圆筒（两端封闭），受恒定内压 p 作用。试用稳态蠕变分析方法求解该圆筒在恒温下的蠕变应力。

解：对于厚壁圆筒，按柱坐标，三向主应力与主应变为 σ_r、σ_θ、σ_z 和 ε_r、ε_θ、ε_z。由于蠕变为塑性变形，根据塑性力学，应有

$$\sigma_z = (\sigma_r + \sigma_\theta)/2 \tag{a}$$

如按第四强度理论，当量应力为

$$\sigma_{eq} = \frac{1}{\sqrt{2}}\sqrt{(\sigma_1 - \sigma_2)^2 + (\sigma_2 - \sigma_3)^2 + (\sigma_3 - \sigma_1)^2} = \frac{\sqrt{3}}{2}\ (\sigma_\theta - \sigma_r) \tag{b}$$

将式（a）和式（b）代入式（5-15），可得

$$\dot{\varepsilon}_\theta = -\dot{\varepsilon}_r = A\left(\frac{\sqrt{3}}{2}\right)^{m+1}(\sigma_\theta - \sigma_r)^m,\ \dot{\varepsilon}_z = 0 \tag{c}$$

厚壁圆筒的几何方程为

$$\varepsilon_r = \frac{du}{dr}, \quad \varepsilon_\theta = \frac{u}{r}$$

则有

$$\frac{d\varepsilon_\theta}{dr} = \frac{1}{r}\frac{du}{dr} - \frac{u}{r^2} = \frac{1}{r}(\varepsilon_r - \varepsilon_\theta)$$

用蠕变速率表示则为

$$\frac{d\dot{\varepsilon}_\theta}{dr} = \frac{1}{r}(\dot{\varepsilon}_r - \dot{\varepsilon}_\theta) \tag{d}$$

将式（c）代入式（d）可得

$$\frac{d}{dr}(\sigma_\theta - \sigma_r)^m = -\frac{2}{r}(\sigma_\theta - \sigma_r)^m$$

积分得

$$\sigma_\theta - \sigma_r = C_1/r^{2/m} \tag{e}$$

厚壁圆筒的平衡方程为

$$\frac{d\sigma_r}{dr} + \frac{\sigma_r - \sigma_\theta}{r} = 0 \tag{f}$$

将式（e）代入式（f）可得

$$\frac{d\sigma_r}{dr} = \frac{C_1}{r^{1+2/m}}$$

积分得

$$\sigma_r = -\frac{m}{2}C_1 r^{-2/m} + C_2 \tag{g}$$

式中积分常数 C_1、C_2 可根据边界条件确定。

在筒体内、外壁，应有

$$(\sigma_r)_{r=R_i} = -\frac{m}{2}C_1 R_i^{-2/m} + C_2 = -p$$

$$(\sigma_r)_{r=R_o} = -\frac{m}{2}C_1 R_o^{-2/m} + C_2 = 0$$

联解以上两式可求出常数 C_1、C_2，然后依次代入式（g）、式（e）和式（a），即得 σ_r、σ_θ 和 σ_z 的表达式如下

$$\begin{cases} \sigma_r = \dfrac{p}{K^{2/m}-1}\left[1 - \left(\dfrac{R_o}{r}\right)^{2/m}\right] \\[3mm] \sigma_\theta = \dfrac{p}{K^{2/m}-1}\left[1 + \dfrac{2-m}{m}\left(\dfrac{R_o}{r}\right)^{2/m}\right] \\[3mm] \sigma_z = \dfrac{p}{K^{2/m}-1}\left[1 + \dfrac{1-m}{m}\left(\dfrac{R_o}{r}\right)^{2/m}\right] \end{cases} \tag{h}$$

再由式（b），可得当量应力的表达式为

$$\sigma_{eq} = \frac{p}{K^{2/m}-1}\frac{\sqrt{3}}{m}\left(\frac{R_o}{r}\right)^{2/m} \tag{i}$$

以上结果最早由 Bailey 得出，故称为 Bailey 解，对于 $K=2$，$m=3$ 的情况，应力解如图 5-7 所示，将稳态解与弹性解作比较，σ_r 比较相近，σ_z 有差别，而 σ_θ 有巨大差别。

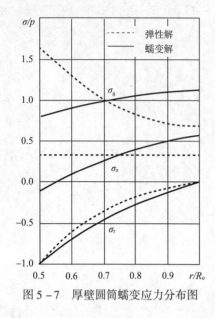

图 5-7 厚壁圆筒蠕变应力分布图

5.1.5 金属材料的蠕变机理

由于金属材料的蠕变是在一定的温度和应力共同作用下发生的，因此它与原子的热运动有关。原子热运动的作用大致有两方面：一是协助受阻位错克服障碍重新运动；二是在应力的协助下，原子直接大量地定向扩散。当然，这些机理并非同时对蠕变变形都起主导作用。

当材料承受载荷时，各晶粒内的位错将按其激活的难易程度依次滑移。在滑移过程中，位错增殖，随着位错密度的增加，由于各位错应力场的交互作用，使位错运动减缓。当位错运动到存在于晶粒内部的夹杂物或晶界部位时，位错运动受阻而塞积于该处。在这些位错斥力的影响下，会使后面运动来的同符号位错的滑移受到阻碍。另外，位错在滑移过程中的交截会产生割阶，这就需要形成割阶的能量。带有割阶的位错滑移时，割阶只能作攀移运动，而且在割阶的后面会产生一连串的空位。这些空位对位错的滑移也产生阻力，除非通过热激活过程使空位脱离割阶发生扩散，否则位错滑移的阻力就越来越大。这样，空位的扩散速度就控制了位错的滑移速度，同时也控制了位错割阶的攀移运动。

以上说明材料在外加应力作用下，随着位错的滑移，位错运动的阻力将逐渐增大，阻碍了位错的进一步运动，使材料产生了应变硬化。

另一方面，在温度的作用下，材料将发生恢复现象。在温度作用下出现的恢复与一般塑性变形后再结晶前产生的恢复有着本质性的差别。在温度作用下位错移动产生恢复有两个过程：一是位错的重新排列；二是正、负位错相互结合使位错消失。另外，当温度达到原子的自扩散激活能时，原子扩散加剧，塞积于同一滑移面内的位错可依靠原子的扩散攀移至新的滑移面上，继续滑移。

综上所述，在应力作用下发生应变硬化的材料，会在温度作用下通过恢复和位错攀移而软化，使之可以继续产生变形，这就是蠕变。

1）低温蠕变机理

材料在外加应力的作用下，各晶粒内最易激活的位错首先发生滑移，其他位错按其激活的程度逐批发生滑移，使材料产生变形。已运动的位错如果受到阻碍而塞积，则不再促进蠕变变形。由于在 $0.25T_M < T < 0.5T_M$ 温度范围内，原子具有一定的活动能力，会显著地发生动态恢复现象，它表现为位错发生重新排列以及一些正、负位错的相互兼并而使位错湮没，从而在一定程度上降低了位错密度和位错塞积程度，使部分位错重新发生滑移。但由于在此温度范围内，原子的扩散不明显，恢复过程并不能完全消除形变硬化，因此蠕变速率总有下降趋势而达不到稳定状态，这就是 α 蠕变。

2）高温蠕变机理

当温度 $0.5T_M < T < 0.85T_M$ 时，蠕变第Ⅰ阶段（β 蠕变）和第Ⅱ阶段（χ 蠕变）的机

理可用位错蠕变理论予以说明。

β蠕变是由于材料在外加应力作用下，位错发生滑移并受到阻碍而形成塞积，在热激活的作用下，位错通过攀移得以继续运动，这就使原滑移面上的位错源可以继续开动而放出新的位错，使蠕变变形不断发展。在β蠕变时，温度较高，可以发生一些恢复，但恢复软化还不足以与形变应化完全平衡，因此在此阶段内，蠕变速率逐渐降低。

在稳态蠕变条件下，蠕变激活能与原子自扩散激活能相等。此时，如果在位错塞积群中，某个位错被热激活发生了攀移，则为了保持应力状态平衡，位错源必须再放出一个新的位错以恢复原有的位错排列。另一方面，攀移到另一滑移面上的位错或者直接发生滑移，或者与异号位借相互作用而消失，或者被晶界、亚晶界所吸收，从而使蠕变不断发生。这样，恢复软化与形变硬化的平衡便形成稳态蠕变，此时的蠕变速率由位错的攀移速率所控制。

总之，在高温蠕变过程中，位错的不同状态使金属表现出的不同行为：一是位错的产生及遇障碍受阻塞积，使金属得以硬化；二是位错的攀移运动，导致位错消失，使金属发生了软化。因此，从宏观上看，金属的蠕变过程就是金属的硬化与软化同时作用的结果；从微观上看，在每一时刻 t，都有一定数量的位错准备攀移，蠕变速率取决于这种准备攀移的位错数。设蠕变速率与准备攀移的位错数 $W_0 (1 + \alpha t)^m$ 成正比，则有

$$\dot{\varepsilon} = A W_0 (1 + \alpha t)^m \tag{5-16}$$

式中　A——与温度和应力有关的系数；

　　　W_0——初始准备攀移的位错数；

　　　α——与应力有关的材料常数；

　　　m——指数。$m < 0$，表明准备攀移的位错数在蠕变过程中减少，蠕变速率降低；

　　　　　　$m = 0$，表明准备攀移的位错数保持不变，蠕变速率恒定。

当蠕变温度 $T \approx (0.85 \sim 1) T_M$ 时，高温低应力条件下的蠕变机理可用扩散蠕变理论来说明。

扩散蠕变理论认为，高温蠕变与金属中原子的自身扩散现象有关，并把蠕变过程看成是在外力作用下的一种"定向扩散"。由于这种定向扩散，造成了金属材料的塑性变形，这就是所谓的扩散蠕变。

金属中原子的这种"定向扩散"过程将导致两种结果：一是由于热振动使原子偏离其正常的平衡位置，形成局部畸变区；二是激活状态的原子与空位交换，从而达到新的平衡位置，使局部畸变区消失。因此，在高温下，当材料受到外加载荷时，一方面新的局部畸变区不断增加，另一方面这种局部畸变区也会由于热运动而消除。于是，可以认为这些局部畸变区的数目控制着蠕变过程。在蠕变第Ⅰ阶段，这些局部畸变区在同一时间内消失的比增加的多，其总数减少，因而蠕变速率减小；当消失与增加的数目相等时，总数为一常数，则蠕变速率恒定，此即蠕变第Ⅱ阶段。

在稳态条件下，这种机制的蠕变速率，Nabarro-Herring（纳巴罗－赫润）给出的计算公式如下：

$$\dot{\varepsilon}_2 = \begin{cases} AD\sigma\Omega/(kTd^2) & \text{晶内扩散} \\ A'D'\sigma\Omega\varpi/(kTd^3) & \text{晶界扩散} \end{cases} \tag{5-17}$$

式中　*A*、*A′*——与材料性能和温度有关的常数；

　　　D、*D′*——晶内、晶界扩散系数；

　　　Ω——原子体积；

　　　k——波尔兹曼（Boltzmann）常数；

　　　d——晶粒直径；

　　　ϖ——晶粒宽度。

其他符号意义同前。

由式 5 – 13 可知，随着晶粒尺寸 *d* 的减小，$\dot{\varepsilon}_2$ 将明显增加，因而对高温承载构件所用的材料，应避免采用细晶组织。

至于蠕变第Ⅲ阶段出现蠕变速率迅速上升以致最终产生断裂，一般认为有两个原因：一是晶粒由于蠕变而变形，滑移通常要经过晶界进入下一晶粒，结果变形集中于晶界，从而产生应力集中，特别在晶界交叉部分因应力集中而形成微小裂纹；二是点阵缺陷在晶界析出，以致在晶界处产生空位（空穴），结果加快了蠕变应度。

5.2　金属材料的蠕变断裂

5.2.1　金属材料的蠕变断裂特征

金属材料的蠕变断裂形式，基本上可分为穿晶型断裂和晶间型断裂两种。

穿晶型断裂的特征是：在断裂前有大量的塑性变形，断裂后的伸长率高，往往形成缩颈，断口呈韧性形态。这种蠕变断裂也称为蠕变塑性断裂。

晶间型断裂的特征是：断裂前塑性变形很小，断裂后的伸长率甚低，缩颈很小甚至没有，断口呈脆性，常发现在晶体内部出现大量的细小裂纹。这种蠕变断裂也称为蠕变脆性断裂。

蠕变断裂的形式与温度、应力等因素有关。一般在高应力、较低温度时易发生穿晶型断裂，即呈蠕变塑性断裂；而在低应力、高温度时易发生晶间型断裂，即呈蠕变脆性断裂。由于实际中多数高温受力构件都在低应力、高温环境下工作，所以晶间型断裂是金属材料高温断裂中最普遍的现象。

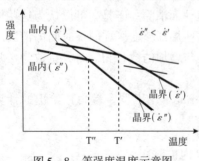

图 5 – 8　等强度温度示意图

蠕变断裂形式随温度而变化的原因，可用等强度温度的概念来加以解释。图 5 – 8 为某金属材料在不同应变速率下，其晶界强度与晶内强度随着温度变化的情况。由图可知，在一定的应变速率下，晶内强度与晶界强度均随着温度的升高而降低，但晶内强度降低得慢，晶界强度降低得快。当温度升高至某一温度 *T′* 时，两者强度相等，*T′* 即为等强度温度。当温度低于 *T′* 时，由于晶内强度低于晶界强度，所以蠕变断裂往往为晶内断裂；而当温度高于 *T′* 时，由于晶内强度高于晶界强度，故呈晶间断裂。等强度温度随应变速率$\dot{\varepsilon}$而变，$\dot{\varepsilon}$降低，等强度温度也降低，如图中所示，当$\dot{\varepsilon}'' < \dot{\varepsilon}'$，等强度温度由$T'$降至$T''$。

5.2.2 金属材料的高温断裂理论

金属材料的高温断裂都是在经历了蠕变三个阶段后，发生的蠕变断裂。晶间型断裂是在高温蠕变时的普遍断裂形式，断裂时裂纹沿晶界发展，且试样的总变形量比穿晶型断裂小。它属于脆性断裂的形式。

金属材料的高温蠕变断裂，主要有应力集中和空位聚集两种理论。

1）应力集中理论

这个理论认为：蠕变断裂是由于晶粒交界处应力集中引起的。在蠕变过程中，晶界发生滑动。晶界的滑动必须有晶粒本身的变形或其他晶界的迁移相配合，当这种配合不能实现时，就在三晶交界处造成高的应力集中。如果应力超过了晶界结合力，就在该处形成楔型裂纹，并在外力持续作用下向前扩展。若晶界平直且无强化颗粒阻挡，将一直扩展到与其他晶界的裂纹相连，最后导致全面断裂。不同界面在不同方向的应力作用下可以形成多种形式的楔型裂纹，如图5-9所示。图中A、B、C、D分别代表一个晶粒，箭头表示晶界的滑移方向，阴影部分表示形成的楔型裂纹。

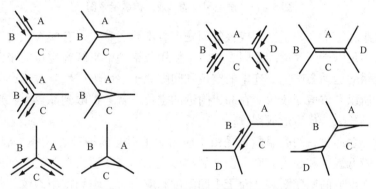

图5-9　各种楔型裂纹形成的示意图

在较低应力和较高温度下，裂口通常散布在晶界上。在蠕变过程中，由于晶内滑移与晶界交割形成台阶，因而存在由位错塞积造成的应力场，在晶界迁移未来得及将台阶拉平以前，晶界的滑动可使交割部分发生应力集中，形成空洞，如图5-10所示。这种空洞产生在垂直于拉力方向的界面上，大小只有几个微米的数量级，它们之间的距离与滑移线的间隔相当。在外力的作用下，它们逐渐长大，形成裂纹。

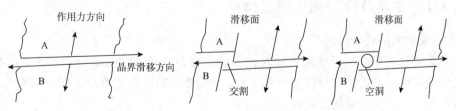

图5-10　在滑移面和晶界交割处形成的空洞

应力集中理论仅阐述了裂纹产生的原因，但未说明裂纹形成的微观机理。

2）空位聚集理论

空位聚集理论认为：在应力和热振动的联合作用下，晶格空位运动，并优先沿拉应力方向运动，且适于停滞在拉应力作用的晶界上。这样空位就聚集在与拉伸应力方向垂直的晶界上。当它积聚到一定的数量时，晶界破裂形成空洞，使晶界的结合力大大减弱。此外，如前所述，滑移面与晶界的交割、具有析出物的晶界滑动都可能产生空洞，如图 5 – 11（a）所示。在外加应力的持续作用下，空洞随空位的不断聚集而长大，连接成波浪形的洞型裂纹，如图 5 – 11（b）所示，最后发生晶间断裂，断面也呈破浪形。空位聚集理论已被一些金属材料（如铜及其合金等）的断裂特征所证实。这些材料的晶间裂纹表面呈波纹状，说明它们是由空洞联合形成的。

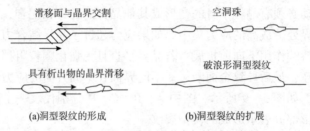

图 5 – 11　洞型裂纹的形成与扩展示意图

在空位聚集理论中，关于空洞成核的问题有着不同的看法。有些人认为金属材料中原有的空位数目不足以产生大量的晶间裂纹。他们用位错理论来解释空位的来源问题，在变形过程中，位错的运动会产生一连串的空位和间隙原子，由于产生空位比产生间隙原子所需的能量小，所以空位增加较快。在晶界附近的空位，就会扩散到晶界上，形成新的空洞或使原有的空洞长大，最后形成裂纹。

综上所述，金属材料的高温断裂是由于应力集中引起的楔型裂纹和空洞聚集造成的。一般来说，在较低温度和高应力时为楔型裂纹形成的蠕变断裂；在高温和低应力时是由空洞聚集于晶界而形成的蠕变断裂；介于中间温度和应力时，则为楔型裂纹和空洞聚集的混合裂纹。

5.3　金属材料的高温强度及其外推方法

5.3.1　金属材料的高温强度指标

1）金属材料的蠕变极限

当考虑构件或零件过量变形失效时，人们最关心的是什么时候会达到失效的形变限度。此时最需要知道的是材料在某一温度下、承受多大的应力才不至于在使用期内超过允许的变形量。蠕变极限就是按此而定义的。

在给定的温度 T 和规定的时间 t_c 内，达到限定的蠕变变形 ε_c（%）所需的应力，即为材料的蠕变极限。由于它是把"强度"的概念与"蠕变变形"联系在一起的，所以又称为条件蠕变极限，通常以 $\sigma^T_{\varepsilon_c/t_c}$ 表示。例如，$\sigma^{800℃}_{1/10^5}$ 表示该材料在 800℃ 下经历 10^5 h 产生蠕变变形为 1% 时的应力。

蠕变变形量 ε_c 可按下式计算（参见图 5-12）

$$\varepsilon_c = \varepsilon_\tau - \varepsilon_0 + \dot{\varepsilon}_2 t_c \qquad (5-18)$$

式中　ε_τ 为蠕变曲线在第一阶段结束时的切线在纵坐标轴上的截距；ε_0 为由载荷引起的瞬时应变；$\dot{\varepsilon}_2$ 为稳态蠕变速率。

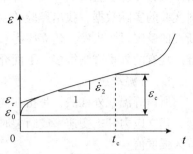

图 5-12　蠕变变形计算示意图

以上所定义的蠕变极限一般多用于需要提供总蠕变变形的构件设计。而对于受蠕变变形控制的低蠕变速率的构件来说，由于蠕变第 I 阶段所占时间较短，稳态蠕变速率易于测定，因此常以在给定的温度 T 下稳态蠕变速率达到允许值 $\dot{\varepsilon}_2$（%/h）时的应力 $\sigma^T_{\dot{\varepsilon}_2}$ 作为蠕变极限。例如 $\sigma^{600℃}_{1 \times 10^{-5}}$ 表示该材料在 600℃ 下稳态蠕变速率为 1×10^{-5} %/h 时的应力。

上述两种蠕变极限所确定的变形量，其值相差为 $\varepsilon_\tau - \varepsilon_0$。在时间较长、蠕变速率较小的情况下，这个差值是很小的，可以略去不计。这时限定的蠕变速率 1×10^{-5} %/h 就相当于经历 10^5 h 的蠕变变形为 1%。

2）金属材料的持久强度

蠕变极限无法确定材料在给定温度及应力条件下，蠕变断裂所需的时间以及断裂时材料的总变形量，也无法知道材料在断裂前的整个蠕变过程。因此，仅依靠蠕变实验的结果作为设计高温承载构件的强度依据是不够的。金属材料的持久强度是评定承载构件在高温条件下长期使用的强度指标。由于材料的持久强度实验要一直做到试样断裂，因此，它可以反映金属材料在高温下长期使用至断裂时的强度和塑性性能。

金属材料的持久强度是以在给定的温度 T 下，经过一定时间 t_f 而断裂时所能承受的最大应力来定义的，常用符号 $\sigma^T_{t_f}$ 表示。如 $\sigma^{800℃}_{10^5}$ 代表材料在 800℃ 下，经过 10^5 h 而发生断裂的最大应力。持久强度实验不仅能反映材料在高温下长期工作的断裂抗力，而且通过测量试件在断裂后的残留伸长和截面收缩，也能反映材料的持久塑性。

蠕变极限和持久强度都是反映材料高温性能的重要指标，其区别在于侧重点不同：蠕变极限以考虑变形为主，如汽轮机和燃气轮机叶片在长期运行中，只允许产生一定的变形量，在设计时就必须考虑蠕变极限；持久强度主要考虑材料在长期使用下的破坏抗力，如锅炉中的高温承压管件，对蠕变要求不严，但必须保证在使用期内不破坏，这就需要以持久强度作为设计依据。由于持久强度实验所需的时间较长，因此确定持久强度的困难在于要用短时期的实验结果去推测长时期的持久强度值（例如用一万小时的实验结果，去推测十万小时甚至更长时间的持久强度）。而蠕变实验往往可以用较短的实验时间（例如 2000 ~ 3000h）就能测得的蠕变第 II 阶段的速率。因而，用蠕变速率确定材料的蠕变极限时，不必像确定持久强度那样要作较远的外推。为了能外推出符合实际的持久强度值，必需研究和建立应力与使用期限之间的可靠关系。这种关系由于金属材料在高温下长期运行时组织结构变化等因素的影响而比较复杂。近年来，大量实验时间很长（接近 10^5 h）的持久强度实验数据的积累以及理论研究的发展，为建立这一关系创造了有利的条件。

5.3.2 蠕变及持久强度的推测方法

为了获得金属材料的蠕变极限和持久强度，必须进行长时期的实验。应用外推方法，可以大大缩短实验时间。关于外推方法的研究，主要从两个方面进行：一是从总结金属材料实验的实际数据，找出经验关系式，用以外推长期的结果；二是从研究蠕变和高温蠕变断裂的微观过程出发，建立应力、温度和断裂时间（或蠕变速率）的关系式，用以指导外推。现有的外推方法很多，下面介绍几种常用的方法。

1）等温线法

所谓等温线外推法，是指在同一实验温度下，用较高的不同应力进行短期实验的数据，建立应力和蠕变速率或断裂时间的关系，来外推在该试验温度下长期的蠕变极限值或持久强度值。

（1）用等温线法外推蠕变极限

对于稳态蠕变阶段，在给定的温度下，由式（5-10）稳态蠕变速率 $\dot{\varepsilon}_2$ 与应力 σ 之间的关系

$$\dot{\varepsilon}_2 = A\sigma^m$$

对上式取对数，则得

$$\lg\dot{\varepsilon}_2 = \lg A + m\lg\sigma \tag{5-19}$$

可见，在双对数坐标中蠕变速率 $\dot{\varepsilon}_2$ 的对数值与应力 σ 的对数值之间呈线性关系。这样，只要在给定的温度下，对一组试样选取不同的较高应力水平（σ_1、σ_2、σ_3……），进行为期 2000~3000h 的蠕变实验，测得相应的稳态蠕变速率（$\dot{\varepsilon}_{21}$、$\dot{\varepsilon}_{22}$、$\dot{\varepsilon}_{23}$……），则可由这些实验点，利用最小二乘法回归出双对数直线方程（5-19）。从而就可根据设计蠕变速率外推出在实验温度下的蠕变极限。

（2）用等温线法外推持久强度

由于在蠕变速率不大的情况下，蠕变断裂的时间主要取决于蠕变第Ⅱ阶。因此，在某一恒定温度下，可以认为蠕变断裂时间 t_f 与稳态蠕变速率 $\dot{\varepsilon}_2$ 成反比。故由式（5-10）可知，蠕变断裂时间 t_f 与应力 σ 之间近似存在着以下关系

$$t_f = B\sigma^{-m}$$

对上式取对数可得

$$\lg t_f = \lg B - m\lg\sigma \tag{5-20}$$

这表明在双对数坐标中断裂时间 t_f 的对数值与应力 σ 的对数值之间也呈线性关系。同理，可用同一实验温度下的短期持久强度实验数据回归出双对数直线方程（5-20）。从而就可根据设计寿命外推出在实验温度下的持久强度。

但需指出，这种方法是近似的。因为，在双对数坐标中，实验点并不真正符合线性关系，实际上是一条具有转折的曲线，只是曲线的某些区域比较近于直线，才近似地用线性方法处理。对于不同材料和不同温度，转折的位置和形状是各不相同的。有人认为：转折的原因与金属断裂性质的变化有关，即转折以前是晶内断裂，转折以后是晶界断裂。但是实验并没有完全证实这种观点。又有人认为：转折的原因是在高温作用下由于在扩散过程中材料的组织变化所引起的。高温下的长期实验结果表明：具有较高组织稳定性的钢，转

折不明显，或在更长时间的实验以后才出现，对于某些组织较不稳定的钢，转折就非常明显，因此直线外推的方法是很粗略的方法。

实验点可能发生转拆的时间范围是很大的。在一定的温度下，有的钢种经几百小时后就发生转折，有的钢种要经几千到一万小时后才发生转折，而有的钢种则经数万小时后尚未发生转折。许多实验的结果表明，转折总是使材料能承受的应力减小，因此，用直线外推所得的应力往往偏高，即偏于危险。

有时，即使实验点的线性关系很好，也不能说明直线外推结果的可靠性。图 5 – 13 给出了 12Cr1MoV 在 540℃ 下运行前后的持久强度。可见，运行后钢材的实验点都偏下，但其斜率较小。如按直线外推 10^5 小时的持久强度，则运行后的钢材为 120.7MPa；而运行前的钢材为 105.0MPa。这样就会得出，运行后钢材的持久强度比未经运行原始状态钢材的持久强度还要高的错误结论。这个矛盾可以用实验点的转折予以解释，如果进行更长时间的实验，那么实验将不按照直线分布而出现转折。

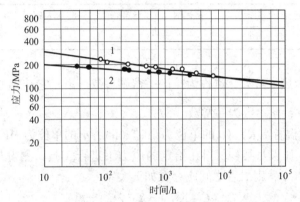

图 5 – 13　12Cr1MoV 运行前后在 540℃ 下的持久强度
1—未经运行原钢材；2—在 540℃、9.8MPa 参数下运行 27000h

为了用等温线法能得到符合实际的外推值，必须找出转折点以及转折后的直线方程。

总之，由短时间（数千小时至几万小时）的实验所得的线性关系，外推长时间（数万小时至十万及二十万小时）的持久强度，往往会产生较大的偏差。要准确估计金属材料的长期持久强度值，尚须进行进一步的实验研究。不过，由于等温线外推法简单易行，在一定条件下，尚能获得比较接近实际的外推值，因而仍得到较广泛的应用。但应限制其外推时间不得超过实验时间的 10 倍，以保证外推值的相对准确性。

2）时间 – 温度参数法

时间 – 温度参数法是 20 世纪 50 年代发展起来的一种外推持久强度的方法。它根据金属材料在各种高温形变过程中温度和时间互为补偿的关系，认为在同一应力作用下，较高温度下短时间内材料的损伤与较低温度下长时间的作用结果相当。

具体的参数关系式很多（约有几十种），它们都是由经验得到的，只是对它们的物理意义作了一些理论解释。下面介绍两种较常应用的方法。

（1）拉逊—密勒参数法（简称 L-M 法）

拉逊（F. R. Larson）和密勒（J. Miller）分析了金属材料的蠕变过程，认为可以把它看成是热激活过程，其蠕变速率可用式（5 – 8）来描述

$$\dot{\varepsilon}_2 = B\exp\ (-U/RT)$$

又因为蠕变断裂时间 t_f 反比于稳态蠕变速率 $\dot{\varepsilon}_2$，则得

$$t_f = A\exp\ (U/RT)$$

两边取对数得

$$\lg t_f = \lg A + \frac{U}{2.3RT} \tag{5-21}$$

拉逊和密勒假定 A 是与材料有关的常数，而 U 是外加应力 σ 的函数。于是，式（5-21）可改写成

$$T\ (C + \lg t_f) = P\ (\sigma) \tag{5-22}$$

此即著名的拉逊—密勒参数方程。

式中 $C = -\lg A$ 是与材料有关的常数，称为拉逊—密勒常数。几种材料的 C 值列于表 5-1。

表 5-1　一些材料的拉逊—密勒常数 C 值

材料种类	低碳钢	钼钢	铬钼钢	18-8 钢	18-8 钼钢	25Cr-20Ni	高铬钢
C	18	19	23	18	17	15	24~25

$P\ (\sigma) = \dfrac{U}{2.3R}$ 为热强参数，也称为拉逊—密勒参数，由于它是应力的函数，因而，当应力保持某一定值时，此参数为一常数。

T 的单位为绝对温标（K），t_f 的单位为小时（h），σ 的单位为 MPa。

根据这个道理，如果对某种材料在给定的应力下进行实验，测得与实验温度 T_1 和 T_2 相应的断裂时间 t_{f1} 和 t_{f2}，则二者之间应存在如下关系

$$T_1\ (C + \lg t_{f1}) = T_2\ (C + \lg t_{f2})$$

由此，可以方便地推算出超温运行对高温承压构件使用寿命的影响。例如：取 $C = 20$，当温度由 510℃ 提高到 520℃ 时可得

$$(510 + 273)\ (20 + \lg t_{f1}) = (520 + 273)\ (20 + \lg t_{f2})$$

$$t_{f2} \approx t_{f1}/1.8$$

可见，工作温度升高 10℃，使构件的使用寿命几乎下降一倍。因而，对高温下工作的承压构件，要严格控制其温度的变化。

应当指出，一般情况下，拉逊—密勒常数 C 并不是一个不变的常数，而与应力有关。为提高拉逊—密勒参数方程外推的准确度，可将参数 $P\ (\sigma)$ 表示成关于 $\lg\sigma$ 的三次多项式，即

$$P\ (\sigma) = C_0 + C_1\lg\sigma + C_2\lg^2\sigma + C_3\lg^3\sigma$$

于是参数方程（5-22）可写成

$$\lg t_f = -C + C_0\frac{1}{T} + C_1\frac{\lg\sigma}{T} + C_2\frac{\lg^2\sigma}{T} + C_3\frac{\lg^3\sigma}{T} \tag{5-23}$$

其中常数 C、C_0、C_1、C_2 和 C_3 由实验确定。

对某种钢材，在几个温度范围，选取不同的较高应力水平 σ_1、σ_2……、σ_n 进行短期持久实验，测得相应的断裂时间 t_{f1}、t_{f2}……、t_{fn}。将这 n 组数据代入式（5-23），可得到关于常数 C、C_0、C_1、C_2 和 C_3 的 n 个线性方程。然后再利用最小二乘解法，即可确定出

常数 C、C_0、C_1、C_2 和 C_3 的值。

常数 C、C_0、C_1、C_2 和 C_3 的值确定后，就可由方程（5－23）计算出给定温度、应力下的断裂时间及其参数，绘制出该材料的 L-M 参数图。图 5－14 为 12Cr1MoV 钢的 L-M 参数图。按照此图，如果工作状态下的温度 T、应力 σ 和断裂时间 t_f 三者中任意给定两个，可查得第三个。

（2）葛庭隧—多恩参数法（简称 K-D 法）

葛庭隧和多恩（Dorn）认为，式（5－21）中的 U 是与材料有关的常数，而 A 是外加应力 σ 的函数。于是，可得葛庭隧—多恩参数方程

$$\lg t_f - \frac{U}{2.3RT} = P(\sigma) \qquad (5-24)$$

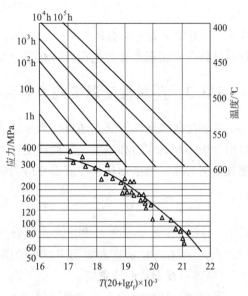

图 5－14　12Cr1MoV 钢的 L-M 参数图

式中 $P(\sigma)=\lg A$ 为热强参数，称为葛庭隧—多恩参数，由于它是应力的函数，因而，当应力保持某一定值时，此参数也为一常数。

与拉逊—密勒参数法相同，通过实验可作出某种材料的 K-D 参数图（图 5－15）。由此可推算出工作状态下的有关数据。

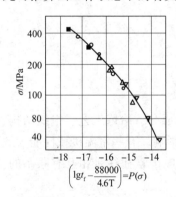

$$\left(\lg t_f - \frac{88000}{4.6T}\right) = P(\sigma)$$

图 5－15　Nimonic80 合金的 K-D 参数曲线

参数方程都是经验公式，只有通过大量的实验证明它们确实可靠以后才可以推广应用。大量的实验证明：如果温度与实验温度相差在 ±50℃ 以内，用拉逊—密勒法外推的持久强度的误差为 ±10%，工程上是可以接受的。据 10^5h 实验数据的验证，葛庭隧—唐思参数法与拉逊—密勒法一样，也能得到可靠的结果。

有些手册中列出了许多金属材料的持久强度参数图，在一般情况下，用这些参数图进行计算，能够得到较准确的数据。

近年来，有人想用包含全部变量、T 和 t_f 的方程来计算持久强度特性，这些方程是相当复杂的函数组合，并包含许多常数。相对而言，参数法比较简明，能快速确定外推值。

3）状态方程法

状态方程法是苏联人提出的。经验证表明，在相当大温度和应力范围内，计算结果与实验数据十分吻合。现已用此法外推至 20×10^4h 的持久强度，并估算长期运行后金属材料的最低持久塑性值。

该法认为：蠕变断裂时间 t_f 随应力 σ、温度 T 变化的过程可以看作一个物理过程，过程的每一瞬态都由一组变量取值与之对应。由这样一组变量组成的能够完整描述蠕变断裂过程状态的关系式就称为状态方程，目前普遍采用的形式为

$$t_{\mathrm{f}} = BT^{p}\sigma^{-d}\exp\left(\frac{b-c\sigma}{T}\right) \tag{5-25}$$

式中，T 的单位为绝对温标（K），t_{f} 的单位为小时（h），σ 的单位为 MPa；其他符号均为材料常数，需根据实验数据用计算机通过回归分析来确定。通常可取 $p=2$，$d=3$。

5.3.3 阶段性变温变应力条件下的寿命预测

上述持久强度的推测方法可用来推算金属材料在恒温和恒应力下的蠕变断裂寿命。若在整个工作期间应力和温度是阶段性变化的，可采用蠕变累计损伤（寿命份数）准则来预测其断裂寿命。该准则认为在变温变应力条件下金属材料达到蠕变断裂的条件为

$$\Sigma\frac{t_{\mathrm{i}}}{t_{\mathrm{fi}}} = 1 \tag{5-26}$$

式中 t_{i}——在某个温度 T_{i} 和应力水平 σ_{i} 下的工作时间；

t_{fi}——在相应温度和应力下材料的蠕变断裂寿命，可由该材料的 *L-M* 参数曲线或 *K-D* 参数曲线求得。

若已知某种材料的 *L-M* 参数曲线或 *K-D* 参数曲线，现要求出在 T_{i}、σ_{i}（$i=1$，2，…，n）条件下分别使用 t_{i}（$i=1$，2，…，n）后，材料还能在 T_{k}、σ_{k} 条件下使用多久？根据式（5-26）则有

$$t_{\mathrm{k}} = t_{\mathrm{fk}}\left(1-\Sigma\frac{t_{\mathrm{i}}}{t_{\mathrm{fi}}}\right) \tag{5-27}$$

式中 t_{k}——在 T_{k}、σ_{k} 下的工作时间；

t_{fk}——在 T_{k}、σ_{k} 下材料的蠕变断裂寿命。

5.3.4 影响钢材高温强度性能的因素

钢材的高温强度是一个十分敏感的性能指标，它受化学成分、冶炼工艺、组织结构、热处理方法等各种因素的影响程度远大于对室温机械性能的影响。有些室温机械性能大致相同的钢材，在高温强度方面却相差很大。必须指出，各影响因素往往是相互有联系的，在研究时，要全面地看问题。下面介绍一些主要影响因素。

1）化学成分

钢材的化学成分是影响高温强度的一个重要因素。在研究时，必须注意钢种、合金元素的含量以及使用温度等具体情况，否则，笼统地谈合金元素的影响可能会导致错误的结论。图 5-16 列出了各种合金元素在 426℃ 时，对珠光体钢蠕变强度的影响（此处只指各合金元素单独加入钢中的效应）。由此可见，在 426℃ 时，对珠光体钢蠕变强度最有好处的合金元素是钼，其次是铬，再次是锰和硅。镍和钴对高温强度基本上没有影响。

钒对于提高钢材的高温强度也具有良好的作用，但有一个最佳含量区。由图 5-17 可知，12MoCr 钢的最佳含钒量约为 0.3%。我国大部分热强钢都含有 0.3% 左右的钒，就是这个道理。

钛和铌与碳有强烈的结合能力，能有效地提高材料的抗蠕变性能。但由于这些元素较稀少，一般都不直接用于提高材料高温强度，而是出于其他目的才在钢中加入钛和铌的。

同时也提高了钢的热强性。

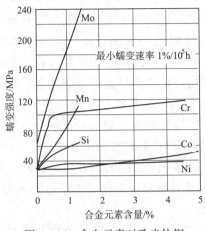

图 5－16 合金元素对珠光体钢
（426℃）蠕变强度的影响

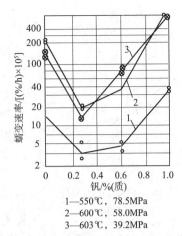

图 5－17 钒对 12CrMo 钢蠕变速率的影响
1—550℃，78.5MPa；2—600℃，58.0MPa；
3—603℃，39.2MPa

加入极少量的硼，能有效地提高材料的热强性。

当几种合金元素同时加入钢中时，它们对材料高温强度性能的影响较复杂，必须针对具体钢种进行研究，不能泛泛而论。

一般地说，每种合金元素的作用都和它的含量不成正比，最佳含量要根据钢中其他合金元素的含量及温度、应力等状况而定；每种合金元素的含量愈大，其单位质量所起的作用愈小。我国所研制的各种多元素、少含量低合金热强钢（例如锅炉高温过热器管用的 12Cr2MoWVTiB（钢102）、12Cr3MoVSiTiB 等，都是以充分发挥各种合金元素的效果而研制的新型珠光体热强钢。

2）冶炼方法

钢中的含气体（如氮等）量，以及晶界处存在的偏析物、杂质、显微孔穴等缺陷的状况都与冶炼方法有关，它们对钢材的高温性能有很大的影响。

从冶炼方法来看，电炉炼钢比平炉炼钢好；小炉冶炼比大炉冶炼好；镇静钢优于沸腾钢。因此，热强钢都应该是镇静钢。

3）组织结构

钢材中碳化物的形状及分布情况，对热强性有较大的影响。珠光体钢中碳化物（Fe_3C）以片状存在，热强性较高；若在高温长期工作后，片状碳化物变成球状（珠光体球化现象），特别是聚积成大块碳化物，会使其热强性显著下降，见表 5－2。因此，对于可能发生珠光体球化的高温钢材，必须在运行过程中加强监督。

表 5－2 0.5Mo 钢的蠕变极限   MPa

金相组织	细晶粒		粗晶粒	
	482℃	538℃	482℃	538℃
片状珠光体	97.1	52.0	95.2	74.6
碳化物呈球状	70.6	23.5	68.7	30.4
碳化物聚集成大块	60.8	21.6	57.9	20.6

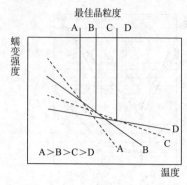

图 5 – 18　不同温度下最佳
粒度示意图

金属材料的晶粒度对热强性也有影响。在常温条件下，晶粒愈细，强度愈高，因而在常温或亚高温条件下工作的元件，都希望采用细晶粒组织。但在高温条件下，情况有所不同，较粗的晶粒组织具有较高的抗蠕变能力。当然，过粗晶粒的钢材也是不能用的，因为晶粒太粗，会使钢材变脆，持久塑性及冲击值下降。总之，应根据元件的工作温度来确定钢材最适宜的晶粒度。图 5 – 18 为不同温度下最佳晶粒度的示意图。

一般希望在高温下工作的锅炉及压力容器用钢的晶粒度为 3 ~ 7 级，而在亚高温条件下工作的低碳钢的晶粒度希望为 4 ~ 8 级。

有些试验表明，对低合金热强钢的热强性的影响，关键不是在于晶粒度的大小，而是在于材料中晶粒大小的不均匀性，晶粒大小差别愈大，则其高温强度愈低。这是由于在大小晶粒交界处出现应力集中，裂纹容易在这里产生，引起过早的断裂。因此，为了保证钢材的高温性能，一般要求在高温高压条件下工作的材料的晶粒度级别差不超过三个等级。

4）热处理方法

为了使在室温条件下工作的构件获得较高的强度，所采用的热处理方法往往使钢材的组织结构处于不稳定或亚稳定状态。由于在室温下，一般不会引起材料组织结构的变化，因而这种热处理方法是可行的。但是，在高温条件下，不稳定的组织结构将发生变化，使高温性能变坏。

对于珠光体钢，在采用正火＋回火的热处理方法时，回火温度应比工作温度高 100℃以上，使构件在工作温度下，保持材料组织的稳定性。我国所用的锅炉和压力容器用热强钢（珠光体型）一般都是采用这种热处理方法。

对于奥氏体热强钢，常采用固溶处理的热处理方法。将奥氏体钢加热到 1050 ~ 1150℃以后在水中或空气中快速冷却，使碳化物及其他化合物溶于奥氏体中，得到单一的奥氏体组织，使之具有较高的热强性。

5）温度波动

温度波动对钢材高温强度的影响，主要是由两方面引起的：一是温度的波动使实际温度高于规定温度，从而影响材料的高温性能；二是温度波动所产生的附加热应力对材料高温强度的影响。如果温度变化较慢，而且波动幅度不大，不超过 20 ~ 40℃，所产生的附加热应力很小，可以忽略不计。此时，主要是前者对高温性能的影响。

实验表明，在温度波动条件下材料的高温强度（蠕变极限及持久强度）相当于在温度波动幅度上限时材料的高温强度，低于在平均温度时的高温强度。因此，在设计高温构件时应考虑到这个问题，运行时应尽量控制温度的波动。

5.4　金属材料的应力松弛

5.4.1　金属材料的应力松弛特性

金属材料在高温和应力状态下，如果维持总变形量不变，随着时间的延续，应力逐渐降低的现象称为应力松弛。高温下的应力松弛现象，与许多实际问题有关，例如，长期高温下使用的法兰连接螺栓的紧固力、安全阀弹簧的弹力、热交换器管子与管板间的胀接力自行减小等等。

在松弛过程中，虽然总变形不变，但弹性变形将逐渐转变为塑性变形（参见图 5 - 19），从而使材料中的应力随时间而降低。因此，金属材料的松弛过程，实际上就是金属材料在高温下弹性变形转变为塑性变形的过程，使材料中的应力随时间而降低。故在弹性加载条件下，应力松弛可用下列条件来表示

$$\varepsilon_0 = \varepsilon_e + \varepsilon_c = 常数$$
$$\sigma \neq 常数$$

$$(5 - 28)$$

式中　ε_0——金属材料所具有的总应变；

　　ε_e、ε_c——松弛过程中的弹性应变和塑性应变（蠕变应变）；

　　σ——松弛过程中材料所承受的应力，称为剩余应力。

将松弛实验的结果绘制在应力 - 时间坐标上，可得图 5 - 20 所示的曲线，称为应力松弛原始曲线。图中 σ_0 为初应力。

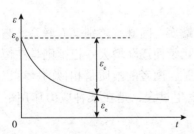

图 5 - 19　应力松弛中的弹、塑性变形

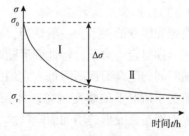

图 5 - 20　典型的应力松弛曲线

应力松弛过程可以分为两个阶段。第 I 阶段应力随时间急剧降低；第 II 阶段应力下降逐渐减缓并趋向恒定。这个恒定的应力值 σ_r 称为材料的松弛极限。它表示在一定的初应力和温度下，不再继续发生松弛的剩余应力。由于大多数金属材料的松弛极限值很小，因此通常并不用松弛极限来评定材料的抗松弛性能，而是用在预先选定的一段时间间隔内应力的降低值 $\Delta\sigma = \sigma_0 - \sigma$ 来表示。

试验发现，对较长的相同试验时间，应力降低值

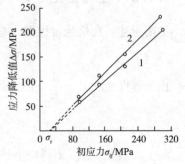

图 5 - 21　奥氏体钢的 $\Delta\sigma$ 与 σ_0 的关系
1—t 为 105h；2—t 为 250h

$\Delta\sigma$ 与初应力 σ_0 之间有简单的线性关系。图 5 – 21 示出了奥氏体钢在 600℃ 下经试验时间 105h 和 250h 后应力降低值 $\Delta\sigma$ 与初应力 σ_0 的关系。由图可以看出,当试验时间 t 为 105h 或 250h 时,$\Delta\sigma$ 与 σ_0 呈线性关系。不同试验时间的直线,具有不同斜率,但都汇集到横坐标轴的一点上,此点即为松弛极限 σ_r。对同一试验时间,直线斜率可写成

$$\frac{\Delta\sigma}{\sigma_0 - \sigma_r} = \frac{\sigma_0 - \sigma}{\sigma_0 - \sigma_r} = m$$

于是,对于相同的时间间隔,在不同初应力 σ_0 和 σ_0' 下试验测定的降低值 $\Delta\sigma$ 和 $\Delta\sigma'$ 之间有如下关系

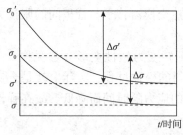

图 5 – 22　根据第一定律的作图过程

$$\frac{\Delta\sigma}{\Delta\sigma'} = \frac{\sigma_0 - \sigma}{\sigma_0' - \sigma'} = \frac{\sigma_0 - \sigma_r}{\sigma_0' - \sigma_r} \qquad (5-29)$$

式 (5 – 29) 称为松弛第一定律。根据这个定律,当 σ_r 已知时,即可由一条松弛曲线作出相同温度下任何初应力的松弛曲线。作图过程示于图 5 – 22。

如果对所有时间,式 (5 – 29) 的比例关系保持不变,则初应力为 σ_0 的松弛速率 v 和初应力为 σ_0' 的松弛速度 v' 一定与 $\Delta\sigma$ 和 $\Delta\sigma'$ 成比例(此处,松弛速率定义为单位时间内应力松弛的幅度),即

$$\frac{v}{v'} = \frac{\Delta\sigma}{\Delta\sigma'}$$

将式 (5 – 29) 代入,则得

$$\frac{v}{v'} = \frac{\sigma_0 - \sigma_r}{\sigma_0' - \sigma_r} \qquad (5-30)$$

式 (5 – 30) 称为松弛第二定律。

关于松弛和蠕变的关系,一般认为,松弛和蠕变之间既有差别又有联系。它们的差别在于:蠕变是在恒定应力下,塑性变形随时间的延续而逐渐增大;松弛则是在恒定总变形下,应力随时间的延续而逐渐降低。它们的联系是:两者的本质是相似的,可以认为松弛是应力不断变小情况下的蠕变现象。即松弛的发生过程,是在某种应力作用下进行的蠕变,这种应力因塑性变形的增加而降低。

5.4.2　应力松弛速率及应力与时间的关系

如前所述,在松弛过程中,总应变 ε_0 不变,亦即

$$\varepsilon_0 = \varepsilon_e + \varepsilon_c = 常数$$

由于弹性应变 $\varepsilon_e = \dfrac{\sigma}{E}$,因此得

$$\frac{\sigma}{E} + \varepsilon_c = 常数$$

将上式对 t 求导,则得应力松弛速率为

$$\frac{d\sigma}{dt} = -E\dot{\varepsilon}_c \qquad (5-31)$$

1）基于时间硬化理论的应力松弛分析

将时间硬化公式（5-13），即

$$\dot{\varepsilon}_c = An\sigma^m t^{n-1}$$

代入式（5-31），并利用初值条件，$(\sigma)_{t=0} = \sigma_0$，积分可得松弛应力与时间的关系为

$$t = \left\{ \frac{1}{(m-1)\ AE\sigma_0^{\ m-1}} \left[\left(\frac{\sigma_0}{\sigma} \right)^{m-1} - 1 \right] \right\}^{1/n} \tag{5-32}$$

经过时间 t 后的应力为

$$\sigma = \frac{\sigma_0}{\left[1 + (m-1)\ AE\sigma_0^{\ m-1} t^n \right]^{\frac{1}{m-1}}} \tag{5-33}$$

2）基于应变硬化理论的应力松弛分析

将应变硬化公式（5-14），即

$$\dot{\varepsilon}_c = A^{1/n} n\sigma^{m/n} \varepsilon_c^{\ (n-1)/n}$$

代入式（5-31），注意到 $\varepsilon_c = \varepsilon_0 - \varepsilon_e = (\sigma_0 - \sigma)/E$，并利用初值条件积分可得松弛应力与时间的关系为

$$t = - \frac{1}{n\ (AE)^{1/n}} \int_{\sigma_0}^{\sigma} \frac{1}{\sigma^{m/n}\ (\sigma_0 - \sigma)^{(n-1)/n}} d\sigma \tag{5-34}$$

可见，需用数值积分才能求出 $\sigma - t$ 的关系。

经实验验证，由应变硬化理论分析得到的松弛应力与时间的关系与实验值十分吻合，从初期到较长的时间范围都比时间硬化理论给出的结果好，但计算非常复杂。

当 $n = 1$ 时，时间硬化理论和应变硬化理论的分析结果相同，此即稳态蠕变条件下的分析结果。

例题 5-4 一蒸汽管道的法兰螺栓连接接头，已知螺栓的预紧力 $P = 30\text{kN}$，截面积 $F = 3\ \text{cm}^2$，为避免高温应力松弛而引起法兰泄漏，当螺栓应力因松弛而降低 40% 时需拧紧一次，试按时间硬化理论分析需要多长时间？已知螺栓材料为碳素钢，温度为 425℃ 时，$E = 1.77 \times 10^5 \text{MPa}$，$A = 2.26 \times 10^{-19} (\text{MPa})^{-m} \text{h}^{-1}$，$m = 6$，$n = 0.95$。

解：因法兰的刚度比螺栓大得多，故可假设法兰是刚性的。于是，螺栓的初始应力 $\sigma_0 = P/F = 100\text{MPa}$，因松弛而降低 40% 时的剩余应力 $\sigma = (1 - 40\%)\ \sigma_0 = 60\text{MPa}$。由式 （5-32）可得

$$
\begin{aligned}
t &= \left\{ \frac{1}{(m-1)\ AE\sigma_0^{\ m-1}} \left[\left(\frac{\sigma_0}{\sigma} \right)^{m-1} - 1 \right] \right\}^{1/n} \\
&= \left\{ \frac{1}{5 \times 2.26 \times 10^{-19} \times 1.77 \times 10^5 \times 100^5} \left[\left(\frac{100}{60} \right)^5 - 1 \right] \right\}^{1/0.95} \\
&= 9367\text{h}
\end{aligned}
$$

亦即，需 9367h 拧紧一次。

5.4.3 再紧固对松弛的影响

在化工和动力装置上，常采用各种法兰螺栓联接，它们一般是在高温高应力下工作，为了保证联接的严密性，在使用一定时间之后，必须对螺栓再次进行紧固。再紧固会使其

松弛性能受到影响，图 5-23 表示 13Cr 钢经过一定时间的松弛实验之后经过再紧固达到初应力后的松弛曲线与单纯松弛曲线的比较。由图可知，两条线在形状上十分相似，但再紧固松弛曲线的应力下降速率比单纯松弛曲线小，即其剩余应力较大。特别是在长时间松弛后，二者的差别更大。关于多次再紧固对松弛性能的影响，由实验结果知道有这样的倾向：随着紧固次数的增加，塑性应变增大，一定时间后的剩余应力逐渐接近某一定值（参看图 5-24）。

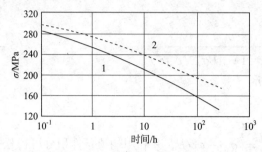
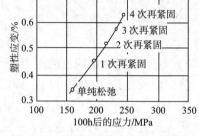

图 5-23　单纯松弛与再紧固松弛的比较（13Cr，450℃）　　图 5-24　多次再紧固松弛中的塑性
　　　　1—总应变 0.23% 的单纯松弛；　　　　　　　　　　　应变和剩余应力的关系
　　　　2—当总应变达 0.23% 时再紧固，总应变 0.335%

由图可知，多次再紧固可以提高剩余应力。但在工程实际中，一般很少应用。因为多次再紧固会对材料带来一定的损伤，因而实际中通常只采用一次再紧固。

5.5　蠕变条件下的裂纹扩展

高温承压构件的强度设计是根据材料的持久强度或蠕变极限确定许用应力，然后按照构件的强度计算公式进行计算。这是目前普遍采用的常规设计方法，是以假定材料为一个连续的整体为前提的。但是，许多事故的分析表明：高温构件的断裂往往都是由缺陷源的扩展引起的。实际上，在构件内总会存在着一定的缺陷或裂纹，在高温运行过程中，如果缺陷扩展到其临界尺寸，就会发生脆性断裂。常规设计方法只考虑了无缺陷构件防止韧性破坏的安全性，根本没有考虑到构件中存在的缺陷由于蠕变扩展而引起的脆性断裂问题。因而，这种设计准则不可能对存在着各种缺陷的高温承压构件的使用寿命做出准确的判断。

高温断裂力学的研究，为高温承压构件的设计提出了一个新的观点，提供了新的准则。它认为：在高温条件下，只要构件具有足够的抵抗蠕变裂纹扩展的能力（或控制蠕变裂纹扩展的速度），就能保证在规定的使用寿命内安全可靠地运行。下面将对蠕变裂纹扩展行为的一般特征、控制变量及影响因素等作简单的介绍。

5.5.1　蠕变裂纹扩展行为及其特征

实践证明，承载裂纹体在高温条件下，随着使用时间的延续，其中的裂纹（缺陷）会逐渐发生蠕变扩展，直至断裂。多数研究认为，在蠕变条件下的裂纹扩展是在经过一定的孕育期以后发生的，裂纹开裂以后将加速扩展直至断裂。图 5-25 为 Ellison 等用 1Cr-Mo-V 钢单边切口平板拉伸试样，在 565℃下以不同应力试验所得的裂纹长度随时间的变化曲线。由图可见，蠕变裂纹的扩展可分为两个阶段：第一阶段是孕育期，裂纹基本上不扩展或扩展得极少；第二阶段是传播期，随着时间的延续，裂纹的扩展速度逐渐加快，直至断裂。随着应力的降低，孕育期和传播期的时间亦将延长，裂纹扩展速率也变得较为缓慢。因此可以设想，当应力低于某一数值时，孕育期可以延长到高温构件所需的设计期限；反之，在应力和温度足够高的条件下，甚至可能不出现明显的孕育阶段。

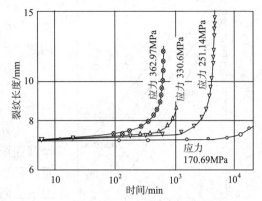

图 5-25　1Cr-Mo-V 钢的蠕变裂纹扩展曲线
（565℃）

另外，在高温条件下，长期使用后的材料，仍具有与新钢材相同的蠕变裂纹扩展特征。

描述蠕变裂纹扩展的主要特征参数有：开裂时间 t_i（亦即孕育时间）、断裂时间 t_f 以及裂纹扩展速度 da/dt 等。蠕变裂纹开裂时间和断裂时间的确定，无疑对工程构件的安全运行将具有非常重要的意义。

E. G. Ellison 等对 1Cr-Mo-V 转子钢在 565℃下的研究结果表明，蠕变裂纹的开裂时间 t_i 和断裂时间 t_f 与初始应力强度因子 K_{10} 之间具有以下相似的函数关系

$$t_i = A_i K_{10}^{-B_i} \tag{5-35}$$

$$t_f = A_K K_{10}^{-B_K} \tag{5-36}$$

式中　A_i、B_i 和 A_K、B_K 为与温度有关的材料常数。在上述情况下，当时间以分（min）为单位时，$A_i = 2.11 \times 10^{10}$，$B_i = 4.41$，$A_K = 3.58 \times 10^{13}$，$B_K = 5.78$。

T. Kawasaki 等对 304 奥氏体钢具有环形切口的圆柱试样所进行的试验表明，在一定温度下，开裂时间 t_i 随切口根部截面的初始应力 σ_0 的降低而增加。它们在双对数坐标中成直线关系，如图 5-26 所示，从而进一步验证了关系式（5-35）。

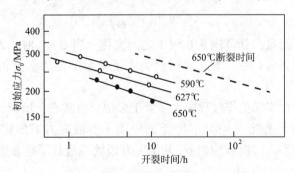

图 5-26　304 钢的开裂时间与初始应力的关系

试验结果还进一步表明，在相同的初始应力下，开裂时间 t_i 的倒数的对数与绝对温度 T 的倒数成反比例关系，如图 5-27 所示，并可写成

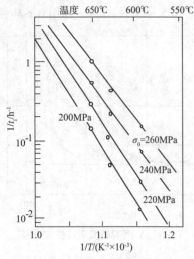

图 5 – 27　304 钢的开裂时间倒数与绝对温度倒数的关系

$$1/t_i = A_T \exp\left(\frac{-U_i}{RT}\right) \qquad (5-37)$$

式中，R 为气体常数；U_i 为开裂激活能；A_T 为应力的函数。

在应力较小时，可取 $A_T = A\sigma_0^C$，这时有

$$1/t_i = A\sigma_0^C \exp\left(\frac{-U_i}{RT}\right) \qquad (5-38)$$

此外，对于塑性良好的材料，还有人采用初始净截面应力 σ_{net} 作为裂纹体蠕变断裂时间的控制参量。例如对 18MnMoNb 钢的研究表明，在 540℃ 情况下，断裂时间 t_f（h）与 σ_{net}（MPa）之间有如下关系

$$t_f = A_\sigma \sigma_{net}^{-B_\sigma} \qquad (5-39)$$

式中　A_σ、B_σ——常数。

5.5.2　蠕变裂纹扩展行为本构方程

损伤理论最早由苏联学者 Kachanov 提出，并经 Rabotnov 在此基础上得到了发展，从而使连续损伤力学（Continuum Damage Mechanics，CDM）在蠕变损伤的研究中得到了应用。连续损伤力学系统研究了损伤对材料蠕变性能以及损伤本身后续发展的影响。这种方法的优点是能够相对容易的嵌入到有限元软件中模拟材料损伤发展的过程。同时再现损伤区域的局部应力及应变场的变化过程。基于 Kachanov-Rabotnov（K-R）的研究，研究者们将大量的精力投入到蠕变损伤的模型研究当中。至今，蠕变 – 损伤模型可以被归结为两类：应力损伤模型和应变损伤模型。

5.5.2.1　应力损伤模型

基于应力损伤的蠕变损伤本构方程最早由 Kachanov-Rabotnov 提出，目前已得到了较广泛的应用，其公式如下：

$$\dot{\varepsilon}^c = B \left(\frac{\sigma}{1-\omega}\right)^n \qquad (5-40)$$

式中　ω 是损伤状态变量，其范围从 0 到 1 之间变化。当 $\omega = 0$ 时，表示在蠕变的初期材料没有发生损伤；当 $\omega = 1$ 时，意味着材料失去了承载的能力。其他参数的意义同上文相同。

考虑到结构组件在实际工作过程中大多处于多轴应力状态，所以，考虑材料多轴效应的蠕变损伤本构方程被提出并得到了广泛的应用。多轴应力下的蠕变损伤本构是对式（5 – 40）中的应力利用 von Mises 应力 σ_{eq} 和偏应力张量 S_{ij} 进行了重新组合，如式（5 – 41）所示。

$$\dot{\varepsilon}_{ij}^c = \frac{3}{2} B \left(\frac{\sigma_{eq}}{1-\omega}\right)^n \frac{S_{ij}}{\sigma_{eq}} \qquad (5-41)$$

式中，$\dot{\varepsilon}_{ij}^c$ 是蠕变应变率张量，损伤状态变量 ω 由式（5 – 42）获得：

$$\dot{\omega} = C \frac{\sigma_{\mathrm{r}}^{\chi}}{(1 - \omega)^{\phi}} \tag{5-42}$$

式中，C、χ 和 ϕ 为与温度及应力相关的材料常数，可以通过拟合单轴状态下的蠕变曲线而获得。σ_{r} 是指材料在多轴蠕变状态下的参考应力，又称等效应力，其数学表达式如式（5-43）所示：

$$\sigma_{\mathrm{r}} = \alpha\sigma_{\mathrm{I}} + (1 - \alpha)\ \sigma_{\mathrm{eq}} \tag{5-43}$$

式中，α 是与材料的断裂形式有关的常数，数值变化范围在 0 ~ 1 之间。该式是 Sdobyrev 所提出的多轴等效应力表达式。当材料的破坏由最大主应力控制时，这类材料在多轴状态下的等效应力可近似等效为材料的最大主应力 σ_{I}，如铜等，此时 $\alpha = 1$；当材料的失效是由结构的粗化机制为主导时，材料在多轴应力状态下的蠕变等效应力可近似为材料中所承受的 von Mises 应力，如材料铝等，此时 $\alpha = 0$。对于大多数的材料，在多轴状态下的失效机制为两者的组合，α 的大小代表了两种失效机制在材料的失效中所占的比例。如不锈钢的 $\alpha = 0.43$，高温镍基合金的 $\alpha = 0.15$ 左右。

随后，Sdobyrev 又提出了另外一种等效应力的计算公式，如式（5-44）所示：

$$\sigma_{\mathrm{r}} = 3\beta\sigma_{\mathrm{m}} + (1 - 3\beta)\ \sigma_{\mathrm{eq}}\quad (0 < \beta < 1) \tag{5-44}$$

式中，β 为与材料相关的常数。σ_{m} 为材料中所承受的静水应力，$\sigma_{\mathrm{m}} = \frac{1}{3}\sum\sigma_{\mathrm{ii}}$，其中 i 为材料或结构中的偏应力张量的方向。公式（5-43）和式（5-44）可分别称做多轴应力状态下的第一和第二蠕变等效应力。

Hayhurst 根据塑性控制空洞长大理论提出了另一个多轴应力状态下的等效应力计算公式，如今被收入到法国的高温强度规范 RCC-MR 中，如式（5-45）所示。

$$\sigma_{\mathrm{r}} = \alpha\sigma_{\mathrm{I}} + 3\beta\sigma_{\mathrm{m}} + (1 - \alpha - \beta)\ \sigma_{\mathrm{eq}}\quad (0 < \alpha + \beta < 1) \tag{5-45}$$

式中，α、β 的意义同前。根据公式（5-45）的形状可知，该公式是对 Sdobyrev 所提出的第一和第二蠕变等效应力的修正。当 $\beta = 0$ 时，公式（5-45）可退化为公式（5-43）；当 $\alpha = 0$ 时，公式（5-45）可退化为公式（5-44）。

公式（5-41）~ 公式（5-43）即为经典 K-R 蠕变损伤本构方程。然而通过在有限元中的应用发现，该蠕变损伤本构的收敛性较差，且结果与单元尺寸有很大的相关性。这种现象是由损伤的后期的应力敏感性引起的，通过公式（5-41）我们可以发现，当损伤量 ω 接近于 1 时，蠕变应变的增量值将变得很大，从而导致了较差的收敛性。

为了解决经典 K-R 方程收敛性困难和网格相关性的问题，Liu-Murakami 根据 Hutchinson-Riedel 模型提出了另一种蠕变损伤本构方程，如下式所示。

$$\dot{\varepsilon}_{\mathrm{ij}}^{\mathrm{c}} = \frac{3}{2}cB'\sigma_{\mathrm{eq}}^{n'-1}S_{\mathrm{ij}}\exp\ (-c\bar{t}) + \frac{3}{2}B\sigma_{\mathrm{eq}}^{n-1}S_{\mathrm{ij}}\exp\left[\frac{2(n+1)}{\pi\ \sqrt{1+3/n}}\left(\frac{\sigma_{\mathrm{I}}}{\sigma_{\mathrm{eq}}}\right)^{2}\omega^{3/2}\right] \tag{5-46}$$

$$\dot{\omega} = \frac{A[1 - \exp\ (-q_{2})]}{q_{2}}(\sigma_{\mathrm{r}})^{p}\exp\ (q_{2}\omega) \tag{5-47}$$

式中 c，B'，n'，A，q_{2} 和 p 为与材料相关的常数，$\bar{t}$ 是根据单轴的蠕变曲线通过试差法获得的参数，没有实际的意义。其他参数的含义同前。等效应力 σ_{r} 的计算公式同 K-R 方程中的计算式相同。

通过有限元的分析证明，Liu-Murakami 蠕变损伤本构方程能够较好的描述蠕变及损伤的演化过程，避免了在材料损伤后期裂纹尖端的应力敏感性。同时，计算结果的网格无关性也得到了较大的提高。

同 K-R 蠕变损伤模型相似，Liu-Murakami 蠕变损伤模型中，除多轴蠕变性能参数 α 外，其他参数均能够通过拟合单轴的蠕变曲线获得。无论对于 K-R 模型还是 Liu-Murakami 模型，准确获得多轴蠕变性能参数 α 是应力损伤蠕变本构模型应用的关键问题之一。获得该参数的试验方法是进行组合试验，即首先进行单轴的拉伸试验，然后再进行等轴二向拉伸试验即纯剪切试验，然后采用蒙特卡罗法等数学方法进行优化而得。但该种方法所需要的试验时间较长，且费用较高。在当前的文献中主要采用下述两种方法来获得该参数。第一种方法，同时也是比较直接的方法是骨点应力法（Skeletal Point Stress）。基于有限元分析，骨点应力被提出并用来获得多轴蠕变性能参数。经过研究发现，在带有缺口的轴对称试样截面中，存在一个点，在整个蠕变过程中的应力分量（如最大主应力、von Mises 应力）及该点的位置等不随应力状态的变化而改变，直至该点发生断裂。该点即为骨点，该点的应力即为骨点应力。利用单轴应力状态下的蠕变试验获得应力与断裂时间的关系，然后根据缺口轴对称试验获得的断裂时间（t_r），即可求得该种应力状态下的等效应力，其方法如图 5-28 所示。

根据试验获得的等效应力及有限元计算获得的骨点处的最大主应力 σ_I^* 和 von Mises 应力 σ_{eq}^*，由式（5-43）可获得材料的多轴蠕变性能参数 α，如下式所示：

$$\alpha = \frac{\sigma_r - \sigma_{eq}^*}{\sigma_I^* - \sigma_{eq}^*} \tag{5-48}$$

另一种方法是将实验结果与有限元结果进行比较而获得多轴蠕变性能参数。首先利用某一类型的试样（如 CT 试样）进行蠕变裂纹扩展试验，获得断裂时间。然后利用不同大小的 α 值进行有限元模拟，将计算出的值与实验结果进行比较，确定材料的多轴蠕变性能参数，如图 5-29 所示。需要说明的是，通过该方法获得的多轴蠕变性能参数实际为一个平均值。

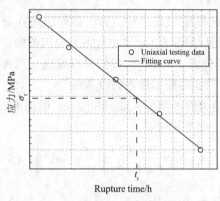

图 5-28　骨点应力法确定等效应力

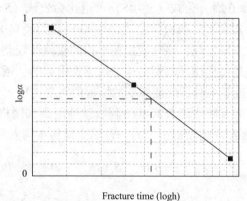

图 5-29　多轴蠕变性能参数的确定

对于骨点应力法确定多轴蠕变性能参数 α，在不同的应力状态下获得的值不同，这是因为 α 与材料的失效机理相关。不同应力状态下，失效机理可能不同，从而导致了不同 α 值的产生。例如对超超临界汽轮机组材料，姚华堂在温度为 600℃，应力为 200MPa、190MPa 和 180MPa 时测得的 α 值分别为 0.1939、0.2102 和 0.2335。从中可以看出，α 值随应力的增加而减小，从而可以说明，在温度一定的条件下，对于该种材料，应力越大，结构粗化机制在材料的失效机理中所占的比重越大。材料在蠕变过程中，最大主应力对空洞和微裂纹的形成有很大的作用。当应力较低时，材料的蠕变性能偏向于"脆性"断裂，即形成的空洞和微裂纹较多，所以 α 值相对较大；当应力较大时，材料的失效方式偏重于穿晶断裂，有时会发生较大的塑性变形，因而 α 相对较小。通过对 α 随应力的变化关系进行分析，如图 5-30 所示，可以得出，材料的 α 与应力的大小在一定的范围内呈双对数的线性关系。然而，在大多数的有限元分析过程中，通常将 α 值看作常数，这也是有限元与实验结果出现差异的原因之一。

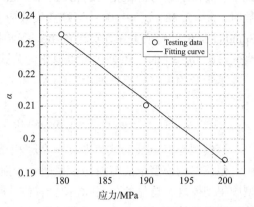

图 5-30 多轴蠕变性能参数 α 随应力变化关系

从上述两种方法我们可以看出，对 α 值的确定是一个较为复杂的过程，需要大量的蠕变试验。另外，通过有限元分析发现，α 值的大小对计算的结构的敏感性较大，即使很小的变化都会引起计算结果较大的变化，这是限制其广泛应用的重要原因之一。为了避免这个问题，研究者们相继提出了多种形式的延性耗竭模型来计算材料的蠕变变形及其损伤。

5.5.2.2 应变损伤模型

应变损伤模型又称延性耗竭模型，其表达形式如式（5-49）所示：

$$\dot{\omega} = \frac{\dot{\varepsilon}^{c}}{\varepsilon_{f}^{*}} \tag{5-49}$$

式中 $\dot{\varepsilon}^{c}$ 是指材料的等效蠕变应变率，ε_{f}^{*} 是指材料在多轴应力状态下的蠕变失效应变，又称为多轴状态下的蠕变延性。延性耗竭模型的基本理论是当材料的等效蠕变应变达到其在该状态下的蠕变延性时，认为材料失去承载能力，出现裂纹，此时，$\omega=1$。材料的多轴蠕变延性通常利用单轴状态下的蠕变延性转化而来。由于材料的蠕变延性受应力状态的影响较大，所以基于应力状态的单轴与多轴的转化关系得到了较为深入的研究。

基于塑性控制空洞长大理论，Rice 和 Tracey 提出了一种单轴延性 ε_{f} 与多轴延性 ε_{f}^{*} 之间的转换模型：

$$\frac{\varepsilon_{f}^{*}}{\varepsilon_{f}} = \sinh\left(\frac{1}{2}\right) \bigg/ \sinh\left(\frac{3\sigma_{m}}{2\sigma_{eq}}\right) \tag{5-50}$$

式中的参量与上文中描述的相一致，σ_{m} 是指材料所承受的静水应力。这个模型在高应变率状态下得到了广泛应用。

基于上述该种理论，Rice 和 Tracey 又提出了另一种指数形式的转换公式：

$$\frac{\varepsilon_{f}^{*}}{\varepsilon_{f}} = \exp\left(\frac{1}{2} - \frac{3\sigma_{m}}{2\sigma_{eq}}\right) \tag{5-51}$$

在 Rice 和 Tracey 所提出的模型的基础上，Spindler 利用 304 和 316 不锈钢材料的多轴蠕变数据，提出了另一种指数形式的转换公式：

$$\frac{\varepsilon_{\mathrm{f}}^{*}}{\varepsilon_{\mathrm{f}}} = \exp\left[p_0\left(1 - \frac{\sigma_{\mathrm{I}}}{\sigma_{\mathrm{eq}}}\right) + q_0\left(\frac{1}{2} - \frac{3\sigma_{\mathrm{m}}}{2\sigma_{\mathrm{eq}}}\right)\right] \tag{5-52}$$

式中，p_0 和 q_0 是与材料相关的常数，Spindler 建议当蠕变的失效应变为蠕变应变速率的函数时，$p_0 = 2.38$，$q_0 = 1.04$；当蠕变失效应变与蠕变应变率无关时，$p_0 = 0.15$，$q_0 = 1.25$。Spindler 提出的转换关系在英国的 R5 标准中得到了应用。从公式（5-52）的形式可知，当 $p_0 = 0$，$q_0 = 1$ 时，该公式可以退化为公式（5-51）。

基于受约束空洞长大理论，Cocks 和 Ashby 提出了另一种转换公式，其表式如下：

$$\frac{\varepsilon_{\mathrm{f}}^{*}}{\varepsilon_{\mathrm{f}}} = \sinh\left[\frac{2}{3}\left(\frac{n - 0.5}{n + 0.5}\right)\right]\Big/\sinh\left[2\left(\frac{n - 0.5}{n + 0.5}\right)\frac{\sigma_{\mathrm{m}}}{\sigma_{\mathrm{eq}}}\right] \tag{5-53}$$

该模型与 Norton 公式，即 $\dot{\varepsilon}^c = B\sigma^n$ 相结合组成的蠕变损伤本构模型，得到了广泛的应用。但该本构模型未能与损伤量相耦合，损伤对蠕变变形及应力重分布的作用未能在该模型中得到体现，这显然与实际情况不符。同时，诺顿公式不能描述蠕变的第三阶段，这对第三阶段比较明显的材料，如高温镍基合金，其应用性受到了限制。该蠕变损伤模型的另一个缺点是，当材料中的静水应力和 von Mises 应力的比值 $\sigma_{\mathrm{m}}/\sigma_{\mathrm{e}} \leqslant 0$ 时，$\varepsilon_{\mathrm{f}}^{*}/\varepsilon_{\mathrm{f}}$ 小于 0 或者出现数值奇异，这与实际情况不符，在有限元模拟过程中也会因数值奇异问题而无法应用。

为了解决上述问题，温建锋和涂善东（Wen and Tu）从微观力学的角度提出了一种蠕变损伤本构模型，其蠕变损伤表达式如下：

$$\dot{\varepsilon}_{\mathrm{ij}}^{c} = \frac{3}{2}B\sigma_{\mathrm{eq}}^{n-1}S_{\mathrm{ij}}\left[1 + \beta_0\left(\frac{\sigma_{\mathrm{I}}}{\sigma_{\mathrm{eq}}}\right)^2\right]^{\frac{n+1}{2}} \tag{5-54}$$

$$\beta_0 = \frac{2\rho}{n+1} + \frac{(2n+3)\rho^2}{n\,(n+1)^2} + \frac{(n+3)\rho^3}{9n\,(n+1)^3} + \frac{(n+3)\rho^4}{108n\,(n+1)^4} \tag{5-55}$$

$$\rho = \frac{2\,(n+1)}{\pi\,\sqrt{1+3/n}}\omega^{3/2} \tag{5-56}$$

$$\omega = \int_0^t \frac{\dot{\varepsilon}^c}{\varepsilon_{\mathrm{f}}^{*}} \tag{5-57}$$

$$\frac{\varepsilon_{\mathrm{f}}^{*}}{\varepsilon_{\mathrm{f}}} = \exp\left[\frac{2}{3}\left(\frac{n - 0.5}{n + 0.5}\right)\right]\Big/\exp\left[2\left(\frac{n - 0.5}{n + 0.5}\right)\frac{\sigma_{\mathrm{m}}}{\sigma_{\mathrm{eq}}}\right] \tag{5-58}$$

式中，β_0 是与应力相关的函数，ρ 是微裂纹损伤参数，其他符号意义同上。从该蠕变损伤模型中可以看出，该模型将损伤变量纳入到了蠕变方程中，能够合理地预测蠕变的第三阶段。其中提出的单轴与多轴蠕变失效应变的转换关系，即公式（5-58），避免了因 $\sigma_{\mathrm{m}}/\sigma_{\mathrm{eq}} \leqslant 0$ 而出现的数值奇异的问题。该模型中仅需要三个参数，即 B、n 和 ε_{f}，便可完成对整个蠕变损伤本构的描述，这三个参数可以从单轴的蠕变试验中获得，从而提高了该模型的应用性。

通过对上述基于应变损伤的蠕变损伤本构模型的描述，可以得知，应变损伤模型避开了获得的 α 值的复杂程序，同时也避免了因获得的 α 的精度而产生的较大的误差。从上述单轴与多轴蠕变失效应变的转换关系可以看出，该转换关系均依赖于 $\sigma_{\mathrm{m}}/\sigma_{\mathrm{eq}}$ 的比值。尽管很多学者已经证明延性耗竭模型能够较为合理的预测材料的损伤演化过程，通过有限元获得的结果与试验结果的吻合性较好。然而，当 $\sigma_m/\sigma_{eq}>3$ 时，$\varepsilon_f^*/\varepsilon_f$ 的比值将逐渐趋近于 0。以 650℃ 下的 Inconel625 合金为例，我们上述转换模型做出了应力三轴度 σ_m/σ_{eq} 与 $\varepsilon_f^*/\varepsilon_f$ 之间的关系图，如图 5-31 所示。该温度下的蠕变指数为 12.56。

从图中可以看出，Cocks and Ashby 提出的模型的变化率最快，Rice and Tracey 提出的模型（公式（5-50））相对较慢。当材料中的应力三轴度 $\sigma_m/\sigma_{eq}>3$ 时，上述几种延性耗竭模型均不能很好的描述单轴与多轴蠕变失效应变之间的转换关系。利用紧凑试样（Compact Test Specimen, CT）进行有限元模拟时，由于裂纹尖端的应力三轴度较高，从而导致了蠕变裂纹起裂时间与扩展速率过于保守的现象。基于这种现象，Kim 对现有的单轴与多轴失效应变的转换关系进行了修正，如下式所示：

$$\varepsilon_f^* = A_f\exp\left(-C_f\frac{\sigma_m}{\sigma_{eq}}\right)+B_f \tag{5-59}$$

式中，A_f，B_f 和 C_f 均为与材料有关的常数，可以通过拟合不同应力三轴度下的蠕变失效应变获得，如图 5-32 所示。修正过的模型可以很好地避免因 σ_m/σ_{eq} 的比值过大而出现获得的多轴蠕变失效应变过于保守的情况。

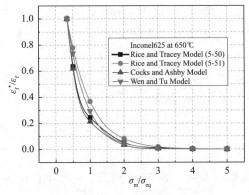

图 5-31　应力三轴度 σ_m/σ_{eq} 与 $\varepsilon_f^*/\varepsilon_f$ 之间的关系图

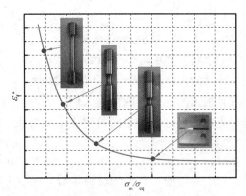

图 5-32　不同应力三轴度下试样蠕变失效应变示意图

类似地，公式（5-58）可以进行如下修正，如式（5-60）所示：

$$\frac{\varepsilon_f^*}{\varepsilon_f} = A_{fm}\exp\left[\frac{2}{3}\left(\frac{n-0.5}{n+0.5}\right)\right]\Big/\exp\left[2\left(\frac{n-0.5}{n+0.5}\right)\frac{\sigma_m}{\sigma_{eq}}\right]+B_{fm} \tag{5-60}$$

式中，A_{fm} 和 B_{fm} 均为与材料有关的常数，其获得方法与式（5-59）中的方法相同。

在此需要说明的是，由于带缺口的蠕变试样其应力三轴度通常小于1。在进行高应力三轴度下的数值拟合时，Kim 采用 CT 试样来获得高应力三轴度下的失效应变，如图 5-31 所示。但该种状态下的失效应变难以直接获得，这将导致式（5-60）中的参数难以较准确的获得。所以，对于延性耗竭模型的应用，仍需进一步的研究。

对于应力损伤和应变损伤的蠕变损伤本构模型，其蠕变应变的本构如式（5-46）和式（5-54）中，均存在一项表达式 $(\sigma_1/\sigma_{eq})^2$。有限元模拟中发现，该比值在有限元模型如 CT 试样中的裂纹尖端区域会出现较大的值。较大的比值使得裂纹尖端的应力因蠕变而松弛的现象过于明显，最终蠕变的损伤出现在非正常裂纹扩展的区域或扩展速率较大。同时过大的比值也使有限元模拟过程中产生收敛困难的现象。另外，当材料处于受压缩的状态时，该比值为负值，有时会引起局部的数值奇异现象。因而对于当前应用较为广泛的蠕变损伤本构模型，仍需进一步的修正。

5.5.3 蠕变裂纹扩展速率

1）裂纹扩展速率与应力强度因子的关系

随着蠕变裂纹的扩展，应力强度因子的值亦将不断增加。如果将蠕变裂纹扩展速率 da/dt 作为在试验中变化的应力强度因子 K_I 的函数，标绘在双对数坐标中，可得到一条反"S"形曲线，如图 5-33 所示。图中曲线表明，存在一个 K_I 的下门槛值（A 点），当 K_I 高于此值时，蠕变裂纹才发生扩展。线段 AB 为不稳定阶段，有人认为这可能与达到稳定状态以前所发生的应力再分布有关；线段 BC 为稳定阶段，蠕变裂纹扩展速率 da/dt 与应力场强度因子 K_I 在双对数坐标图上呈直线关系；C 点（约占总寿命的 90%）以后进入加速阶段，这时剩余韧带部分将发生高速变形，直至断裂。

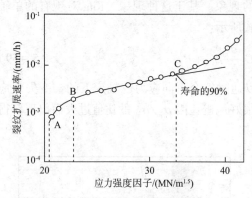

图 5-33　正火 + 回火 0.5Cr-0.5Mo-0.25V 钢单边切口试样在 565℃ 下的试验曲线

由于稳定阶段 BC 经历的时间在整个寿命中占有很大的比例，因而为人们所关心。许多研究表明，在这一阶段中，蠕变裂纹扩展速率与应力场强度因子之间可建立下列关系

$$\frac{da}{dt} = HK_I^{\,s} \tag{5-61}$$

式中：H 为与温度有关的材料常数；s 为应力灵敏度参数。表 5-3 列出了一些钢材的 H 及 s 试验值。

表 5-3　某些材料的 H 与 s 值

材料	温度/℃	应力强度因子 K_I/(MN/m$^{1.5}$)	H 值	s 值
2.25Cr-1Mo 钢（1350℃ 油淬）	565	10 ~ 90	8.1×10^{-12}	5.2
0.5Cr-0.5Mo-0.25V 钢（油淬）	565	10 ~ 70	2.19×10^{-8}（上分散带） 2.57×10^{-9}（下分散带）	3.4
1Cr-1Mo-0.25V 铸钢	566	15 ~ 30	1.0×10^{-19}	9

注：采用表中数据时，da/dt 的单位为 m/h。

根据式（5-61）可以确定高温构件在蠕变条件下裂纹扩展的断裂寿命。但必须指出，式（5-61）只适用于持久塑性较低的材料，而对于持久塑性较高的材料，则一般不适用，除非是在受到约束及应力较低而晶粒变形对总变形的贡献很小的情况下。有人认为，这是由于在高温蠕变条件下，发生了应力松弛，改变了裂纹尖端附近的应力场的缘故，从而使线弹性断裂力学不再适用。

2）裂纹的扩展速率与净截面应力的关系

当对韧性材料进行蠕变裂纹扩展试验时，切口或裂纹的尖端通常会发生较大的局部蠕变变形，在加载时由弹性所决定的应力将因蠕变而趋于松弛，并使裂纹尖端附近发生快速的应力再分布。在这样的情况下，可用净截面应力作为裂纹扩展速率的控制参量。所谓净截面应力，是指在不考虑应力集中的情况下根据材料力学方法所算得的切口根部应力。图5-34 示出了 316 钢的蠕变裂纹扩展速率 da/dt 与净截面应力 σ_{net} 的关系。可以看出，在双对数坐标中，da/dt 与 σ_{net} 呈线性关系，即有

$$\frac{da}{dt} = N\sigma_{net}^{p} \tag{5-62}$$

式中　N、p 为材料常数。

以净断面应力作为参量的分析方法，只有塑性非常良好、加载后裂纹尖端附近能迅速发生松弛的材料才能获得满意的结果。

3）裂纹扩展速率与裂纹尖端张开位移的关系

在蠕变裂纹扩展分析中，上面所讨论的应力强度因子 K_I 及净截面应力 σ_{net} 等参量，在实际应用中既有许多成功的实例，也有不尽适用的情况。这就促使人们产生了利用弹塑性参量来解决蠕变裂纹扩展问题的想法。图 5-35 就是由试验建立的 1Cr-Mo-V 回火钢在550℃蠕变裂纹扩展速率与裂纹尖端张开位移之间的关系曲线。图中蠕变裂纹扩展速率 da/dt 的对数与 COD 速率 $d\delta/dt$ 的对数呈线性关系，可用下面的经验关系式来表示

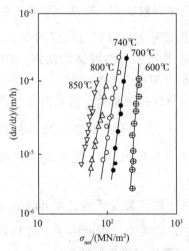

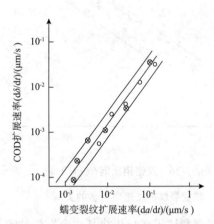

图 5-34　316 钢的蠕变裂纹扩展
速率与净截面应力的关系

图 5-35　550℃ 1Cr-Mo-V 回火钢
da/dt 与 $d\delta/dt$ 的关系

$$\frac{da}{dt} = A\left(\frac{d\delta}{dt}\right)^{B} \tag{5-63}$$

式中　A 和 B 均为材料常数。A 值与材料的金相组织有关，B 值在 0.8~1.4 范围内。例如，对 1Cr-Mo-V 钢，如采用不同的热处理制度，金相组织不同 A 值也不同，对于塑性较好的铁素体+珠光体组织，$A=2$；对于细晶粒的贝氏体组织，$A=8$。而 $B=0.8$。

4）裂纹扩展速率与 J 积分的关系

G. A. Webster 与 J. D. Landes 等基于弹塑性断裂力学中 J 积分的概念，分别提出了用修

正 J 积分 $\dot{J}$（或记作 C^*）作为控制蠕变裂纹扩展速率的参量。根据 J 积分的定义，$\dot{J}$ 的积分定义为

$$\dot{J} = \int_{\Gamma} \dot{W}_{\Gamma} dy - \vec{T} \cdot \frac{\partial \dot{\vec{u}}}{\partial x} ds \qquad (5-64)$$

$$\dot{W}_{\Gamma} = \int \sigma_{ij} d\dot{\varepsilon}_{ij}$$

式中　$\dot{\vec{u}}$ 为位移速度矢量；$\dot{\varepsilon}_{ij}$ 为应变速率分量；$\dot{W}_{\Gamma}$ 为形变能密度速率。其他符号意义同前。

$\dot{J}$ 的形变功率定义为

$$\dot{J} = -\frac{1}{B} \frac{\partial \dot{U}}{\partial a} \qquad (5-65)$$

式中　B 为试样厚度；$\dot{U}$ 为形变功率，可由载荷 – 加载位移速率曲线 $P-\dot{\Delta}$ 下的面积求取。

用 $\dot{J}$ 作为控制蠕变裂纹扩展速率的参量，有以下经验关系

$$\frac{da}{dt} = C \dot{J}^{\phi} \qquad (5-66)$$

式中　C 和 ϕ 为材料常数。

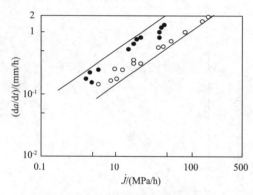

图 5 – 36　镍铬钼钛钢 649℃下的
蠕变裂纹扩展速率与 $\dot{J}$ 的关系

许多资料证实，在蠕变裂纹扩展问题的分析中应用 $\dot{J}$ 可以获得良好的效果。Landes 等对透平叶片用的镍铬钼钛钢（Discaloy），以紧凑拉伸和中心切口试样在 649℃ 下进行了蠕变裂纹扩展试验，并将所得的数据分别以 K_{I}、σ_{net} 及 $\dot{J}$ 进行处理。结果表明，da/dt 的分布带宽度以用 $\dot{J}$ 处理的为最窄，见图 5 – 36。

由于蠕变裂纹扩展速率 da/dt 与 $\dot{J}$ 有着良好的对应关系，因此用 $\dot{J}$ 来控制弹塑性状态下的蠕变裂纹扩展分析将是一个有效的参量。但尚需得到更广泛的证实。

总之，由于高温断裂力学是近十多年才发展起来的，目前还很不完善。但是，可以预料，随着高温断裂力学的发展，它将成为判断高温承压构件使用寿命的一种有效方法。

5.5.4　影响蠕变裂纹扩展的因素

1）显微组织的影响

显微组织对蠕变裂纹扩展行为的影响是一个比较复杂的问题，很难做出全面的结论，这里只能援引一些代表性的实例以供参考。

众所周知，对低合金热强钢而言，由改变热处理制度所引起的组织变化将显著影响其

蠕变和持久性能。通常认为，上贝氏体组织能给出最佳的蠕变抗力，但是与铁素体相比，贝氏体组织较脆、韧性较差，因而其抗蠕变裂纹扩展性能反而较低。

D. J. Gooch 研究了 0.5Cr-0.5Mo-0.25V 钢的显微组织对蠕变裂纹扩展性能的影响。他通过改变热处理制度来获得各种比例的贝氏体含量，试验是以横截面为 10×10 的单边切口试样在 565℃真空中进行的，其结果如表 5-4 及图 5-37 所示。

由此可见，随着贝氏体含量的增加，开裂及断裂时间显著缩短，开裂时的裂纹尖端张开位移减少，蠕变裂纹扩展速率提高。Gooch 还进一步指出，降低 0.5Cr-0.5Mo-0.25V 钢在回火后的硬度，将降低其在 525～565℃范围内的蠕变裂纹扩展速率；在具有同样的室温硬度时，粒状贝氏体要比上（下）贝氏体的蠕变裂纹扩展抗力为大。上述材料手工电弧焊的焊缝金属 2.25Cr-1Mo 钢在565℃的试验结果表明，焊接组织的蠕变裂纹的抗

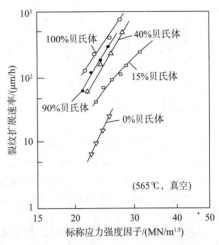

图 5-37　0.5Cr-0.5Mo-0.25V钢贝氏体含量对蠕变裂纹扩展特性的影响

力不佳，这是由于柱状奥氏体晶界比较脆弱所致。此时，细化晶粒将有助于改善其蠕变裂纹扩展性能。

表 5-4　0.5Cr-0.5Mo-0.25V 钢的试验结果

贝氏体含量/%	载荷/kN	开裂时的 δ/μm	开裂时间/h	断裂时间/h
100	4.5	2	10	22
90	4.5	6	50	72
40	4.5	18	280	330
15	4.5	16	~300	365
0	3.5	—	250	>1000

周顺深对 12Cr1MoV 钢的研究表明，铁素体+珠光体组织的蠕变裂纹扩展抗力要明显优于贝氏体组织。当然这只是贝氏体钢的一个方面，并不能据此而否定贝氏体在低合金热强钢中应有的地位。这说明，在考虑热强性的同时，必须综合考虑材料的抗裂纹扩展性能。

2）晶粒尺寸及晶界形态的影响

S. M. Larson 等研究了晶粒尺寸及晶界形态对镍基合金 IN-792 裂纹扩展性能的影响，其结果如图 5-38 及图 5-39 所示。由图可见，增大晶粒尺寸或改变晶界成锯齿形，将显著改善材料在高温下的抗裂纹扩展性。在此情况下，晶粒尺寸的作用与它对一般热强性能影响的机制相似，这是因为在低应力下的蠕变裂纹大多具有晶间性质的缘故，增大晶粒尺寸将相应地减少晶界，从而提高蠕变裂纹扩展抗力。锯齿形晶界的作用，主要是由于在锯齿上难于发生晶界滑移及扩散，因而可以减缓主裂纹前缘晶界裂纹的发生和发展。

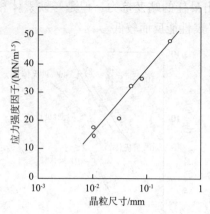

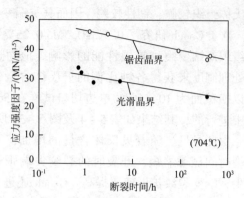

图 5-38　IN-792 钢 704℃、100h 发生破裂的
初始应力强度因子与晶粒尺寸的关系

图 5-39　具有光滑或锯齿晶界的 IN-792 钢的
初始应力强度因子与断裂时间的关系

应该指明的是，增加晶粒尺寸既可能产生上面所述的有利影响，但也可能产生不利影响。这是因为在增加晶粒尺寸的同时，有可能降低塑性，从而有利于裂纹的扩展。因此，必须根据具体情况通过实验来选择合适的晶粒尺寸。

习　题

5-1　思考题

1. 承载构件在高温下由于蠕变而导致的失效形式有哪几种？试举例说明。

2. 何谓金属材料的高温蠕变？这里"高温"的含义是什么？

3. 用来描述蠕变随时间、温度及应力变化的常用经验规律有哪些？

4. 试比较各种蠕变理论的基本思想和理论公式，列表示之。

5. 试用位错理论和扩散蠕变理论简要解释金属材料的蠕变行为。

6. 金属材料的蠕变断裂形式可分为哪几种类型？各有何特征？

7. 试用等强度温度的概念解释蠕变断裂形式随温度而变化的原因。

8. 试简要说明金属材料蠕变断裂的应力集中理论和空位聚集理论。

9. 怎样用等温线法外推金属材料的蠕变极限和持久强度？

10. 试写出拉逊－密勒（L-M）参数方程和葛庭隧－多恩（K-D）参数方程，并说明其用途。

11. 如何通过实验来确定某金属材料的拉逊－密勒（L-M）参数图和葛庭隧－多恩（K-D）参数图？

12. 何为蠕变累计损伤法则？如何利用蠕变累计损伤法则来预测变温变应力条件下的构件寿命？

13. 金属材料的应力松弛现象和蠕变现象有何差异？二者在本质上又有何联系？

14. 影响钢材高温强度性能的因素有哪些？

15. 试列出各蠕变裂纹扩展速率的经验公式，并指出其适用范围。

16. 影响蠕变裂纹扩展的因素有哪些？

17. 表征蠕变裂纹扩展的本构模型可分为哪几类?

5-2 对于例题 5-1 所示超静定桁架蠕，如仍取 $\varepsilon_c = A\sigma^2 t^{2/3}$，但不计弹性变形，试分析其蠕变应力，并将其稳定解与例题 5-1 进行比较。

5-3 试给出 $m=1$ 时恒温恒压下厚壁圆筒的稳态蠕变应力表达式，并与弹性解进行比较。

5-4 试导出恒温恒压下厚壁圆筒的稳态蠕变应变表达式。

5-5 一高温承压构件，原设计工作温度为 590℃，使用寿命为 1.2×10^5h。现因工艺需要，实际工作温度比原设计提高了 10℃。如已知材料的 L-M 常数 $C=18$，试按 L-M 参数方程确定该构件的实际使用寿命。

5-6 某加热炉炉管，规格为 $\phi159 \times 4.5$，材质为 12Cr1MoV。已知操作时炉管内部介质压力为 8MPa，最高平均壁温为 560℃，试按 L-M 参数方程确定该炉管的使用寿命（管壁应力按最大膜应力计）。

第6章　长期高温下金属材料组织和性能的劣化

在室温条件下，钢材的金相组织及性能一般都相当稳定，不随时间而改变。但是，在高温条件下，金属原子的扩散活动能力增大，在长期工作过程中，钢材的金相组织将不断发生变化，并会导致性能的改变。

钢材长期在高温条件下具有危害性的组织变化主要为：珠光体的球化、石墨化，合金元素的重新分配及合金钢回火脆化等。这些变化将导致材质弱化和脆化，以致承受不了载荷而失效。虽然这种失效表现为断裂，但这些变化本身取决于温度、时间和化学成分，而与受力关系较小。

6.1　碳钢及珠光体耐热钢的珠光体球化

锅炉及压力容器常用的各种碳素钢及低合金钢大都是珠光体钢。这种钢的正常组织由珠光体晶粒与铁素体晶粒组成。珠光体晶粒中的铁素体及渗碳体是呈薄片状相互间夹的。

片状物的表面积与体积的比值比球状物的表面积与体积的比值大得多，即在同样体积的情况下，片状物比球状物具有更大的表面积。因此，片状物的表面能也就远比球状物的表面能大。根据热力学第二定律，能量较大的状态有自行向能量较小的状态转变的趋势。所以，可以认为片状珠光体是一种不稳定的组织，其中的渗碳体有自行转变成球状并聚集成大球团的趋势。这种球化过程是以扩散为基础的，当温度较高时，原子的活动力增强，扩散速度增加，片状渗碳体便逐渐转变成球状，再逐渐聚集成大球团。这种现象就称为珠光体的球化。珠光体中的片状渗碳体发生球化，可阶段性地示于图6-1。珠光体严重球化了的碳钢组织见图6-2。

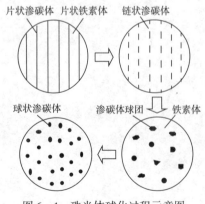

图6-1　珠光体球化过程示意图

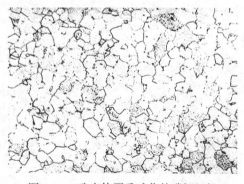

图6-2　珠光体严重球化的碳钢组织

珠光体的球化过程实质上就是碳化物的扩散过程，因此与球化过程进行的同时，碳化物在钢中的分布也将发生变化。因为晶粒界面上的扩散速度较大，所以球化现象总是首先在晶界处发生。

6.1.1 球化对金属材料性能的影响

珠光体球化对材料性能的影响主要表现在对常规机械性能和高温强度的变化上，下面分别予以说明。

1）对常规机械性能的影响

珠光体球化会使材料的常规机械性能（σ_s、σ_b 和硬度）降低，如表 6－1 所示。由表可知，在中等程度球化的情况下，将使低碳钢和低碳钼钢的强度指标降低 10% ~15%；在严重球化时，使其强度指标降低约 20% ~30%。并且，珠光体球化对低碳钼钢的影响大于对低碳钢的影响，这主要是因为珠光体的球化削弱了钼对材料的固溶强化作用。

表 6－1 珠光体球化对常规机械性能的影响

钢材牌号	中等程度球化					严重球化				
	σ_s 降低/%		σ_b 降低/%		HB 降低/%	σ_s 降低/%		σ_b 降低/%		HB 降低/%
	20℃	500℃	20℃	500℃	20℃	20℃	500℃	20℃	500℃	20℃
15	6.5	12	5.2	0.75	8.5	16.4	27.5	17.2	13.0	17.5
15Mo	15.5	11.4	8.3	8.5	13.5	24.6	30.8	24.6	18.9	21.4

一般认为，在球化过程中，如果碳化物沿晶界呈链状分布，则会使低碳钢和低碳钼钢的室温冲击韧性显著降低。但对铬钼钒钢来说，却没有这种情况。例如 12Cr1MoV 钢，即使在严重球化的情况下，其室温冲击韧性值仅比正常值稍低，仍处于较高的水平。

2）对高温强度的影响

珠光体球化会使材料的蠕变极限和持久强度明显下降，但对于不同的材料其下降的程度是不同的。表 6－2 和表 6－3 列出了球化对低碳钼钢和铬钼钒钢的蠕变极限及持久强度的影响。

表 6－2 严重球化对 0.5Mo 钢高温强度的影响

试验温度/℃	482	538
蠕变极限降低的百分数/%	46	23
持久强度降低的百分数/%	52	45

表 6－3 严重球化对 12Cr1MoV 钢持久强度的影响

原始热处理状态	球化程度	持久强度 $\sigma_{10^5}^{580}$/MPa
1020℃正火 +760℃回火 3h	未球化 严重球化	107.9 80.4
970℃正火 +760℃回火 3h	未球化 严重球化	90.3 31.4

原始热处理状态	球化程度	持久强度 $\sigma_{105}^{580}/\text{MPa}$
供货状态	未球化 严重球化	81.4 39.2

由此可见，珠光体球化对材料高温强度的影响是很大的，它加速了高温承压元件在使用过程中的蠕变速度，减少了工作寿命，导致钢材在高温和应力作用下加速破坏。

6.1.2　影响珠光体球化的因素

影响球化过程发展的主要因素是温度、化学成分，以及晶粒度和冷加工塑性变形度等。

由于珠光体的球化和碳化物的聚集是基于扩散的一种过程，因而温度对球化过程必然有很大的影响。根据实验研究，完全球化所需的时间 t 与温度有如下的关系式

$$t = A e^{b/T} \qquad (6-1)$$

式中　T 为绝对温度；A 为由化学成分、组织特征等决定的常数；b 为常数。对经过退火的碳素钢，$A = 4.15 \times 10^{-15}$，$b = 33615$。

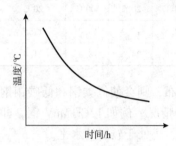

图 6-3　球化时间与温度的关系

此关系式可绘成图 6-3 所示的曲线。由图可以看出，温度稍有升高，完全球化所需的时间便明显减少。例如，低碳钢在 454℃ 时，完全球化所需的时间为 5×10^5h；而在 482℃ 时，仅需 9×10^4h。即温度升高不到 30℃，球化所需的时间下降了 5 倍多。

关于化学成分对球化的影响，单纯的碳钢最易发生球化，在钢中加入钼、铬、钒、钛、铌等合金元素均能使珠光体稳定性提高而不易球化，其中以钛和铌的作用最大。这些合金元素在钢中形成了稳定的碳化物，并减慢了扩散速度，所以能起延缓碳扩散的作用。

在化学成分与温度相同的情况下，球化速度与晶粒度及冷加工塑性变形度有关。例如 0.5Mo 钢在 500℃ 下球化所需的时间：粗晶粒钢 $t = 24000$h；细晶粒钢 $t = 16000$h；冷加工变形度大的钢 $t = 5000$h。这是因为细晶粒钢的总晶界表面积大，易于发生球化。所以从球化的观点来看，高温元件不应采用晶粒很细的钢材。如果钢材经受了塑性变形，则在晶界及滑移面处的晶格产生畸变，导致内能增加和扩散速度提高，促使球化过程首先在该处发生，从而大大地缩短了球化所需的时间。

6.1.3　珠光体球化的级别

为了评定珠光体的球化，通常根据球化的程度分为几个等级。球化级别的划分是以球化的组织状态和相应的机械性能来表示。20 号低碳钢、15CrMo 钢、12Cr1MoV 钢和 2.25Cr-1Mo 钢珠光体球化的参考级别分别如表 6-4 ~ 表 6-7 所示。

表6-4 20号钢珠光体球化的参考级别

程 度	球化级别	机械性能				组织特征
		σ_s/MPa	σ_b/MPa	δ_{10}/%	HB	
未球化	1级	347.3	519.9	30.0	150~155	珠光体区域中的碳化物呈片状。
倾向性球化	2级	300.2	485.6	29.0	146~150	珠光体区域中的碳化物开始分散,珠光体形态明显。
轻度球化	3级	277.6	456.2	31.0	121~124	珠光体区域中的碳化物已分散,并逐渐向晶界扩散,珠光体形态尚明显。
中度球化	4级	204.1	416.9	33.4	110~122	珠光体区域中碳化物已明显分散,并向晶界聚集;珠光体形态尚保。
完全球化	5级	196.2	367.9	35.8	104~107	珠光体形态消失,晶界及铁素体基体上的球状碳化物已逐渐长大。

表6-5 15CrMo钢珠光体球化的参考级别

程 度	球化级别	机械性能				组织特征
		σ_s/MPa	σ_b/MPa	δ_{10}/%	HB	
未球化	1级	≥343.4	≥529.7	≥25	≥160	珠光体区域明显,珠光体中的碳化物呈层片状。
倾向性球化	2级	333.5~343.4	490.5~529.7	25~28	148~160	珠光体区域完整,层片状碳化物开始分散,趋于球状化,晶界有少量碳化物。
轻度球化	3级	313.9~333.5	451.3~490.5	28~30	138~148	珠光体区域较完整,部分碳化物呈粒状,晶界碳化物的数量增加。
中度球化	4级	294.3~313.9	431.6~451.3	30~31	125~138	珠光体区域尚保留其形态,珠光体中的碳化物多数呈粒状,密度减小,晶界碳化物出现链状。
完全球化	5级	294.3~304.1	431.6~441.5	30~32	125~138	珠光体区域形态特征消失,只留有少量粒状碳化物,晶界碳化物聚集,粒度明显增大。

表6-6 12Cr1MoV钢球化级别标准

程 度	球化级别	强度范围/MPa	组织特征
未球化	1级	$\sigma_b \geq 549.4$	聚集形态的珠光体,珠光体中的碳化物并非全为片层状,存在灰色块状区域。
轻度球化	2级	$510.1 \leq \sigma_b < 549.4$	聚集形态的珠光体区域已开始分散,其组成仍较致密,珠光体保持原有的区域形态。
中度球化	3级	$480.7 \leq \sigma_b < 510.1$	珠光体区域内碳化物已显著分散,碳化物已全部呈小球状,但仍保持原有的区域形态。
完全球化	4级	$441.6 \leq \sigma_b < 480.7$	大部分碳化物已分布于铁素体晶界上,仅有极少量的珠光体区域痕迹。
严重球化	5级	$\sigma_b < 441.6$	珠光体区域形态已完全消失,碳化物粒子分布在铁素晶界上,出现了"双晶界"现象。

表 6 - 7   2.25Cr-1Mo 钢球化级别标准

程　度	球化级别	组织特征
未球化	1 级	聚集形态的贝氏体，贝氏体中的碳化物呈粒状。
倾向性球化	2 级	聚集形态的贝氏体区域已分散，部分碳化物分布于铁素体晶界上，贝氏体尚保留其形态。
轻度球化	3 级	贝氏体区域内碳化物明显分散，碳化物呈球状分布于铁素体晶界上，贝氏体形态基本消失。
中度球化	4 级	大部分碳化物分布在铁素体晶界上，部分呈链状。
完全球化	5 级	晶界碳化物呈链状并长大。

6.1.4　材料发生球化后的恢复处理

已发生球化的钢材可采用热处理的方法使之恢复原来的组织。将已发生球化的珠光体钢加热到完全变成奥氏体组织的温度（略高于900℃），保温一定时间（约 1h 左右），由于相变与再结晶，在冷却后可得到原来的金相组织，从而消除了球化现象。

例如，$\phi245 \times 26$ 的 16Mo 蒸汽管道在 9.8MPa、510℃ 条件下运行约 8×10^4h 后，珠光体已严重球化，碳化物聚集于晶界上，67% 的钼含量已进入碳化物相中，其机械性能也有明显下降（见表 6 - 8）。这表明，16Mo 钢的金相组织及机械性能均已劣化。对该管道采用热处理的方法恢复原来的组织，所用的恢复热处理规范为：加热至920℃停留1h，然后，打开炉门在炉中冷却（冷却速度约为 80～90℃/h）。这样处理后，珠光体又恢复成片状，钼差不多又全部回到固溶体中，碳化物相中只有钼的痕迹，机械性能也发生变化。恢复热处理前后机械性能的变化见表 6 - 8。由表可见，在工作温度 500℃ 下的强度极限和屈服应力明显上升，而塑性性能有所下降，但仍保持足够的水平。

表 6 - 8   16Mo 钢蒸汽管道进行恢复热处理前后的机械性能

试验温度与工作条件		σ_s/MPa	σ_b/MPa	延伸率 δ/%	断面收缩率 ψ/%	冲击值 α_K/(N·m/cm^2)
20℃	运行八万小时后	228.6	408.1	37.0	66.8	100.1
	恢复热处理后	211.9	444.4	31.0	64.2	112.8
500℃	运行八万小时后	144.2	336.5	20.5	65.6	
	恢复热处理后	223.7	447.3	19.7	49.4	

6.2　碳钢及碳钼钢的石墨化

石墨化是低碳钢和 0.5Mo 钢长期在高温条件下发生的一种使脆性急剧增大的危险的组织结构变化。我国上海某电厂的一台英国拔柏葛高压锅炉蒸汽管道（0.5Mo 钢制造）运行不到十年，就因发生石墨化现象而更换。东北某电厂一台 230t/h 高压锅炉的低温段过热器管（材料为高硫20 号碳钢），在投运十二年（累计运行时间 75894h）后进行全面检查，发现大部分管子都出现不同程度的石墨化现象，有些已达十分严重的程度。

石墨化是渗碳体在长期高温作用下自行分解的一种现象，即

$$Fe_3C \rightarrow 3Fe + C（石墨）$$

也称为析墨现象。开始时，石墨以微细的点状出现在金属内部，此后，逐渐聚集成愈来愈粗的颗粒。石墨的强度极低，实际上相当于在金属内部产生了空穴。在空穴周围形成了复杂的受力状态，并出现应力集中的现象，使金属发生脆化。石墨化使金属材料的常温及高温强度均有所下降，冲击值下降更甚。如果石墨呈链状出现，则尤为危险。

一般认为，石墨化过程是一个扩散过程。钢材在高温下，首先开始渗碳体的球化过程，随着球化程度级别的升高，增高到一定程度（大致在第三级左右）时，有的渗碳体就开始分解为石墨，随着运行时间的增加，球化向更高的级别发展，已生成的石墨点逐渐长大成球，并且同时又有新的石墨点出现。这样，碳的扩散聚集和渗碳体的分解过程，随着在高温条件下使用时间的延续而逐步发展，当碳化物分解成游离碳的量增加到钢材总含量的60%左右时，石墨化已发展到了危险的程度。

根据钢材中石墨化现象的发展程度，通常将石墨化分为四级，各级的金相组织特征见表6-9。

表6-9 石墨化组织特征

级 别	程 度	特 征
1	轻度石墨化	石墨球小，间距大，无石墨链
2	明显石墨化	石墨球较大，比较分散，石墨链短
3	显著石墨化	石墨球呈链状，且较长，或石墨呈块状，体形较大，具有连续性
4	严重石墨化	石墨呈聚集链状或块状，石墨链长，具有连续性

不同石墨化级别下，钢材的弯曲角及冲击值的参考数据见表6-10。石墨化了的碳钢组织如图6-4。

石墨化评级以金相与力学性能评定中最严重的级别为最终评级。

表6-10 不同石墨化级别时钢材的弯曲角及冲击值

石墨化级别	1级	2级	3级	4级
弯曲角	>90°	50~90°	20~50°	<20°
冲击值 $\alpha_K/(N \cdot m/cm^2)$	>68.7	39.3~68.7	19.6~39.7	<19.6

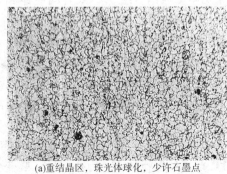 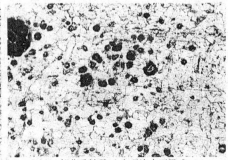

(a)重结晶区，珠光体球化，少许石墨点　　　　(b)部分重结晶区,出现许多石墨球

图6-4 20钢焊接热影响区在高温工作4.3万小时后的石墨组织

石墨化现象只出现在高温下，对于碳钢约在450℃以上，0.5Mo钢约在480℃以上。温度升高，使石墨化现象加快发展，但温度过高（约700℃时），非但不出现石墨化现象，反而使已生成的石墨与铁化合成渗碳体。

凡与碳结合能力强的合金元素加入钢中均可阻止石墨化现象的发生，这些元素有铬、钛、钒等；而硅、铝、镍等却起促进石墨化的作用。因此，在炼钢除氧时，加铝量应严格控制在0.25kg/t以下。铬是一种能有效地阻止石墨化的元素，含铬量在0.5%左右即有明显效果。高温承压元件所用的铬钼钢，就是在原有钼钢的基础上加入铬而形成的可防止石墨化的钢种。目前，高温高压蒸汽管道已不用0.5Mo钢，而代之以铬钼钢。

细晶粒钢及有冷加工硬化的钢都较易产生石墨化。

此外，石墨化最易发生于焊接热影响区，尤其是部分重结晶区，而且往往会出现链状石墨，造成脆裂。这主要是由于在热影响区冷却不均匀，产生了残余内应力，促进了石墨化的发展。

6.3 合金元素在固溶体和碳化物相之间的重新分配

钢材长时间在高温下除了会发生珠光体球化和石墨化现象外，还会发生合金元素在固溶体和碳化物相之间的重新分配。这是由于高温使合金元素原子的活动能力增加，而产生转移过程。长期在高温下，那些对固溶体起强化作用的合金元素，如铬、钼、锰等，都会不断地脱溶，而碳化物相中的合金元素会逐渐增多，即合金元素由固溶体向碳化物转移。在这些合金元素中，钼是最容易发生转移的元素。

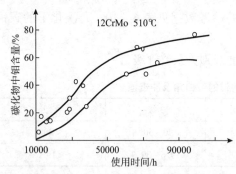

图6-5 碳化物中钼含量与使用时间的关系

图6-5示出了长期在510℃下工作的12CrMo钢中钼的转移情况，它是由很多管件所测数据综合而成的一个变化带。从变化带可以清楚地看出12CrMo钢在510℃下长期运行时，随着运行时间的增加，碳化物相中钼含量的增加趋势。

关于合金元素从固溶体中转移到碳化物中的原因，可做如下解释：我们知道，对于常用的珠光体热强钢，组织中只有固溶体和碳化物两种相。钢中的合金元素不是存在于固溶体中，就是存在于碳化物中。当形成固溶体时，合金元素的原子要溶到铁素体中去。由于合金元素的原子直径与铁原子的直径不相同，因而形成固溶体就会产生晶格畸变。有畸变的晶格是不稳定的，在长期高温作用下，只要温度高至能使合金元素的原子具有足够的活动能力时，它就力图从固溶体中转移到结构比较稳定的碳化物中。这种过程也称为 α 固溶体的贫化。

合金元素的转移使固溶强化作用显著降低，因而使材料的持久强度下降。如某电厂主蒸汽管道（12CrMo、$\phi273 \times 28$、9.8MPa、510℃）累计运行约十一万小时后，蠕变变形仅为0.12%，珠光体球化现象不严重，但合金元素发生了较明显的重新分配。即碳化物相中的合金元素明显增多，锰由 0.058% 增至 0.169%，铬由 0.059% 增至 0.125%，钼由 0.012% 增至 0.249%，碳化物中钼的量达到钢中总含钼量的 55.3%。结果使材料的持久强度由原来的 196.2MPa 下降到 117.7 ~ 127.5MPa。

生产实践及试验研究表明，合金元素的重新分配过程包含两个方面：一是固溶体和碳化物中合金元素含量的变化，亦即碳化物成分的变化；二是在高温运行过程中同时发生碳化物结构类型、数量和分布形式的变化。下面将分别予以说明。

6.3.1 固溶体和碳化物中合金元素成分的变化

众所周知，对于常用的珠光体型热强钢来说，合金元素是固溶在铁素体中的。这类钢长期在高温下，合金元素将由铁素体中析出并转移到碳化物相中去。

常用的珠光体型热强钢可分为两大类：一类是铬钼低合金钢，如 12CrMo 钢、15CrMo 钢等；另一类是含有强碳化物形成元素的铬钼低合金钢，如 12Cr1MoV 钢等。

1）铬钼低合金钢

表 6-11 列出了 12CrMo 钢主蒸汽管道在 510℃长期运行后，碳化物中合金元素含量的变化，以及由此引起的铁素体的显微硬度的变化情况。

表 6-11 12CrMo 钢长期在 510℃下运行时碳化物成分的变化

运行条件		碳化物中合金元素占钢中合金元素含量的百分比/%			铁素体的显微硬度 HV_{20}（载荷20g）
温度/℃	时间/h	Mn	Cr	Mo	
未运行	未运行	10.2	11.3	2.7	160
510	45141	23.1	23.6	24.2	140
510	90329	27.9	18.1	41.5	146
510	106765	29.1	24.0	55.3	143

由表 6-11 可知，随着运行时间的增加，碳化物相中的合金元素锰、铬、钼的含量均增加，但以钼的增加最为明显。在运行十万小时后，钢中一半以上的钼已转移到碳化物相中去了。此外，铁素体的显微硬度也随着运行时间增加而降低。对这种钢的试验表明，运行前材料的蠕变极限 σ_{10-7}^{510} 为 98.1MPa，运行 106765 小时后降至 73.6MPa，下降了 25%；在运行前持久强度 $\sigma_{10^5}^{510}$ 为 191.3MPa，运行 106765 小时后降至 128.5 ~ 132.4MPa，下降了约 30%。当然，蠕变极限和持久强度的降低不仅是由于合金元素的重新分配，同时还受珠光体球化等其他因素的影响。

2）铬钼钒低合金钢

试验研究表明，这种含有强碳化物形成元素的铬钼钢，其合金元素的转移过程由于强碳化物形成元素的影响而进行得较为缓慢。表 6-12 为 12Cr1MoV 钢主蒸汽管道在 540℃下长期运行中碳化物相含合金元素量的变化，以及钢的蠕变极限 σ_{10-7}^{540} 和持久强度 $\sigma_{10^5}^{540}$ 的变化情况。

表 6 – 12　12Cr1MoV 钢经长期运行后碳化物成分及钢的热强性的变化

运行条件		碳化物中合金元素占钢中合金元素含量的百分比/%			σ_{10-7}^{540}/	$\sigma_{10^5}^{540}$/
温度/℃	时间/h	Cr	Mo	V	MPa	MPa
540	22065	9.4	45.0	90.0	—	—
540	54849	20.0	57.0	91.0	73.6	117.7
540	106000	22.0	57.0	93.0	68.7	103

由表 6 – 12 可知，碳化物相中合金元素含量随运行时间的增加而增加，钢的高温强度则降低。此外，对于 12Cr1MoV 钢，钒在运行开始后的较短时间内，即有 90% 左右的含量处于碳化物中，而在以后的运行中，则变化很小。由于钒是强碳化物形成元素，因而它在运行中向碳化物中的转移将阻碍铬和钼从铁素体中脱溶出来。由表 6 – 12 还可看出，钼的转移仍是比较明显的，而钼是固溶强化的主要元素，因此，对于 12Cr1MoV 钢，同样应对钼含量的变化给予必要的注意。

6.3.2　碳化物结构类型、数量和分布的变化

在高温下长期运行的过程中，钢中的碳化物还会发生结构类型、数量和分布的变化。所有这些变化都是力求使碳化物变得更加稳定。这些变化同样也会影响钢的蠕变极限和持久强度。

1）铬钼低合金钢

表 6 – 13 为 12CrMo 钢的主蒸汽管道在 510℃、9.8MPa 下，钢中碳化物类型随运行时间的变化情况。由表可知，12CrMo 钢在原始状态时的碳化物为 M_3C（M 代表金属元素，这种碳化物为渗碳体型碳化物）加少量 Mo_2C。但随运行时间的增长，Mo_2C 型碳化物增多，并出现了（Cr、Mo）$_7C_3$ 和 M_6C 等复杂的金属碳化物。

表 6 – 13　12CrMo 钢在长期运行过程中碳化物结构类型的变化

运行条件		碳化物的结构类型
温度/℃	时间/h	
未运行	未运行	Fe_3C（M_3C）及少量 Mo_2C。
510	90329	Fe_3C（M_3C）+ Mo_2C 为主，（Cr、Mo）$_7C_3$ 及少量 M_6C 为次。
510	107675	Fe_3C（M_3C）+ Mo_2C + 少量 M_6C。

2）铬钼钒低合金钢

在 12Cr1MoV 钢中，基本碳化物比上述铬钼钢增加了碳化钒（VC），表 6 – 14 列出了 12Cr1MoV 钢主蒸汽管道在 540℃ 运行过程中碳化物相的变化情况。可以看出，随着运行时间的增长，Cr_7C_3、$Cr_{23}C_6$ 等复杂碳化物的量增加。

表 6 – 14　12Cr1MoV 钢经长期运行后的碳化物结构

运行条件		碳化物的结构类型
温度/℃	时间/h	
540	90000	Fe_3C + VC 为主，Mo_2C + Cr_7C_3 为次。

运行条件		碳化物的结构类型
温度/℃	时间/h	
540	106000	$Fe_3C + VC$ 为主，Cr_7C_3 为次，M_6C 少量。
540	110660	$Fe_3C + VC + Cr_7C_3$ 为主，$Cr_{23}C_6 + Mo_2C$ 为次。

图 6 - 6 示出了 12Cr1MoV 钢在 540 ~ 550℃ 长期运行中，不同类型碳化物数量的变化。由图可见，12Cr1MoV 钢中的碳化物共有四类：M_3C（Fe_3C）、VC、$M_{23}C_6$ 和 M_7C_3。其中 M_3C 是基本相，因而在运行开始时，其量最多；VC 是弥散分布的碳化物相，其量次之；$M_{23}C_6$ 和 M_7C_3 的量很少。在运行过程的开始阶段，作为基本相的 M_3C 碳化物减少很快；以铬和钼为基的复杂碳化物 M_7C_3 增加较快；铬碳化物 $M_{23}C_6$ 略有

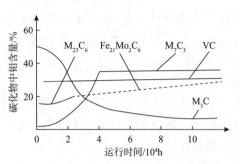

图 6 - 6 12Cr1MoV 钢碳化物量的变化

增加；弥散分布于晶粒内部的 VC 在整个运行过程中，其数量基本不变。此后，随着运行时间的增加，M_3C 碳化物继续减少，但其减少的速度逐渐减慢；M_7C_3 碳化物增加到一定量后就保持不变；$M_{23}C_6$ 碳化物中的铬原子逐渐被钼原子所代替，形成钼的立方型碳化物 $Fe_{21}Mo_2C_6$（图 6 - 6 中虚线）。由此可知，12Cr1MoV 钢在运行过程中碳化物相的变化，实际上是由于合金元素的重新分配，渗碳体型碳化物 M_3C 不断地被复杂碳化物 M_7C_3 和 $Fe_{21}Mo_2C_6$ 所代替的过程。

碳化物的形状对钢的热强性有影响。试验研究表明，当晶粒内部析出细小的针状 Mo_2C 时，钢的热强性提高；当细小的 Mo_2C 聚集成粗大的 Mo_2C 时，热强性降低；当粗大的 Cr_7C_3 和 Mo2C 转变为 $Cr_{23}C_6$，并伴随发生 $Cr_{23}C_6$ 的聚集时，钢的热强性进一步降低；当钢中出现较多的 M_6C 时，钢的热强性达到最低点。一般认为，这种 M_6C 碳化物是铬钼钢或铬钼钒钢在运行后期所出现的一种十分稳定的碳化物，它可以一直存在至钢材报废。

此外，碳化物的分布状态也对钢的热强性有影响。由于碳化物首先在晶界析出，粗大的碳化物沿晶界的聚集会造成钢的脆性破坏，存在于三晶交界处的粗大碳化物会引起蠕变裂纹。

影响合金元素重新分配的因素很多，除了钢的化学成分以外，主要是运行温度、运行时间和承受的应力。当运行温度增高，合金元素原子的活动能力增加，这就会加快其重新分配的速度。另一方面，运行时间愈长，则重新分配过程进行得愈充分。再者，运行中构件所承受的应力增加，也会加速合金元素的重新分配过程。

6.4　不锈耐热钢的相析出脆化与析出强化合金的析出相粗化

6.4.1　不锈耐热钢的 σ 相析出脆化

铬不锈钢和多种铬镍不锈钢在适当的高温下长期工作，可能形成 σ 相。σ 相是一种

FeCr 型拓扑密排相，其中可能含钼、锰等元素。σ 相导致钢材在室温下脆化，也降低高温下的持久寿命。

σ 相的形成受材料成分的影响较大。人们根据理论和经验，总结出用合金的电子空位数 N_v 来估量合金的 σ 相析出倾向。

$$N_v = 7.66Al + 6.66\,(Si + Ti) + 5.66\,(V + Nb) + 4.66\,(Cr + Mo + W) + 3.66Mn + 2.66Fe + 1.71Co + 0.66Ni \tag{6-2}$$

式中各元素符号代表该元素在固溶体中的摩尔百分浓度。在出现碳化物的情况下，要将组成碳化物元素的量扣除不计。据经验当 N_v 小于某临界值（如 2.7）时，合金析出 σ 相的倾向较小。一般来说，铬、硅、锰、钼能促成 σ 相的形成，而镍、碳则能抑制其析出倾向。

各种钢材中的 σ 相形态或同种钢材中在不同条件下形成的 σ 相形态可有不同：有针状、块状、球状等；可分布于晶内，也可出现在晶界（见图 6-7）。因而其影响的程度不能一概而论。

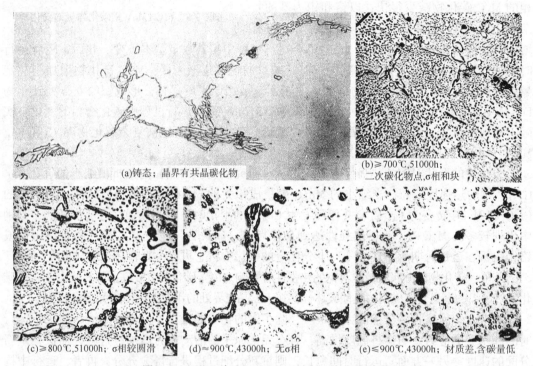

图 6-7　HK40 合金（ZG4Cr25Ni20）的组织变化

6.4.2　析出强化合金的析出相粗化

许多高温合金属于析出强化型。同碳钢、低合金耐热钢中的珠光体球化一样，其析出相也会发生变化或粗化，而导致材质弱化。以含 0.4C、25Cr、20Ni 的 HK40（ZG4Cr25Ni20）合金炉管为例，铸态为过饱和奥氏体加共晶碳化物 Cr_7C_3。在高温（如 800～900℃）工作中，奥氏体中会分散析出 $Cr_{23}C_6$，发生强化。同时晶界共晶碳化物 Cr_7C_3 转变为 $Cr_{23}C_6$，形态也变化。温度增高或高温时间加长，则晶内碳化物粗化，晶界碳化物成球状，基体弱化，晶界出现无析出带，合金的室温强度和蠕变强度均下降。这一过程的快慢主要决定于温度。该合金在 600～900℃ 范围内会生成 σ 相，如图 6-7 所示。

总之，合金的以上各类组织变化由其成分及工作温度所决定，最后失效形式是断裂。故在考虑断裂时应包含这种影响。

6.5　铬钼钢的回火脆化

6.5.1　铬钼钢的回火脆化及其评价方法

临氢工作的化工设备常使用铬钼钢，如 2.25Cr-1Mo 之类，这类钢长期在 325～575℃ 温度范围内服役会发生沿晶可逆回火脆化。所谓可逆，是指在更高温度下加热再快冷下来，可以回复其韧性。受到回火脆化的材料，在抗拉强度方面没有什么影响，但韧性显著降低。因此，回火脆化度可用夏比冲击转变温度的增量来定量地评价，如 50% 韧性断口率的断口转变温度 $FATT$，或 40ft-lb（54J）的能量转变温度 $vTr40$ 的增量。表 6-15 列出了 2.25Cr-1Mo 钢和 1Cr-0.5Mo 钢反应器在长期使用后夏比冲击转变温度的变化。由此可见，2.25Cr-1Mo 钢的最大脆化量（转变温度的变化）可达 160℃ 左右。

表 6-15　长期使用后反应器钢材的转变温度的变化

投用时间	材料	运行时间、温度	夏比冲击转变温度		转变温度的变化
			脱脆处理后	脆化状态	
1968 年	2.25Cr-1Mo 板材 σ_b=613.6MPa 埋弧焊焊缝金属（QT 处理）	21000h、427～454℃	−61℃ −8℃	59℃ 151℃	120℃ 159℃
1969 年	2.25Cr-1Mo 板材 σ_b=586.1MPa	30000h、350～450℃	−25℃	82℃	107℃
1970 年	2.25Cr-1Mo 板材 σ_b=606.7MPa	60000h、450℃	−40℃	95℃	135℃
1970 年	1Cr-0.5Mo 板材 σ_b=524MPa	60000h、340～360℃	25℃	41℃	16℃

为了能在短时间内评价出压力容器用铬钼钢的回火脆化度，可在 300～600℃ 的脆化温度范围内采用阶段冷却方案，图 6-8 所示步冷脆化处理程序即为其中的一种，它是由美国加利福尼亚标准石油公司（Socal）提出的，并由 API 确认的标准方法。

钢种不同，回火脆化的敏感性也不同。就石油化工用铬钼钢而言，以 2.25Cr-1Mo 和 3Cr-1Mo 钢回火脆化问题最为严重；1.25Cr-0.5Mo 和 5Cr-0.5Mo 轻微得多；1Cr-0.5Mo 和 9Cr-1Mo 则基本不成问题。因而回火脆化被认为是 2.25Cr-1Mo 钢制压力容器脆性破坏的主要危险。

关于回火脆化的机理，虽然还有很多未知问题，但一般认为是由于 IVA、VA 族的某些杂质元素，如锡、磷、砷、锑在晶界发生了偏聚，从而降低了晶界的强度。图 6-9 为胜亦等人在 2.25Cr-1Mo 钢中单独加锡、磷、砷、锑的情况下，得到的各杂质元素对回火脆化的影响试验结果。图中的 $\Delta FATT$ 是按图 6 – 8 所示程序步冷脆化处理前后的 $FATT$ 增量。该结果表明：磷是最能增强回火脆化敏感性的元素；锡次之；砷、锑的影响则非常小。

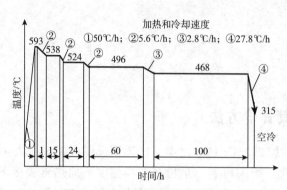

图 6 – 8　回火脆化处理步冷曲线

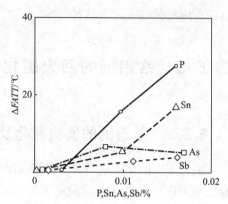

图 6 – 9　杂质元素对 2.25Cr-1Mo 钢步冷处理后断口转变温度增量的影响

各杂质元素脆化效应的强弱不完全相同，而且还受其他合金元素和杂质的影响。根据其他各合金元素对杂质偏聚的影响，可大体分为三类：硅、锰与偏聚杂质锡、磷、砷、锑相互作用较弱，能相互促进偏聚，即促进沿晶脆化；钛、锆与偏聚杂质的作用强烈，因而倾向于在基体中与杂质结合形成析出相，减弱其脆化效应；铬、钼等与杂质的相互作用居中，影响比较复杂。例如钼可以抑制磷、锑的偏聚，但钼过多时可能导致碳化铬减少而固溶铬增多，所以磷的偏聚增强。

如前所述，铬钼钢的回火脆化受很多元素的影响。因此，为评价其回火脆化敏感性，人们提出了综合这些元素含量的各种脆化系数。其中用来表示杂质所造成的脆化的有

$$\overline{X} = (10P + 5Sb + 4Sn + As) \times 10^{-2} \tag{6 – 3a}$$

和

$$\overline{Y} = (10P + 5Sn + Sb + As) \times 10^{-2} \tag{6 – 3b}$$

式中各元素的含量以 ppm 计。根据图 6 – 9 所示结果，似乎用 Y – 系数比用 X – 系数更有助于表示杂质所造成的脆化。

用来表示合金元素的影响的有

$$J = (Si + Mn)(P + Sn) \times 10^4 \tag{6 – 4}$$

式中各元素的含量以重量% 计。J 系数中没有考虑砷、锑，这是因为在实际所使用的钢材中，砷、锑的含量较小的缘故。

图 6 – 10 示出了 2.25Cr-1Mo 钢的 J 系数与步冷前后转变温度 $FATT$ 的关系。

由此可见，当根据使用前（步冷前）的断口转变温度 $FATT_{B.S}$ 和步冷处理后的转变温度增量 $\Delta FATT$ 来评价长期使用后材料的转变温度 $FATT$ 时，可用下式进行推算

$$FATT = FATT_{B.S} + \alpha\Delta FATT \tag{6 – 5}$$

式中　α 为时程影响系数，一般可取 $\alpha = 2.0$。

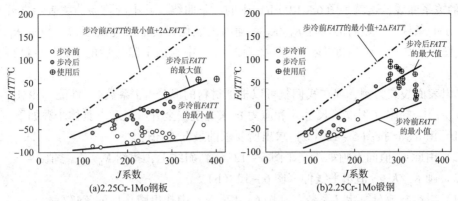

图 6 – 10　2.25Cr-1Mo 钢步冷前后的 $FATT$ 与 J 系数关系及长期使用后 $FATT$ 的推算

6.5.2　含缺陷设备回火脆化后的安全升压温度

压力容器用铬钼钢是回火脆化敏感性较高的材料，且用于 $325\sim575℃$ 的回火脆化温度区，因此在使用中材料的韧性将因回火脆化而降低。所以这种设备在安全方面，回火脆化是最值得注意的问题之一。为确保压力容器能安全操作，避免因回火脆化导致含缺陷设备发生脆性断裂，推荐采用高温升压的方法，并定期检查以便及时发现内部的缺陷。

回火脆化的安全升压温度可用脆性断裂准则来确定。若已知具体钢材的断裂韧性随脆化温度的变化曲线 $K_{Ic}=f(T)$，这时只要由缺陷（裂纹）尺寸 a、应力水平 σ 求出所需的最低 K_{Ic} 值，即可在 $K_{Ic}=f(T)$ 图上找出对应的温度 T_C，则在 $T>T_C$ 条件下升压即为安全的。

一般说来，同一钢材在不同脆化度下的断裂韧性时程变化曲线是不同的。试验表明，若将 $K_{Ic}=f(T)$ 曲线的断裂韧性坐标改为 K_{Ic}/K_{Ic-us}（K_{Ic-us} 是转变曲线上平台的 K_{Ic} 值），温度坐标改为多余温度 T-$FATT$，则可

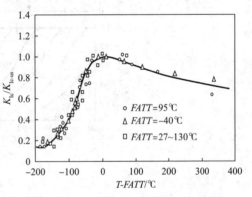

图 6 – 11　2.25Cr-1Mo 钢 K_{Ic}/K_{Ic-us} 与多余温度的关系曲线

将某种钢（例如 2.25Cr-1Mo 钢）在不同程度脆化后的韧脆转变曲线叠合为一条统一的标准曲线，如图 6 – 11 所示。

至于材料的 K_{Ic-us} 值，可根据上平台温度下的冲击功 A_{KV-us} 和屈服应力 σ_s 按下列公式求出

$$\left(\frac{K_{Ic-us}}{\sigma_s}\right)^2 = 647.8\left(\frac{A_{KV-us}}{\sigma_s}-0.0098\right) \tag{6-6}$$

式中　K_{Ic-us} 的单位为 $MPa-mm^{1/2}$，σ_s 单位为 MPa，A_{KV-us} 的单位为焦（J）。

式（6 – 6）是 Rolfe 等人就屈服强度为 $276\sim1724MPa$ 的 11 种结构用钢的实验数据整理而得的经验公式。

根据图 6 – 11，在试验温度或开车温度 T 一定的条件下，可得到一条 K_{Ic}/K_{Ic-us} 与

$FATT$ 的关系曲线，这就是图 6 – 12（b）中的一条曲线。其中的每条曲线表示在开车升压温度一定的条件下，钢材的韧性 K_{Ic}/K_{Ic-us} 随回火脆化程度而变化的规律。根据 K_{Ic-us} 就可以画定图 6 – 12（c）中的斜线。在图 6 – 12（a）中给出了脆化后的 $FATT$ 与材料 J 系数的关系。

如以表面裂纹为例，现在我们就可以根据材料的成分（J 系数）、性能（由 A_{KV-us}、σ_s 求出 K_{Ic-us}）、缺陷（裂纹）尺寸 a 和应力 σ 来确定安全升压温度。具体步骤如下：

（1）由 a、σ 按图 6 – 12（d）求出所要求的最低 K_{Ic} 值；

（2）由此 K_{Ic} 值向上画垂线交于图 6 – 12（c）斜线上，找到 K_{Ic}/K_{Ic-us} 值；

（3）画 K_{Ic}/K_{Ic-us} 值水平线伸入图 6 – 12（b）；

（4）由材料成分算出 J 系数，在图 6 – 12（a）中找出脆化后的 $FATT$；

（5）由 $FATT$ 向下画垂线伸入图 6 – 12（b）中与 K_{Ic}/K_{Ic-us} 水平线相交。交点处的升压温度即为最低升压温度。

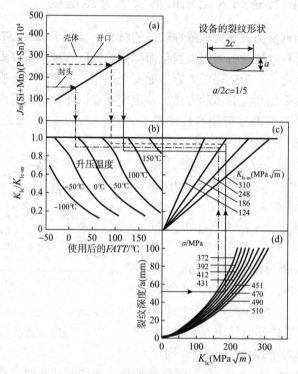

图 6 – 12　回火脆化安全分析图

当然，在实际评定过程中，对图 6 – 11 曲线的位置及 K_{Ic-us} 之计算数据等，都可适当地留有安全裕量。

由上可见，适当地提高开车的升压温度是防止铬钼钢制压力容器回火脆化断裂的有效措施。然而对于高温临氢工作的压力容器，常常是回火脆化和氢脆共同作用，因此还需考虑氢脆的影响。由金属材料腐蚀理论可知，为减少氢脆的危险性则应控制停车降温速率，以期尽量排氢。

在低温下脆断的失效分析中，我们可以测定残骸的 $FATT$，同时将一部分残骸材料加热到较高温度（例如 650℃，1h）进行脱脆处理，测得 $FATT$。将两者比较即可衡量出操作工况下的回火脆化程度及其在断裂中的作用。分析钢材的杂质及硅、锰含量，计算 $\overline{X}$ 或 $\overline{Y}$ 和 J 也是有意义的。

回火脆化断裂的断口主要特征是沿晶的。虽然断裂实际发生于铁素体晶界，但由于原奥氏体晶界处的铁素体直而长，故常见的断口多是沿原奥氏体晶界的。

钢的脆性转变温度如 $FATT$ 或 $vTr40$ 受许多因素影响。如晶粒尺寸，晶粒细小的钢抗回火脆性的能力较强。此外还有硬度、显微组织、晶界形态等，所以操作工况下的脆化问题比研究试验时复杂。除偏聚引起回火脆性外，常常还与组织变化（如析出硬化）及焊接区的组织状态（粗晶）和应力应变损伤有关，所以需要进行多方面的综合考虑。

习 题

6-1 思考题

1. 何谓珠光体的球化？它对钢材的性能有何影响？

2. 影响珠光体球化的因素有哪些？

3. 试说明碳素钢及低合金钢珠光体球化程度评定级别及其组织特征。

4. 钢材发生球化后如何进行恢复处理？

5. 何谓碳钢及碳钼钢的石墨化？它对材料的性能有何影响？

6. 试说明钢材石墨化的分级标准。

7. 哪些合金元素加入钢中可阻止石墨化现象的发生？

8. 为什么在长期高温作用下钢中的合金元素会从固溶体中转移到碳化物中？

9. 合金元素在固溶体和碳化物相之间的重新分配过程包含哪几个方面？

10. 不锈耐热钢的 σ 相析出脆化与析出强化合金的析出相粗化对材料的性能有何影响？

11. 何谓可逆回火脆化？如何评价其脆化程度？

12. 怎样防止铬钼钢发生回火脆化断裂？

6-2 一加氢反应器，母体材料为 2.25Cr-1Mo，已知长期使用后上平台温度下的冲击功 $A_{KV-us}=130J$，屈服应力 $\sigma_s=440MPa$。如器壁上有一条深 $a=20mm$、长 $2c=100mm$ 的轴向表面裂纹，裂纹所在截面上的法向应力 $\sigma=290MPa$。为确保安全操作，试确定该反应器开车时的最小升压温度。设母材的化学成分为

元素	C	Si	Mn	P	S	Cr	Mo	Sb	Sn	Al
含量%	0.145	0.45	0.55	0.007	0.007	2.25	1.00	<0.002	0.002	<0.002

第7章 压力容器缺陷评定标准及最新进展

7.1 GB/T 19624 简介

由全国锅炉压力容器标准化技术委员会提出并归口，以近代科学技术发展为理论基础、在充分吸收国内外压力容器安全评定技术和规范的最新研究成果、紧密跟踪国际同类评定规范发展潮流、积极吸取我国 CVDA—1984 规范之精华、密切结合我国多年来压力容器安全评定工程实践经验的基础上，于 2004 年形成 GB/T 19624—2004《在用含缺陷压力容器安全评定》标准。该标准依据"合于使用"和"最弱环"原则，用于判别在用含缺陷压力容器在规定的使用条件下能否继续安全使用。

当前 GB/T 19624—2019 版已经公布，与 2004 版相比，主要变化如下：修改了规范性引用文件；修改了一次应力分安全系数；修改了焊接修补区、高拘束度焊缝区或焊接残余应力分布情况不明区域焊接残余应力引起的二次应力取值；修改了凹坑缺陷的安全评定限定条件和免于评定的判别条件；修改了流变应力取值；增加了内压圆筒整圈内表面环向裂纹、半椭圆表面轴向和环向裂纹、椭圆埋藏轴向或环向裂纹 L_r 的计算公式，修改了内压球壳上长 $2a$ 穿透裂纹 L_r 的计算公式和适用范围，增加了示意图；增加了内压圆筒整圈内表面环向裂纹、半椭圆表面轴向和环向裂纹、椭圆埋藏轴向或环向裂纹、内压球壳上长 $2a$ 穿透裂纹 K_I 的计算公式，删除了十字接头中的焊根裂纹 K_I 的计算公式；增加了腐蚀疲劳对安全评定的影响；修改了起裂时载荷比 L_r^F 的确定方法；修改了无量纲的含缺陷管道在纯内压下的塑性极限内压的计算公式；增加了压力管道弯头和三通体积缺陷安全评定方法；增加了材料断裂韧度替代取值经验公式。

本标准适用于在用钢制含超标缺陷压力容器的安全评定，锅炉、管道以及其他金属材料制容器在安全评定时也可以参照使用。

本标准所评定的缺陷类型有：a) 平面缺陷，包括裂纹、未熔合、未焊透、深度大于 1mm 的咬边等；b) 体积缺陷，包括凹坑、气孔、夹渣、深度小于 1mm 的咬边等。

本标准所考虑的失效模式有：断裂失效、塑性失效和疲劳失效。

安全评定方法的选择应以避免在规定工况（包括水压试验）下安全评定期内发生各种模式失效而导致事故的可能为原则。一种评定方法只能评价相应的失效模式，只有对各种可能的失效模式进行判断或评价后，才能做出所评价的含有超标缺陷的容器或结构是否安全的结论。安全评定所需的基础数据有：缺陷的类型、尺寸和位置；结构和焊缝的几何形状和尺寸；材料的化学成分、力学和断裂韧度性能数据；由载荷引起的应力；残余应力。

7.1.1 断裂与塑性失效评定

断裂评定是基于裂纹体的弹塑性断裂力学，为防止在载荷作用下发生裂纹起裂的工程评定方法，高级评定还可以进行防止裂纹延性撕裂破坏的评定。塑性失效评定是基于塑性力学的极限分析，为防止载荷超过含缺陷结构的塑性极限载荷而失效的一种评定方法。

7.1.1.1 评定方法

平面缺陷的评定采用三级评定，即：简化评定、常规评定和分析评定。三者的差别主要是采用不同的断裂评定方法，其评定目的、技术路线以及所需材料断裂韧度等的比较列于表 7 – 1。

表 7 – 1　平面缺陷断裂评定三个级别的比较

级　别	评定目的	评定技术路线	所需的材料性能数据
简化评定 （一级）	防止起裂及塑性失效的简化评定方法	采用 $\sqrt{\delta_r} - S_r$ 的矩形失效评定图	屈服点 σ_s、抗拉强度 σ_b、弹性模量 E、断裂韧度 δ_c
常规评定 （二级）	防止起裂及塑性失效的常规评定方法	采用 $K_r - L_r$ 的通用失效评定图	屈服点 σ_s、抗拉强度 σ_b、弹性模量 E、断裂韧度 J_{1c} 或 J_c
分析评定 （三级）	防止撕裂破坏及塑性失效的分析评定方法	采用 EPRI 工程估算评定方法	屈服点 σ_s、抗拉强度 σ_b、弹性模量 E、J_R (Δa) 曲线

对于平面缺陷，可采用简化评定或常规评定方法进行，当二者的评定结果发生矛盾时，以常规评定结果为准。在特殊和可能的情况下，也可按分析评定方法进行更为详尽的分析评定。

7.1.1.2 缺陷的表征

由于实际缺陷形状和尺寸一般都是不规则的，需要先进行规则化处理，使之成为便于进行力学分析的形状和尺寸，简称为缺陷的表征。规则化后的平面缺陷尺寸称为表征裂纹尺寸；规则化后的凹坑缺陷尺寸称为表征凹坑尺寸。

1）平面缺陷的表征

平面缺陷的表征裂纹尺寸应根据具体情况由缺陷的外接矩形来确定，如图 7 – 1 所示。对穿透裂纹，长为 $2a$；对表面裂纹，高为 a、长为 $2c$；对埋藏裂纹，高为 $2a$、长为 $2c$；对孔边角裂纹，高为 a、长为 c。

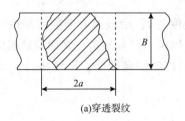
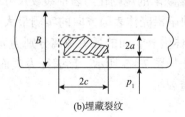

(a)穿透裂纹　　　　　　　　　(b)埋藏裂纹

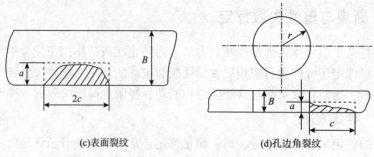

(c)表面裂纹　　　　　　　　　　(d)孔边角裂纹

图 7 – 1　平面缺陷的表征图例

（1）表面缺陷的规则化与表征裂纹尺寸

若表面缺陷沿壳体表面方向的实测最大长度为 l，沿板厚方向的实测最大深度为 h，则表面缺陷的规则化与裂纹尺寸的表征如图 7 – 2 所示。

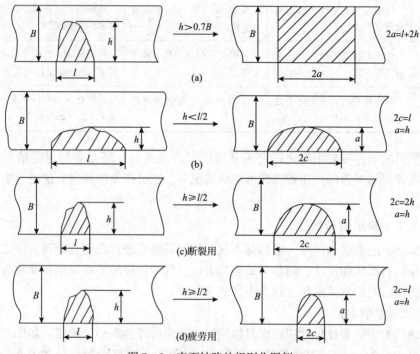

图 7 – 2　表面缺陷的规则化图例

（2）埋藏缺陷的规则化与表征裂纹尺寸

若埋藏缺陷沿壳体表面方向的实测最大长度为 l，沿板厚方向的实测最大自身高度为 h，缺陷到壳体内外表面的最短距离分别为 p_1 和 p_2，且 $p_1 \leqslant p_2$，则埋藏缺陷的规则化与裂纹尺寸的表征如图 7 – 3 所示。已表征为表面裂纹的埋藏缺陷，即使 $2a + p_1 > 0.7B$，也不再表征为穿透裂纹。

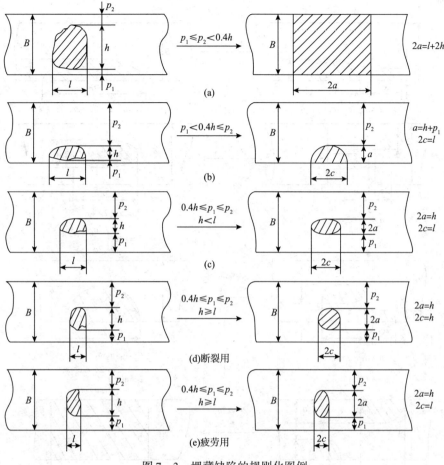

图7-3 埋藏缺陷的规则化图例

（3）穿透缺陷的规则化与表征裂纹尺寸

若穿透缺陷沿壳体表面方向的实测最大长度为 l，则规则化为 $2a = l$ 的穿透裂纹（见图7-4）。

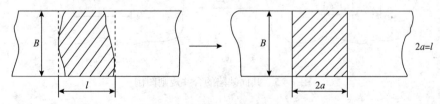

图7-4 穿透缺陷的规则化图例

（4）斜裂纹的表征

当裂纹平面方向与主应力方向不垂直时，可将裂纹投影到与主应力方向垂直的平面内，在该平面内按投影尺寸确定表征裂纹尺寸。

（5）裂纹群的处理

当两裂纹或多裂纹相邻时，应考虑裂纹之间的相互影响。可按以下规定先确定裂纹间距 s 和合并间距 s_0，然后再根据情况进行复合及相互影响处理。图7-5示出了共面裂纹的合并规则。

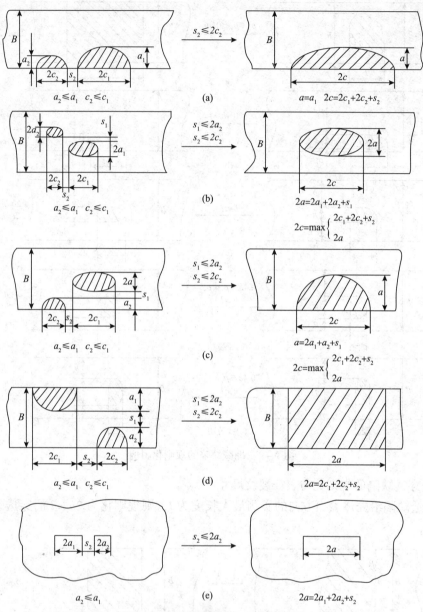

图 7-5 共面缺陷的合并规则图例

①裂纹间距 s 及合并间距 s_0 的确定

参照图 7-5 所示的典型情况，裂纹间距 s 与合并间距 s_0 的确定原则如下：

• 在图 7-5 (a) 中，$s = s_2$，$s_0 = 2c_2$；

• 在图 7-5 (b)、7-5 (c)、7-5 (d) 中，若 $\dfrac{s_1}{2a_2} > \dfrac{s_2}{2c_2}$，则 $s = s_1$，$s_0 = 2a_2$；否则 $s = s_2$，$s_0 = 2c_2$；

• 在图 7-5 (e) 中，$s = s_2$，$s_0 = 2a_2$。

②共面裂纹的复合及相互影响处理

若 $s \leq s_0$，则用包络该两裂纹（或两个以上 $s \leq s_0$ 的裂纹）的外切矩形将其复合，规则化为一个裂纹。复合后的裂纹不再表征，也不再与其他裂纹或复合裂纹复合。

若 $s_0 < s < 5s_0$，则两裂纹不必合并，分别按单个裂纹评定，但要考虑其相互间的影响。即在简化评定中，计算的 $\sqrt{\delta_t}$ 值要乘以 1.2 的系数；常规评定中，在计算 K_r 时要将应力强度因子乘以弹塑性干涉效应系数 G；疲劳评定中，在计算 ΔK 时要乘以线弹性干涉效应系数 M。关于 G 及 M 的计算见标准附录 A。

若 $s \geq 5s_0$，则可忽略其相互影响，分别作为单个裂纹进行评定。

③非共面裂纹的处理

两未穿透裂纹或两穿透裂纹相邻而不共面。当两裂纹面之间的最小距离 s_3 小于较小的表征裂纹尺寸 a_2 的 2 倍时，则这两条裂纹可视为共面。

一条穿透裂纹和一条未穿透裂纹相邻而不共面。当两裂纹面之间的最小距离 s_3 小于较小的表征裂纹长度时，则这两条裂纹可视为共面。

非共面裂纹规则化为共面裂纹后，还应考虑裂纹之间的相互影响。

凡不能视为共面裂纹处理的非共面裂纹，均应逐个各自进行评定。

2）体积缺陷的表征

（1）单个凹坑缺陷的表征

一般表面凹坑缺陷的形状是不规则的。对于任意单个凹坑缺陷可按其外接矩形将其规则化为长轴长度、短轴长度及深度分别为 $2X$、$2Y$ 及 Z 的半椭球形凹坑（见图 7-6）。

（2）多个凹坑缺陷的表征

当存在两个以上的凹坑时，应分别按单个凹坑进行规则化并确定各自的长轴。若规则化后相邻两凹坑边缘间最小距离 k 大于较小凹坑的长轴 $2X_2$，则可将两个凹坑视为互相独立的单个凹坑分别进行评定。否则，应将两个凹坑合并为一个凹坑来进行评定。该凹坑的长轴长度为两凹坑外侧边缘之间的最大距离，短轴长度为平行于长轴且与两凹坑外缘相切的任意两条直线之间的最大距离，深度为两个凹坑深度的较大值（见图 7-7）。

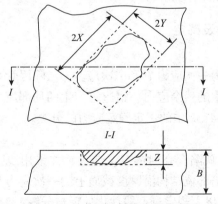

图 7-6　单个凹坑缺陷表征示意图

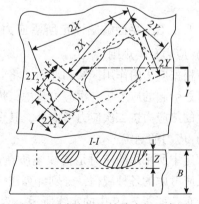

图 7-7　多个凹坑缺陷表征示意图

（3）气孔和夹渣缺陷的表征

气孔用气孔率表征。气孔率是指在射线底片有效长度范围内，气孔投影面积占焊缝投影面积的百分比。射线底片有效长度按 NB/T 47013.2 的规定确定，焊缝投影面积为射线底片有效长度与焊缝平均宽度的乘积。

夹渣以其在射线底片上的长度表征。多个夹渣相邻时，应按下述原则考虑夹渣间的相互影响：

• 共面夹渣间的复合　若两个夹渣间的距离小于图 7 – 8 中的规定值，则将其复合为一个连续的大夹渣。

• 非共面夹渣的处理　当两个非共面埋藏夹渣之间的最小距离 s_2 小于较小夹渣的自身高度的一半时，则这两个夹渣可视为共面并按共面夹渣的规定进行复合。否则，均应逐个分别进行评定。

• 复合后的夹渣不再与其他夹渣或复合夹渣进行复合。

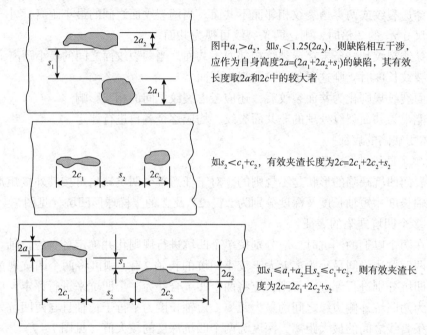

图中 $a_1>a_2$，如 $s_1<1.25(2a_2)$，则缺陷相互干涉，应作为自身高度 $2a=(2a_1+2a_2+s_1)$ 的缺陷，其有效长度取 $2a$ 和 $2c$ 中的较大者

如 $s_2<c_1+c_2$，有效夹渣长度为 $2c=2c_1+2c_2+s_2$

如 $s_1\le a_1+a_2$ 且 $s_2\le c_1+c_2$，则有效夹渣长度为 $2c=2c_1+2c_2+s_2$

图 7 – 8　多个夹渣的复合准则图例

7.1.1.3　平面缺陷评定所需应力的分类及确定

1）应力分类规则

应根据应力的作用区域和性质，将其划分为一次应力 P 和二次应力 Q。除因管系热胀在接管处引起的应力按一次应力考虑，焊接产生的残余应力、错边等产生的局部应力及温差产生的热应力按二次应力考虑外，其余按 JB 4732 中的规定确定应力的分类。

2）应力的确定

评定中所采用的应力是指缺陷所在部位无缺陷存在时的名义应力，并采用线弹性方法，按应考虑的各种载荷，分别计算被评定缺陷部位结构沿厚度截面上的一次应力及二次应力分布，如图 7 – 9 中的实线所示，然后再按以下规定进行线性化处理与分解。

（1）缺陷区域的应力线性化规则

对于沿厚度非线性分布的应力，应按在整个缺陷尺寸范围内各处的线性化应力值均不低于实际应力值的原则，确定沿缺陷部位截面的线性分布应力，如图 7 – 9 中虚线所示。

（2）应力的分解和P_m、P_b、Q_m、Q_b的确定

①对于沿厚度经线性化处理后的应力，可按下式分解为薄膜应力分量σ_m和弯曲应力分量σ_B：

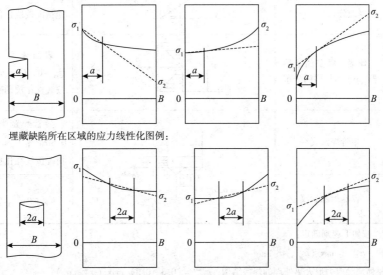

表面缺陷所在区域的应力线性化图例：

埋藏缺陷所在区域的应力线性化图例：

图7-9　缺陷所在区域的应力线性化图例

$$\begin{cases} \sigma_m = (\sigma_1 + \sigma_2)/2 \\ \sigma_B = (\sigma_1 - \sigma_2)/2 \end{cases} \tag{7-1}$$

由一次应力分解而得的σ_m、σ_B，分别为P_m、P_b；由二次应力分解而得的σ_m、σ_B，分别为Q_m、Q_b。

②对于焊接残余应力，如不能得到实际应力分布，可参照表7-2确定Q_m、Q_b。

对焊接修补区、高拘束度焊缝区或焊接残余应力分布情况不明区域，可取焊接残余应力引起的二次应力$Q_m = \sigma_s$，$Q_b = 0$。

③对接焊接接头中由错边、角变形所产生的应力为二次弯曲应力Q_b，可按表7-3中所列公式计算。

表7-2　典型焊接接头残余应力分布和估算

焊接接头		残余应力σ_R分布示意图	σ_R分布或Q_m、Q_b的确定
$B < 25$mm 的对接焊接头	作用在垂直于焊缝的平面上的σ_R分布，用于垂直焊缝的缺陷	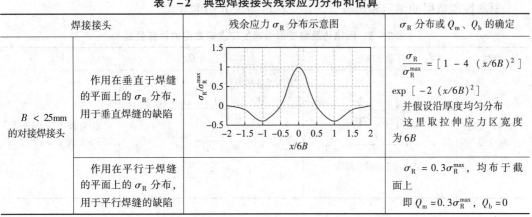	$\dfrac{\sigma_R}{\sigma_R^{max}} = [1 - 4\,(x/6B)^2]$ $\exp\,[-2\,(x/6B)^2]$ 并假设沿厚度均匀分布 这里取拉伸应力区宽度为$6B$
	作用在平行于焊缝的平面上的σ_R分布，用于平行焊缝的缺陷		$\sigma_R = 0.3\sigma_R^{max}$，均布于截面上 即$Q_m = 0.3\sigma_R^{max}$，$Q_b = 0$

焊接接头		残余应力 σ_R 分布示意图	σ_R 分布或 Q_m、Q_b 的确定
$B \geq 25mm$ 的对接焊接头	筒体环焊缝等低约束对接焊缝，σ_R 沿板厚的分布		表面裂纹 $a/B \leq 0.5$ 时，$Q_m = -\sigma_R^{max}$，$Q_b = 2\sigma_R^{max}$；其他情况按线性化规则确定
	球罐、厚壁高压容器，σ_R 沿板厚的分布		表面裂纹 $a/B \leq 0.5$ 时，$Q_m = 0$，$Q_b = \sigma_R^{max}$；其他情况按线性化规则确定
角焊缝、T型对接焊缝及接管连接焊缝在焊趾处及容器焊趾处裂纹	接管焊趾裂纹		接管焊趾裂纹时取 $Q_m = 0.5\sigma_R^{max}$，$Q_b = 0.5\sigma_R^{max}$；其他情况按线性化规则确定
	容器焊趾裂纹		$Q_m = \sigma_R^{max}$，$Q_b = 0$

注：表中 σ_R^{max} 按如下规则确定：

对于焊态结构，$\sigma_R^{max} = \max(\sigma_s^W, \sigma_s)$；

对于经炉内整体消除应力退火热处理的焊接结构，$\sigma_R^{max} = (0.3 \sim 0.5) \max(\sigma_s^W, \sigma_s)$；

对于经局部消除应力退火热处理或现场整体热处理的焊接结构，可实测确定或依据经验确定。

7.1.1.4 材料性能数据的确定原则

评定中应优先采用实测数据。在无法实测时，在充分考虑材料化学成分、冶金和工艺状态、试样和试验条件等影响因素且保证评定的总体结果偏于安全的前提下，可选取代用数据。

实测数据所用的试样尽可能取自被评定缺陷部位的材料，也可取自在化学成分、力学性能、冶金和工艺状态以及使用条件等方面能真实反映缺陷所在部位材料性能的试板。

实测试样中的裂纹面和裂纹扩展方向应同被评定结构中的情况一致，也可选取能获得该材料最低断裂韧度数据的其他取样方法。对取自热影响区的试样，应考虑裂纹尖端所在部位组织结构类型和晶粒尺寸等的影响。

材料性能数据的测定和选取方法详见标准附录 B 中的规定。

表 7 – 3　因错边及角变形引起的二次弯曲应力计算公式

类型	细节图	二次应力 Q_b	注释
容器焊缝的角变形	 $2l'$ 为两直边段总跨度	设边界条件为： 固支：$\dfrac{Q_b}{P_m} = \dfrac{3d'}{B(1-v^2)} \dfrac{\tanh(\beta/2)}{\beta/2}$ 铰支：$\dfrac{Q_b}{P_m} = \dfrac{6d'}{B(1-v^2)} \dfrac{\tanh\beta}{\beta}$ 式中 $\beta = \dfrac{2l'}{B}\sqrt{\dfrac{3(1-v^2)P_m}{E}}$	设定为理想几何形状 $d' = y/2$ 或 $d' = \alpha'l'/2$

续表

类型	细节图	二次应力 Q_b	注释
容器焊缝的错边	P_m B_1 $B_1 \geqslant B_2$ e_1 B_2 P_m 错边 e_1 为两板厚度中心线偏移量	$\dfrac{Q_b}{P_m} = \dfrac{6e_1}{B\,(1-v^2)} \dfrac{B_1^b}{(B_1^b+B_2^b)}$	$b=1.5$ 用于环焊缝和球壳焊缝 $b=0.6$ 用于纵焊缝

7.1.1.5 平面缺陷的简化评定

1）评定方法

平面缺陷的简化评定采用了 CVDA 的 COD 设计曲线成果，但以失效评定图的形式表示。简化失效评定图如图 7-10 所示，由纵坐标 $\sqrt{\delta_r}$、横坐标 S_r 以及 $\sqrt{\delta_r}=0.7$ 的水平线和 $S_r=0.8$ 的垂直线所围成的矩形为安全区，评定点位于该区内，则为安全或可以接受；否则为不能保证安全或不可接受。

2）评定程序

平面缺陷的简化评定按下列步骤进行：

①缺陷表征和等效裂纹尺寸的确定；

②应力的确定；

③材料性能数据的确定；

④δ 及 $\sqrt{\delta_r}$ 的计算；

⑤S_r 的计算；

⑥安全性评价。

3）所需基本数据的确定

（1）缺陷表征和等效裂纹尺寸 $\bar{a}$ 的确定

根据缺陷的实际位置、形状和尺寸，按

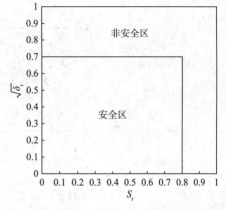

图 7-10 平面缺陷简化评定的失效评定图

7.1.1.2 的规定进行缺陷规则化，获得表征裂纹尺寸 a、c，然后按下列规定计算等效裂纹尺寸 $\bar{a}$：

$$\bar{a} = \begin{cases} a & \text{对于穿透裂纹} \\ \Omega^2 a & \text{对于埋藏裂纹} \\ (F_1/\phi)^2 a & \text{对于表面裂纹} \end{cases} \qquad (7-2)$$

式中

$$\Omega = \dfrac{1.01 - 0.37a/c}{\left\{1 - \left(\dfrac{a}{a+p_1}\right)^{1.8}\left[1 - 0.4\dfrac{a}{c} - \left(0.5 - \dfrac{a+p_1}{B}\right)^2\right]\right\}^{0.54}}$$

$$F_1 = 1.13 + 0.09\dfrac{a}{c} + \left(-0.54 + \dfrac{0.89}{0.2+a/c}\right)\left(\dfrac{a}{B}\right)^2 + \left[0.5 - \dfrac{1}{0.65+a/c} + 14\left(1 - \dfrac{a}{c}\right)^{24}\right]\left(\dfrac{a}{B}\right)^4$$

$$\phi = \left[1 + 1.464 \ (a/c)^{1.65}\right]^{1/2}$$

（2）总当量应力 σ_Σ 的确定

简化评定计算所需总当量应力 σ_Σ 可按下式估算，并保守地假设总当量应力均匀分布在主应力平面上。

$$\sigma_\Sigma = K_t P_m + X_b P_b + X_r Q \tag{7-3}$$

式中，K_t 为由焊缝形状引起的应力集中系数；X_b 为弯曲应力折合系数；X_r 为焊接残余应力折合系数；Q 为被评定缺陷部位热应力最大值与焊接残余应力最大值 σ_R^{max} 之代数和。表7-4给出了几种常见焊接接头结构 K_t 的取值，表7-5给出了 X_b 和 X_r 的取值。

表7-4　常见焊接接头结构局部应力集中系数 K_t

焊缝种类		含缺陷结构示意图	K_t
对接焊接接头结构	焊趾处裂纹		$\eta/B \leqslant 0.15$ 时，$K_t = 1.5$ $\eta/B > 0.2$ 时，$K_t = 1.0$ η/B 介于 $0.15 \sim 0.2$ 之间时，K_t 可按线性内插求得 无焊缝增高时，取 $K_t = 1.0$
	有角变形及错边量		$K_t = \Gamma\left[1 + \dfrac{3(\omega + e_1)}{\beta B}\right]$ 对 $\eta/B \leqslant 0.5$ 的表面裂纹取 $\beta = 1$ 对 $\eta/B > 0.5$ 的表面裂纹和埋藏裂纹取 $\beta = 2$ Γ：$\eta/B \leqslant 0.15$ 时，$\Gamma = 1.5$ 　　 $\eta/B > 0.2$ 时，$\Gamma = 1.0$ η/B 介于 $0.15 \sim 0.2$ 之间时，Γ 可按线性内插求得
接管处内拐角	球壳及球形封头接管		$K_t = 2.0 \ (1 + 2\sin^2\theta)$
	圆柱壳接管	θ：接管轴与器壁法线间夹角 注：用于结构尺寸满足分析设计规范的规定时	$K_t = 3.1 \ (1 + 2\sin^2\theta)$ 用于 θ 角平面与容器横截面平行时 $K_t = 3.1 \ \left[1 + (\tan\theta)^{4/3}\right]$ 用于 θ 角平面与容器纵截面平行时

表7-5　X_b 值和 X_r 值的选取

裂纹种类		X_b	X_r		
			裂纹平行熔合线	裂纹垂直熔合线	填角焊缝裂纹
埋藏裂纹		0.25	0.2	0.6	0.6
穿透裂纹		0.5	0.2	0.6	0.6
表面裂纹	弯曲的拉伸侧	0.75	0.4 ~ 0.6	0.6	0.6
	弯曲的压缩侧	0		0.6	0.6

（3）断裂韧度 δ_c 的确定

δ_c 应按实际情况可取 δ_i 值或 δ_{is} 值（也可保守地取 $\delta_{0.05}$ 值），并将所得的材料断裂韧度 δ_c 除以 1.2 后的值用作简化评定所需的 δ_c 值。

4）δ 及 $\sqrt{\delta_r}$ 的计算

$$\delta = \begin{cases} \pi \bar{a}\sigma_s \ (\sigma_\Sigma/\sigma_s)^2 M_g^2/E & \text{当 } \sigma_\Sigma < \sigma_s \text{ 时} \\ 0.5\pi \bar{a}\sigma_s \ (\sigma_\Sigma/\sigma_s + 1) \ M_g^2/E & \text{当 } \sigma_\Sigma \geq \sigma_s \geq K_t P_m + X_b P_b \text{ 时} \end{cases} \tag{7-4}$$

式中 M_g 为鼓胀效应系数，按式（2-42）计算。

$$\sqrt{\delta_r} = \begin{cases} \sqrt{\delta/\delta_c} & \text{单裂纹（含复合后的）或不需要考虑干涉效应} \\ 1.2 \ \sqrt{\delta/\delta_c} & \text{的裂纹群 需要考虑干涉效应的裂纹群} \end{cases} \tag{7-5}$$

5）S_r 的计算

$$S_r = L_r/L_r^{max} \tag{7-6}$$

式中 L_r^{max} 的值取 1.20 及 0.5 $(\sigma_s + \sigma_b)/\sigma_s$ 两者中的较小值；L_r 根据 P_m、P_b 按标准附录 C 的规定计算。几种常见结构的 L_r 计算公式如下：

内压圆筒体上的轴向穿透裂纹（板厚 B，内径 R_i）

$$L_r = \frac{1.2P_m}{\sigma_s}\sqrt{1 + 1.6\left(\frac{a^2}{R_i B}\right)} \tag{7-7}$$

内压圆筒体上的轴向表面裂纹（板厚 B，内径 R_i）

$$L_r = \frac{1.2P_m}{\sigma_s}\frac{1 - a/(B \sqrt{1 + 1.6 \ [c^2/(R_i B)]})}{1 - a/B} \tag{7-8}$$

内压球壳上的穿透裂纹（板厚 B，内径 R_i）

$$L_r = \frac{P_m}{\sigma_s}\frac{1 + \sqrt{1 + 8a^2/[R_i B \cos^2 \ (a/R_i)]}}{2} \tag{7-9}$$

6）安全性评价

将计算得到的评定点坐标 $(S_r, \sqrt{\delta_r})$ 绘在图 7-10 中，如果评定点落在安全区内，评定的结论为安全或可以接受。否则为不能保证安全或不可接受。

7.1.1.6 平面缺陷的常规评定

1）评定方法

平面缺陷的常规评定采用通用失效评定图方法。该失效评定图如图 7-11 所示。图中，由 $K_r = f\ (L_r)$ 曲线、$L_r = L_r^{max}$ 直线和两坐标轴所围成的区域之内为安全区，区域之外为非安全区。L_r^{max} 的值取决于材料特性：对奥氏体不锈钢，$L_r^{max} = 1.8$；对无屈服平台的低碳钢及奥氏体不锈钢焊缝，$L_r^{max} = 1.25$；对无屈服平台的低合金钢及其焊缝，$L_r^{max} = 1.15$；对于具有长屈服平台的材料，一般情况下，$L_r^{max} = 1.0$，当材料温度不高于 200℃ 时，L_r^{max} 可根据 K_r

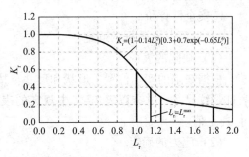

图 7-11 通用失效评定图

值及材料屈服强度级别，由表 7-6 确定；对于不能按钢材类别确定 L_r^{max} 的材料，$L_r^{max} = 0.5 (\sigma_s + \sigma_b)/\sigma_s$。

表 7-6 温度 ≤200℃ 的长屈服平台材料的 L_r^{max} 值

L_r^{max} \\ 材料 K_r	235MPa ≤ σ_s < 350MPa	σ_s > 350MPa
1.25	K_r ≤ 0.10	K_r ≤ 0.13
1.20	0.10 ≤ K_r < 0.12	0.13 ≤ K_r < 0.15
1.15	0.12 ≤ K_r < 0.20	0.15 ≤ K_r < 0.26
1.00	K_r ≥ 0.20	K_r ≥ 0.26

在评定点的计算时，相关的参量应按表 7-7 的规定取相应的分安全系数。

表 7-7 常规评定安全系数取值

失效后果	缺陷表征尺寸分安全系数	材料断裂韧度分安全系数	应力分安全系数	
			一次应力	二次应力
一般	1.0	1.1	1.2	1.0
严重	1.1	1.2	1.5	1.0

注：①失效后果一般系指缺陷一旦失效尚能予以控制，不会造成人员伤亡、企业长期停产及重大经济损失的严重后果；②失效后果严重系指缺陷一旦失效，可能造成设备爆炸、形成火灾、恶性中毒、人员伤亡或企业长期停产及重大经济损失的后果。

2）评定程序

平面缺陷的常规评定按下列步骤进行：

①缺陷的表征；

②应力的确定；

③材料性能数据的确定；

④应力强度因子 K_I^P 和 K_I^S 的计算；

⑤K_r 的计算；

⑥L_r 的计算；

⑦安全性评价。

3）所需基本数据的确定

（1）缺陷的表征

根据缺陷的实际位置、形状和尺寸，按 7.1.1.2 的规定进行缺陷规则化，得到相应的表征裂纹尺寸，并乘以表 7-7 中规定的表征裂纹分安全系数后作为计算用的表征裂纹尺寸 a、c 值。

（2）应力的确定

先按 7.1.1.3 的规定，分别确定各种载荷下的一次应力、二次应力及各应力分量；再分别计算各类应力分量的代数和，并乘以表 7-7 中规定的应力分安全系数，由此所得的各应力值即为常规评定所需的一次应力和二次应力的应力分量 P_m、P_b、Q_m、Q_b。

（3）断裂韧度 K_c 和 K_p 的确定

断裂韧度 J_{Ic} 值可按实际情况取实测的 J_i 值或 J_{is} 值，也可保守地取 $J_{0.05}$ 的值。断裂韧度 K_c 可由 J_{Ic} 按下式求得：

$$K_c = \sqrt{EJ_{Ic}/(1 - \mu^2)} \tag{7-10}$$

当不能直接得到 J_{Ic} 值时，可直接测量材料的 K_{Ic}，此时 K_c 值可用 K_{Ic} 值代替，也可由 δ_c 按下式估算 K_c 的下限值：

$$K_c = \sqrt{1.5\sigma_s E\delta_c/(1 - \mu^2)} \tag{7-11}$$

评定用材料的断裂韧度 K_p 值取 K_c 值除以表7-7中规定的断裂韧度分安全系数。

4）K_I^P 和 K_I^S 的计算

一次应力 P_m、P_b 和二次应力 Q_m、Q_b 作用下的应力强度因子 K_I^P、K_I^S 按标准附录 D 的规定计算。几种常见结构的 K_I^P、K_I^S 计算公式如下：

①含穿透裂纹的板壳（板宽 $2W$，板长 $2L$）

$$K_I = (\sigma_m + \sigma_B) \sqrt{\pi a} \tag{7-12}$$

②含半椭圆表面裂纹的板壳（板宽 $2W$，板长 $2L$，板厚 B）

$$K_I = (\sigma_m f_m + \sigma_B f_b) \sqrt{\pi a} \tag{7-13}$$

$$f_m^a = \frac{1}{[1 + 1.464 (a/c)^{1.65}]^{0.5}} \left\{ 1.13 - 0.09\frac{a}{c} + \left(-0.54 + \frac{0.89}{0.2 + a/c} \right)\left(\frac{a}{B}\right)^2 \right.$$
$$\left. + \left[0.5 - \frac{1}{0.65 + a/c} + 14\left(1 - \frac{a}{c}\right)^{24} \right]\left(\frac{a}{B}\right)^4 \right\}$$

$$f_b^a = \left\{ 1 + \left(-1.22 - 0.12\frac{a}{c} \right)\frac{a}{B} + \left[0.55 - 1.05\left(\frac{a}{c}\right)^{0.75} + 0.47\left(\frac{a}{c}\right)^{1.5} \right]\left(\frac{a}{B}\right)^2 \right\} f_m^a$$

$$f_m^c = \{ [1.1 + 0.35 (a/B)^2] (a/c)^{0.5} \} f_m^a$$

$$f_b^c = [1 - 0.34a/B - 0.11a^2/(cB)] f_m^c$$

式中　上标 a、c 分别表示求裂纹深度处和长度方向两端点处 K_I 时用的系数。

③含椭圆埋藏裂纹的板壳（板宽 $2W$，板厚 B）

$$K_I = (\sigma_m f_m + \sigma_B f_b) \sqrt{\pi a} \tag{7-14}$$

$$f_m^a = \frac{1.01 - 0.37a/c}{\left\{ 1 - \left(\frac{2a/B}{1 - 2e/B}\right)^{1.8} \left[1 - 0.4\frac{a}{c} - \left(\frac{e}{B}\right)^2 \right] \right\}^{0.54}}$$

$$f_b^a = [2e/B + a/B + 0.34a^2/(cB)] f_m^a$$

$$f_m^c = \frac{1.01 - 0.37a/c}{\left\{ 1 - \left(\frac{2a/B}{1 - 2e/B}\right)^{1.8} \left[1 - 0.4\frac{a}{c} - 0.8\left(\frac{e}{B}\right)^{0.4} \right] \right\}^{0.54}}$$

$$f_b^c = [2e/B - a/B - 0.34a^2/(cB)] f_m^c$$

式中　e 为埋藏裂纹中心与板厚中心的偏移量，$e = B/2 - a - p_1$，p_1 为埋藏裂纹离表面的最近距离。

5）K_r 的计算

评定点的纵坐标 K_r 值由下式计算：

$$K_r = G\ (K_1^P + K_1^S)/K_p + \rho \qquad (7-15)$$

式中 G——相邻两裂纹间弹塑性干涉效应系数，按标准附录 A 的规定确定；

　　　ρ——塑性修正因子。

$$\rho = \begin{cases} \Psi_1 & \text{当 } L_r \leqslant 0.8 \text{ 时} \\ \Psi_1\ (11-10L_r)/3 & \text{当 } 0.8 < L_r < 1.1 \text{ 时} \\ 0 & \text{当 } L_r \geqslant 1.1 \text{ 时} \end{cases} \qquad (7-16)$$

其中 ψ_1 值可根据 $K_1^S/(\sigma_s\ \sqrt{\pi a})$ 的值由图 7-12 查得；L_r 按以下规定计算。

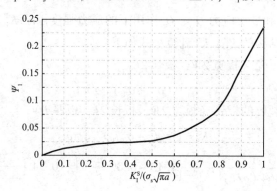

图 7-12　不同 $K_1^S/(\sigma_s\ \sqrt{\pi a})$ 下的 ψ_1 值

6）L_r 的计算

L_r 的计算同前。几种常见结构的 L_r 计算公式见式（7-7）～式（7-9）。

7）安全性评价

将以上计算得到的评定点（L_r，K_r）绘在常规评定通用失效评定图 7-11 中。如果该评定点位于安全区之内，则认为该缺陷是安全的或可以接受的；否则认为不能保证安全或不可接受。如果 $L_r < L_r^{max}$ 而评定点位于失效评定曲线上方，则容许采用分析评定法（标准附录 F）重新评定。

7.1.1.7　凹坑缺陷的安全评定

1）评定方法与限定条件

凹坑缺陷的安全评定采用塑性极限载荷法。

在应用本方法评定之前，应将被评定缺陷打磨成表面光滑、过渡平缓的凹坑，并确认凹坑及其周围无其他表面缺陷或埋藏缺陷。

该评定适用于符合下述条件的压力容器：

• 压力容器不承受外压或疲劳载荷；

• 凹坑不靠近几何不连续或存在尖锐棱角的区域；

• $B_0/R < 0.18$ 的筒壳或 $B_0/R < 0.10$ 的球壳，B_0 为缺陷附近实测的容器壳体壁厚；

• 材料韧性满足压力容器设计规定，未发现劣化；

• 凹坑深度 Z 小于计算厚度 B 的 1/3 并且小于 12mm，且坑底最小厚度（$B-Z$）不小于 3mm；

- 凹坑长度 $2X \leqslant 2.8\sqrt{RB}$，凹坑宽度 $2Y$ 不小于凹坑深度 Z 的 6 倍（容许打磨至满足本要求）。

对于超出上述条件或在役期间表面有可能生成裂纹的凹坑缺陷应按平面缺陷进行评定。

2）评定程序

凹坑缺陷的安全评定步骤如下：

①缺陷的表征；

②缺陷部位容器尺寸的确定；

③材料性能数据的确定；

④凹坑缺陷尺寸参数 G_0 的计算和免于评定的判别；

⑤塑性极限载荷和最高容许工作压力的确定；

⑥安全性评价。

3）所需基本数据的确定

（1）缺陷的表征与缺陷部位容器尺寸的确定

对经检测查明的凹坑缺陷，根据其实际位置、形状和尺寸，按 7.1.1.2 的规定将其规则化，并确定凹坑所在部位容器的计算厚度 B 和平均半径 R。

（2）材料流变应力 $\bar{\sigma}'$ 的确定

确定在评定工况下材料的屈服强度 σ_s 和抗拉强度 σ_b，评定中所需的材料流变应力 $\bar{\sigma}'$ 取值为 $\bar{\sigma}' = 0.5(\sigma_s + \sigma_b)$。

4）免于评定的判别

如果容器表面凹坑缺陷尺寸参数 G_0 满足如下条件：

$$G_0 = \frac{Z}{B} \cdot \frac{X}{\sqrt{RB}} \leqslant 0.10 \qquad (7-17)$$

则该凹坑缺陷可免于评定，认为是安全的或可以接受的；否则应继续按下述 5）和 6）的规定进行评定

5）塑性极限载荷和最高容许工作压力的确定

（1）无凹坑容器极限载荷 p_{L0} 的计算

$$p_{L0} = \begin{cases} 2\bar{\sigma}' \ln\dfrac{(R+B/2)}{(R-B/2)} & \text{对于球形容器} \\[2mm] \dfrac{2}{\sqrt{3}}\bar{\sigma}' \ln\dfrac{(R+B/2)}{(R-B/2)} & \text{对于圆筒形容器} \end{cases} \qquad (7-18)$$

（2）带凹坑缺陷容器极限载荷 p_L 的计算

$$p_L = \begin{cases} (1-0.6G_0)p_{L0} & \text{对于球形容器} \\[2mm] (1-0.3\sqrt{G_0})p_{L0} & \text{对于圆筒形容器} \end{cases} \qquad (7-19)$$

（3）带凹坑缺陷容器最高容许工作压力 $p_{\max}$ 的计算

$$p_{\max} = p_L / 1.8 \qquad (7-20)$$

6）安全性评价

若 $p \leqslant p_{\max}$ 且实测凹坑尺寸满足 7.1.1.7 中 1）的要求，则认为该凹坑缺陷是安全的或可以接受的；否则认为不能保证安全或不可接受。

7.1.1.8 气孔和夹渣缺陷的安全评定

1) 限定条件

该评定适用于符合下述条件的压力容器：

- $B_0/R < 0.18$ 的压力容器；
- 材料性能满足压力容器设计制造规定。对铁素体钢，$\sigma_s < 450\text{MPa}$，且在最低使用温度下 V 形夏比冲击试验中 3 个试样的平均冲击功不小于 40J、最小冲击功不小于 28J；对其他材料，气孔、夹渣所在部位的 K_{Ic} 大于 $1250\text{N/mm}^{3/2}$；
- 未发现材料劣化；
- 气孔、夹渣未暴露于器壁表面，且无明显扩展情况或可能；
- 缺陷附近无其他平面缺陷。

对于暴露于器壁表面的气孔、夹渣，可打磨消除。打磨成凹坑时，应按 7.1.1.7 的规定进行安全评定。对于超出 1) 中其他限定条件或在服役期间有可能生成裂纹的气孔、夹渣，应按平面缺陷进行评定。

2) 安全性评价

（1）气孔的安全性评价

如果同时满足 1) 中的限定条件和下列条件，则该气孔是容许的；否则，是不可接受的：

- 气孔率不超过 6%；
- 单个气孔的长径小于 $0.5B$，且小于 9mm。

（2）夹渣的安全性评价

如果夹渣的尺寸满足 1) 中的限定条件和表 7-8 的规定，则该夹渣是容许的；否则是不可接受的。

表 7-8　夹渣的容许尺寸

夹渣位置	夹渣尺寸的容许值	
球壳对接焊缝、圆筒体纵焊缝、与封头连接的环焊缝	总长度 ≤6B	自身高度或宽度 ≤0.25B，并且 ≤5mm
	总长度不限	自身高度或宽度 ≤3mm
圆筒体环焊缝	总长度 ≤6B	自身高度或宽度 ≤0.30B，并且 ≤6mm
	总长度不限	自身高度或宽度 ≤3mm

按以上规定评定为不可接受的气孔或夹渣，可表征为平面缺陷重新评定，作出相应的安全性评价。

7.1.2 疲劳评定

疲劳评定是用于评价含缺陷压力容器和结构，在预期的疲劳载荷作用下在要求的使用期内能否排除疲劳失效的评定。包括平面缺陷的疲劳评定和体积型焊接缺陷的疲劳评定。

7.1.2.1 平面缺陷的疲劳评定

1) 评定方法

平面缺陷的疲劳评定采用断裂力学疲劳裂纹扩展分析法，并根据判别条件来判断该平面缺陷是否会发生泄漏和疲劳断裂。

2）评定程序

平面缺陷疲劳评定按下列步骤进行：

①缺陷的表征；

②应力变化范围的确定；

③材料性能数据的确定；

④疲劳裂纹的 ΔK 计算；

⑤免于疲劳评定的判别；

⑥疲劳裂纹扩展量的计算；

⑦安全性评价。

3）所需基本数据的确定

（1）缺陷的表征

按 7.1.1.2 中平面缺陷的表征规定对缺陷规则化，确定疲劳评定初始裂纹的尺寸。

（2）应力变化范围及循环次数的确定

根据外加载荷的变化历程，分别确定被评定缺陷所在截面上垂直于裂纹面的一次应力和二次应力变化范围的分布曲线及其循环次数。平行于裂纹面的应力变化不予考虑。

按照缺陷处壁厚范围内各点应力变化范围值均不低于实际分布曲线的原则，确定沿缺陷部位截面的线性分布直线，如图 7-13 所示。根据经线性化处理后的应力变化范围，参照式（7-1）即可求得相应的薄膜应力变化范围值 $\Delta\sigma_{m}$ 及弯曲应力变化范围值 $\Delta\sigma_{B}$。

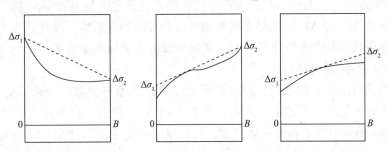

图 7-13　疲劳评定中应力变化范围分布线性化规则图例

由一次应力的变化范围分布曲线所获得的 $\Delta\sigma_{m}$ 及 $\Delta\sigma_{B}$ 为 ΔP_{m} 及 ΔP_{b}，以二次应力的变化范围分布曲线所获得的 $\Delta\sigma_{m}$ 及 $\Delta\sigma_{B}$ 为 ΔQ_{m} 及 ΔQ_{b}。

若在预期寿命内存在 d 种不同的应力变化范围，则应按评定周期内的载荷作用历程，计算出 i=1，2，……，d 种不同应力变化范围作用时的 $(\Delta\sigma_{m})_{i}$ 和 $(\Delta\sigma_{B})_{i}$，同时确定其在评定期间内相应的预期循环次数 n_{i}。

在载荷变化范围计算中应包括由于操作压力、操作温度和其他外载荷的波动所产生的应力变化范围，并考虑它们的组合效果。焊接残余应力不予考虑。

容器受双向应力疲劳作用时，其疲劳评定按单向应力疲劳评定方法进行。

（3）材料性能数据的确定

①疲劳裂纹扩展速率公式中的系数 A 与指数 m 的取值

应尽可能根据实际试样实验数据，用最小二乘法回归得到 A 和 m，并用回归得到的 A

值乘以不小于 4.0 的系数后作为评定用的 A 值。

对 16MnR 钢在 100℃ 以下的空气环境中，并且 ΔK 在 300 ~ 1500N/mm$^{3/2}$ 范围内时，也可取：$m = 3.35$，$A = 6.44 \times 10^{-14}$。

对 $\sigma_{0.2} < 600$MPa 的铁素体钢，在不超过 100℃ 的空气环境中，也可取：$m = 3.0$，$A = 3 \times 10^{-13}$。

对伴有解理或微孔聚合等具有更高扩展速率的疲劳裂纹扩展机制时，应取：$m = 3.0$，$A = 6 \times 10^{-13}$。

②疲劳裂纹扩展下门槛值 ΔK_{th} 的取值

当幸存概率为 97.5% 时，碳钢和碳锰钢在空气中的疲劳裂纹扩展下门槛值 ΔK_{th} 可按以下规定估算：

对于母材

$$\Delta K_{th} = \begin{cases} 170 - 214R_\sigma & \text{当 } 0 \leqslant R_\sigma < 0.5 \text{ 时} \\ 63 & \text{当 } R_\sigma \geqslant 0.5 \text{ 时} \end{cases}$$

对于焊接接头

$$\Delta K_{th} = \begin{cases} 214\Delta\sigma/\sigma_s - 44 & \text{当 } \Delta\sigma > \sigma_s/2 \text{ 时} \\ 63 & \text{当 } \Delta\sigma \leqslant \sigma_s/2 \text{ 时} \end{cases}$$

4）应力强度因子变化范围 ΔK 的计算

应力强度因子变化范围 ΔK 的计算与应力强度因子 K_I 的计算完全类同，只是式中的 σ_m、σ_B 应分别以 $\Delta\sigma_m$、$\Delta\sigma_B$ 替代。参照平面缺陷常规评定中关于 K_I 的计算，即可算出不同载荷循环下的 ΔK_a 和 ΔK_c。如果需要考虑共面裂纹的相互影响，在计算应力强度因子变化范围时要乘以线弹性干涉效应系数 M，M 的计算方法见标准附录 E。

5）免于疲劳评定的判别

计算不同载荷循环下的 ΔK_a、ΔK_c 及所对应的预期循环次数，如果 ΔK_a 和 ΔK_c 小于 ΔK_{th}，则该缺陷可免于疲劳评定；否则，按表 7 - 9 进行判别。如果其结果均小于表 7 - 9 中相应各列 ΔK 值所对应的容许循环次数，则该缺陷可免于疲劳评定，认为是安全的或可接受的。

表 7 - 9　免于疲劳评定的界限

ΔK 值		容许承受循环次数
表面裂纹	埋藏裂纹	
690 ~ 551	460 ~ 368	1×10^3
550 ~ 407	367 ~ 271	2×10^3
406 ~ 321	270 ~ 214	5×10^3
320 ~ 255	213 ~ 170	1×10^4
254 ~ 188	169 ~ 125	2×10^4
187 ~ 149	124 ~ 101	5×10^4
≤148	≤100	1×10^5

6）疲劳裂纹扩展量及裂纹最终尺寸的计算

疲劳裂纹扩展量及裂纹最终尺寸的计算采用迭代法，即按应力变化范围历程逐个循环计算。方法与步骤如下：

按 a_{i-1}、c_{i-1} 和第 i 个循环的 $(\Delta\sigma_m)_i$、$(\Delta\sigma_B)_i$ 算出 $(\Delta K_a)_{i-1}$、$(\Delta K_c)_{i-1}$，然后按下式计算第 i 个循环后的裂纹尺寸：

$$\begin{cases} a_i = a_{i-1} + A\ (\Delta K_a)_{i-1}^m \\ c_i = c_{i-1} + A\ (0.9\Delta K_c)_{i-1}^m \end{cases} \quad i = 1,\ 2,\ \cdots,\ N \qquad (7-21)$$

重复以上步骤，直到评定期间预期的最后一个应力循环为止，即得到疲劳裂纹扩展的最终裂纹尺寸 a_f、c_f。

7）安全性评价

①疲劳泄漏评定

对表面裂纹：若 $a_f < 0.7B$，则不会发生漏泄。

对埋藏裂纹：若 $(p_1 + a_0 - a_f)/a_f \geq 0.8$ 且 $(p_1 + a_0 + a_f)/B \leq 0.7$，则不会发生泄漏。

②疲劳断裂评定

按 7.1.1 断裂与塑性失效评定中平面缺陷简化评定或常规评定的方法，根据最终裂纹尺寸 a_f、c_f 和缺陷所在部位承受的最大应力值进行断裂和塑性失效评定，如果评定的结果是安全或可以接受的，则不会发生疲劳断裂和塑性破坏失效。

若疲劳评定结果能同时满足以上条件，则认为该缺陷是安全的或可以接受的；否则，是不能保证安全或不可接受的。

7.1.2.2 体积型焊接缺陷的疲劳评定

1）评定方法

体积型缺陷的疲劳评定是基于 $S-N$ 曲线的评定方法，适于同时满足下列条件的含体积型缺陷的在用压力容器焊接接头的疲劳评定：

• 容器壁厚等于或大于 10mm；

• 操作温度低于 375℃的碳钢、碳锰钢和低合金钢制容器或操作温度低于 430℃的奥氏体不锈钢制容器。

容器受双向应力疲劳作用时，其疲劳评定按单向应力进行。

2）评定程序

体积型焊接缺陷的疲劳评定按下列步骤进行：

a. 缺陷表征；

b. 应力变化范围的确定；

c. 免于疲劳评定的判别；

d. 服役工况需求的疲劳强度参量 $(S^3N)_x$ 值的确定；

e. 容许疲劳强度参量 $(S^3N)_y$ 值的确定；

f. 疲劳安全性评价。

3）所需基本数据的确定

①缺陷的表征

按 7.1.1.2 中气孔和夹渣缺陷的表征规则对缺陷进行表征。

②应力变化范围及循环次数的确定

按 7.1.2.1 中的规定确定应力的变化范围。体积缺陷承受的循环次数 N 及 n_i 应为从该容器投运时起计算。

4）免于疲劳评定的判别

符合以下条件之一者，可免于进行疲劳评定，并认为该缺陷是可以接受的：

a. 缺陷所在截面的工作应力变化范围低于 23MPa；

b. 仅承受与焊缝方向一致的疲劳载荷的咬边缺陷。

5）$(S^3N)_x$ 值的计算

对于恒幅疲劳，可根据缺陷所在截面的应力变化范围 $\Delta\sigma$ 和在整个寿命期内的总循环次数 N，按式（7-22）计算：

$$(S^3N)_x = (\Delta\sigma)^3 N \tag{7-22}$$

对于非恒幅疲劳，如有 d 种应力变化范围 $\Delta\sigma_i$（$i=1$，2，……，d），它们所承受的循环次数分别为 n_i（$i=1$，2，……，d），则按式（7-23）计算：

$$(S^3N)_x = \sum_{i=1}^{d} \left[(\Delta\sigma_i)^3 n_i \right] \tag{7-23}$$

计算时，所有小于表 7-10 规定的最小应力变化范围 $\Delta\sigma_{min}$，可以忽略不计。

表 7-10   计算非恒幅疲劳的 $(S^3N)_x$ 时可忽略的最小应力变化范围 $\Delta\sigma_{min}$

$(S^3N)_x$ 值	$(\Delta\sigma)_{min}/MPa$
1.52×10^{12}	42
1.04×10^{12}	37
6.33×10^{11}	32
4.31×10^{11}	28
2.50×10^{11}	23

6）$(S^3N)_y$ 值的确定

容许疲劳强度参量 $(S^3N)_y$ 值取决于缺陷的构形。对于气孔缺陷，根据气孔率由表 7-11 确定。

表 7-11   含气孔焊接接头的容许疲劳强度参量 $(S^3N)_y$

气孔在射线底片上所占的面积	$(S^3N)_y$ 值
3%	$4.980 \times 10^6 E$
5%	$1.196 \times 10^6 E$

对于夹渣缺陷，根据夹渣长度以及焊缝是否进行焊后消氢热处理的情况，按表 7-12 或表 7-13 确定。

表 7-12   含夹渣的焊态焊接接头的容许疲劳强度参量 $(S^3N)_y$

最大夹渣长度/mm	$(S^3N)_y$ 值
2.5	$7.270 \times 10^6 E$

最大夹渣长度/mm	$(S^3N)_y$ 值
4.0	$4.980 \times 10^6 E$
10	$3.029 \times 10^6 E$
35	$2.062 \times 10^6 E$
>35	$1.196 \times 10^6 E$

表 7 – 13 含夹渣的经消氢热处理焊接接头的容许疲劳强度参量 $(S^3N)_y$

最大夹渣长度/mm	$(S^3N)_y$ 值
19	$7.270 \times 10^6 E$
58	$4.980 \times 10^6 E$
>58	$1.196 \times 10^6 E$

对于容器壁厚 $B = 10 \sim 25$mm、深度 <1mm 的咬边缺陷，根据咬边深度与壁厚的比值，按表 7 – 14 或表 7 – 15 确定。

表 7 – 14 含咬边的对接焊接接头的容许疲劳强度参量 $(S^3N)_y$

最大咬边深度/壁厚	$(S^3N)_y$ 值
0.025	$7.270 \times 10^6 E$
0.050	$4.980 \times 10^6 E$
0.075	$3.029 \times 10^6 E$
0.100	$1.196 \times 10^6 E$

表 7 – 15 含咬边的角接焊接接头的容许疲劳强度参量 $(S^3N)_y$

最大咬边深度/壁厚	$(S^3N)_y$ 值
0.050	$3.029 \times 10^6 E$
0.075	$2.062 \times 10^6 E$
0.100	$1.196 \times 10^6 E$

7）安全性评价

如果体积缺陷经评定满足式（7 – 24），则该体积型缺陷是容许的或可以接受的；否则，是不能容许或不可接受的。

$$(S^3N)_y \geqslant (S^3N)_x \tag{7 - 24}$$

关于平面缺陷的分析评定见标准附录 F。此外标准附录 G 和 H 还给出了压力管道直管段平面缺陷和体积缺陷的安全评定方法。

7.2 GB/T 19624 标准的特色与创新点

由于 GB/T 19624 标准充分吸收了国内外的最新研究成果，并保留了 CVDA – 84 规范之精华，因此在诸多方面和技术上不仅形成了自己的特色，而且还具有一定的创新性。

7.2.1 GB/T 19624 标准的特色

1）断裂及塑性失效评定采用三级评定的技术路线

20 世纪 80 年代以来，世界各国出版或再版了一系列缺陷安全评定标准和规程。其中英国 CEGB R6 –86 第 3 版（新 R6）、PD6493 –91 等标准和规程在断裂评定中都采用三级评定路线，但 PD6493 的三级评定和新 R6 的三级评定无论在目的还是方法上均有较大差别。

新 R6 完全采用失效评定图技术，其三级评定可简述为 3 种选择、3 种类别。失效评定曲线有 3 种选择：选择 3 是严格的 $K_r = \sqrt{J_e/J} = f(L_r)$ 失效评定曲线；选择 2 是 Ainsworth 提出的仅反映材料性能而忽视结构因素的以参考应力法进行简化的失效评定曲线；选择 1 是按各种材料的选择 2 曲线的下包络线作出的保守通用失效评定曲线，非常简单，可用于任何材料和任何结构。3 种类别是指 3 个不同目的的评定，即起裂评定、有限量撕裂评定和撕裂失稳评定。

PD6493 的三级评定也都采用失效评定图技术。1 级评定实际上继承了老版的 COD 设计曲线法，但以失效评定图的形式表示，是初步的筛选方法；2 级评定采用了老 R6 中以 D-M 模型为基础的通用失效评定图；3 级评定采用新 R6 的选择 2 曲线，并在应力应变曲线不能确定（例如热影响区）时采用新 R6 的选择 1 的通用失效评定曲线。作为其主要的、新的、全面的评定方法，2 级评定和 1 级评定一样，均以评定点落在失效评定曲线以内还是以外来判断其安全程度。但该方法并未明确评定是起裂评定还是有限量撕裂评定。

与新 R6 和 PD6493 的三级评定相似，GB/T 19624 的失效评定也采用了三级评定的技术路线，分别是平面缺陷的简化评定、平面缺陷的常规评定和平面缺陷的分析评定。GB/T 19624 三级评定的技术路线，既积极跟踪国际先进技术，与国际接轨，又反映了国内成熟的科研成果和实践经验，并有所发展，因而具有中国特色。

2）平面缺陷的简化评定继承了国内 CVDA 的精华，比英国 PD6493 –91 的筛选评定方法更为先进和安全

尽管 COD 设计曲线并不是先进的技术，但国内大量工程实践证明它是一种安全、保守的评定方法，并且已在国内应用多年，从而为广大技术人员所熟悉，因此将其作为第一级简化评定法的基础，以继承国内 CVDA 的精华。PD6493 –80 与 CVDA 都采用 COD 设计曲线，但 PD6493 –91 采用失效评定图形式，将它的 COD 曲线转变为失效评定图，这一技术为 GB/T 19624 简化评定的建立提供了借鉴。

GB/T 19624 的简化评定方法在以下方面与 PD6493 –91 一致：采用以 $\sqrt{\delta_r} = \sqrt{\delta/\delta_c}$ 为纵坐标的简化失效评定图；考虑安全系数为 2，即以 $\delta = \delta_c/2$ 为临界条件，从而确定了呈水平状的断裂失效评定曲线 $\sqrt{\delta_r} = 0.7$；横坐标用 $S_r = L_r(\sigma_s + \sigma_b)/2\sigma_s$ 表示，并限制 $S_r =$

0.8，即以 $S_r = 0.8$ 为截止线。所以简化失效评定图是矩形的。

这两个标准的 COD 估算值是不同的。PD6493 的 δ 按 Burdekin 的 COD 设计曲线计算，而 GB/T 19624 按 CVDA 给出的 COD 设计曲线计算。理论分析和实践经验均表明，CVDA 的设计曲线优于 PD6493，其主要差别反映在施加应变与材料屈服应变之比为 0.8～1.2 时，在此区间内，宽板试验的断裂点常落在 Burdekin 设计曲线之上和 CVDA 曲线之下，说明 CVDA 的 COD 设计曲线比 PD6493 更符合实际，技术更为先进，评定更为安全。

3）平面缺陷的常规评定方法采用新 R6 的通用失效评定曲线，并选取了符合国情的分安全系数

从先进性、成熟性、工程实用性综合考虑，GB/T 19624 在常规评定中采用了新 R6 的通用失效评定图进行防止起裂的评定。其原因是：①20 世纪 90 年代，世界各国发表的所有标准和规程均采用新 R6 的通用失效评定图，说明它是世界公认的工程评定方法。采用技术上较成熟的新 R6 通用失效评定图，既与国际接轨，又便于与国外标准对比，有利于对 GB/T 19624 标准中一些细节作出评价。②国内"八五"科技攻关 85－924－02－02 专题建立的国内常用压力容器用钢的母材、焊缝、各种试板、容器、焊接接头、各种穿透裂纹和表面裂纹、高应变区裂纹、应变时效或温度影响下的 800 多条严格的积分失效评定曲线（即新 R6 的选择 3 曲线）与新 R6 通用失效评定曲线对比表明：在绝大多数情况下，新 R6 通用失效评定曲线是偏于安全的，虽在个别情况下，积分失效评定曲线会比新 R6 通用失效评定曲线略低，但所有曲线的下包络线在 $L_r < 1$ 范围内，与通用失效评定曲线的误差（以载荷计）均不大于 10%。这就为 GB/T 19624 采用新 R6 通用失效评定图进行常规评定提供了符合国情的实验依据，同时也为平面缺陷的常规评定采用分安全系数提供了重要的依据。

20 世纪末，欧盟各国组织研究编制了欧洲统一的"工业结构完整性评定方法"SIN-TAP－99，R6 发表的第 4 版（2001 年版）也作了相应的修改。其中，针对长屈服平台用钢的失效评定曲线与无屈服平台用钢有很大差异，发展了一种称为有屈服平台材料的近似选择 2 曲线，SINTAP 称为第 1 级之一的有屈服平台失效评定曲线，从而解决了采用新 R6 通用失效评定曲线时被迫取 $L_r^{max} = 1$ 所带来的一些问题。2003 年，根据国外这一最新成果对 GB/T 19624 作了局部修改，即根据新 R6 的有屈服平台材料的近似选择 2 曲线与通用失效评定曲线的差异，给出了不同强度长屈服平台用钢在不同情况下 L_r^{max} 值的规定，从而使得该标准表面上只采用了一条通用失效评定曲线，但实质上达到了同时采用新 R6 有长屈服平台和无屈服平台材料的两条近似选择 2 曲线的效果。

4）平面缺陷的分析评定采用 EPRI－82 工程优化方法，并有创新

平面缺陷的分析评定直接采用 J 积分为断裂参量，是最严格的弹塑性断裂力学方法，该方法能精确地评定含缺陷容器从起裂、有限量撕裂、直至撕裂失稳的全过程。PD6493－91 的第 3 级评定采用通用失效评定曲线及新 R6 的选择 2 曲线并非严格的失效评定曲线，难于达到精确评定的目的。新 R6 的选择 3 失效评定曲线及第 3 类评定方法能达到精细评定的要求。精细评定也可以采用与新 R6 选择 3 等价的、由 EPRI 建立的稳定性评定图法中 $J(\sigma, a) = J_R(\Delta a)$ 及 $\partial J(\sigma, a)/\partial a = \partial J(\Delta a)/\partial a$ 的失稳条件，根据阻力曲线与推力曲线相切来确定其失稳点，但切点难于判别。GB/T 19624 采用"优化"方法，即由给定的 Δa_k 寻求满足平衡条件 $J(\sigma, a_k) = J_R(\Delta a_k)$ 的相容应力 σ_k，各相容应力的极大值即

为失稳应力，并用软件来实现，称为 EPRI 工程优化评定方法，反映了国内的创新成果。

分析评定需要非常详尽的原始资料，例如可靠的 J 积分解和材料的整条 J_R 阻力曲线等。因此，分析评定主要用于重要的大型容器或部件含有常规评定方法不能通过的缺陷且又难于返修的场合。同时，分析评定方法也是常规评定方法的技术基础，是研究、发展、评价常规评定方法和简化评定方法的重要手段。目前，仅有部分含裂纹结构的 J 积分解，因而，还不能在任何情况下都能采用分析评定，且只能由专家使用。2003 年局部修改时决定将其列为附录 F。

5）平面缺陷简化评定与常规评定之间、常规评定与分析评定之间合理衔接

在平面缺陷的简化评定、常规评定和分析评定中，分别采用了不同的分安全系数，使三级评定方法合理衔接。通过简化评定与常规评定各自在失效评定图上的安全区域的比较、各自的额外安全裕度估算比较、以及大量的实际或模拟案例的评定结果的比较，均未发现简化评定通过而常规评定不通过的"逆转"情况。对不少评定案例同时采用常规评定与分析评定方法进行评定，结果表明也不存在"逆转"现象。这种合理的衔接，为三级评定方法建立了各级既相对独立，又相互联系和衔接的合理关系，也为用户根据实际情况采用任何一级评定方法进行平面缺陷的安全评定提供了可能。用户一般可先采用简化评定，GB/T 19624 允许在简化评定不通过时采用常规评定或在可能的情况下直接采用分析评定对含缺陷结构做出安全与否的最终评价；或当常规评定不通过时，在可能的情况下可采用分析评定方法对其进行评定，以便更科学地给出安全与否的最终结论。

6）在疲劳评定中充分考虑科学、安全和简便

在疲劳评定中尽可能从服役容器上取样，按 GB/T 6398—2017《金属材料疲劳裂纹扩展速率试验方法》的规定进行实验。根据实验数据，用最小二乘法回归计算得到参数 A 和 m，并将 A 乘以一个不小于 4.0 的系数后才能作为评定所用的 A 值。实验数据表明：对 16MnR 等材料而言，按这一规定进行参数选择，存活率在 99.99% 以上。

在疲劳裂纹最终尺寸 a_f 和 c_f 的计算中采用了按应力变化范围历程逐个循环计算法。研究表明：基于 Paris 公式及 Newman-Rujas 应力强度因子解的逐个循环计算法，不仅其理论较为严密，而且其精度比 PD6493 的多级 S－N 曲线法高。除逐个循环计算法外，还建议采取分段计算法，可以大幅度减少计算工作量，甚至可以用手工完成。对于免于疲劳评定的判断，不仅给出 $\Delta K_1 < \Delta K_{th}$ 的理论判别式，而且考虑到大多数压力容器承受压力循环次数不多，只要在使用寿命期内，其疲劳扩展量小于在无损检测中可检出的最小尺寸，仍可免于疲劳评定。因此，GB/T 19624 给出了不同载荷循环的 ΔK_a、ΔK_c 值和对应的容许预期循环次数。如果实际循环次数小于相应各 ΔK 所对应的容许循环次数，则缺陷可免于疲劳评定。这一规定不仅科学合理，而且简化了判别免于疲劳评定时的计算。

7.2.2　GB/T 19624 标准的主要创新点

1）采用了"八五"重点科技攻关首创的压力容器凹坑缺陷塑性极限载荷分析法，对凹坑缺陷进行安全评定

凹坑是压力容器常见缺陷之一。凹坑可能由腐蚀或机械损伤产生，也可能由于打磨表面裂纹或近表面的其他缺陷而形成。凹坑比裂纹安全得多，如果能提供可靠的凹坑缺陷的

安全评定方法，不仅可使相当部分的凹坑免于焊补，并可避免焊补导致新裂纹产生的危险，有重大的现实意义。压力容器凹坑的塑性破坏可能是整体塑性垮塌，也可能是凹坑底部局部塑性破坏。通过对大量带各类凹坑缺陷的平板、球壳、筒壳的弹塑性分析、极限载荷分析、安定性载荷计算及一些实验验证，发现凹坑对容器塑性极限承载能力的削弱与凹坑无因次深度及凹坑无因次长度之积密切相关，并由此确定了无量纲参数 G_0。研究表明：在 $G_0 < 0.2$ 时，凹坑造成的承载能力的削弱不到 6%。因此，规定当 $G_0 < 0.1$ 时，可以免于进行评定。

GB/T 19624 提出的凹坑缺陷评定方法，理论严谨、概念清晰、方法简单，并已在工程应用中处理了相当多的案例，是国内首创的一种方法，可以"解放"相当大部分凹坑缺陷。在无面型缺陷同时存在时，这一工程方法是足够保守和相当安全的。

2）采用了"八五"重点科技攻关中处理二次应力的工程方法等最新成果

焊接压力容器不可避免地存在焊接残余应力及热应力等二次应力。二次应力是自平衡应力，又具有自限性，在外力作用下可能局部塑性松弛或再分布，对断裂的影响有时很大，有时很小。存在二次应力时，J 积分不再守恒，分析技术难度较大。采用通用失效评定曲线及 Ainsworth 提出的 ρ 因子来处理二次应力的方法，代表了国际上最先进的水平。但是，R6 的编者在背景材料中亦不得不承认这个方法用于小裂纹位于高值残余拉伸应力区是不安全的，用于其他情况又过分保守，从而引起不少争议和新建议。"八五"攻关中建立了有二次应力存在时守恒的修正 J 积分及其计算程序，揭示了新 R6 的 ρ 因子存在问题的症结，是在推导过程中所采用的假设是错误的，从而导出了一套比新 R6 法更先进的 ρ 因子。理论和试验都证明这套 ρ 因子比新 R6 的 ρ 因子更符合客观实际，具有国际先进水平。GB/T 19624 采用了"八五"攻关的这一最新成果用于平面缺陷的常规评定。此外，在有二次应力存在下的严格弹塑性断裂力学理论分析计算证明：CVDA 中处理二次应力的系数不是常数，且变化很大。从既要保持原有评定方法，又要保证安全的角度出发，GB/T 19624 对 CVDA 中二次应力系数的取值规定作了局部调整。

3）采用了国内首创的裂纹间弹塑性干涉效应分析法

在工程实际中，缺陷往往不是孤立存在的。目前，世界各国的标准和规程都规定：相邻缺陷的存在导致应力强度因子增加率达到一定程度时，必须将此两条裂纹作为已贯穿的一个大裂纹处理。"八五"攻关研究发现：裂纹间的弹塑性干涉效应 $G = \sqrt{J_{双}/J_{单}}$ 比线弹性干涉效应 $K_{双}/K_{单}$ 大得多，并与材料的本构关系和载荷水平有关。例如两相邻等长裂纹间距超过裂纹长度时，按其他标准和规程的规定，不考虑二者间的相互影响。但计算表明：对 A533B 材料来说，在 $L_r > 1$ 时，G 可达到 1.4；对于 16MnR，当 $L_r = 1$ 时，G 可达2.1。显然，在这种情况下忽视缺陷间的相互影响会带来危险的后果。"八五"科技攻关研究表明：只要在单裂纹的应力强度因子上乘以相邻缺陷的弹塑性干涉效应 G，即可利用通用失效评定曲线完成考虑裂纹间弹塑性干涉效应的断裂评定。GB/T 19624 根据不同应力应变关系材料的计算结果给出了 G 值的估算公式，并以表格的形式给出了其数值解，使用方便，尚属国际首创。

4）压力管道周向面型缺陷安全评定采用了"九五"重点科技攻关创新性研究成果——U 因子工程评定方法

在管道面型缺陷安全评定方面，采用了国家"九五"科技攻关专题（96 – 918 – 02 –

03）提出的，可用于任意应力应变关系材料、任意材料断裂韧度、能自由选择安全系数的简化因子工程评定方法——以起裂为断裂判据，同时可以完成含周向面型缺陷压力管道起裂和塑性失效安全评定的 U 因子工程评定方法。该方法评定过程极为简便，只需查表进行简单的算术运算就可以完成拉、弯、扭、内压联合载荷作用下的周向面型缺陷安全评定。国际上至今还没有适应面如此广、评定过程如此简便、且评定精度很高的工程评定方法。

5）压力管道体型缺陷安全评定采用了"九五"重点科技攻关研究成果——含局部减薄缺陷压力管道塑性极限载荷工程评定方法

与含凹坑压力容器安全评定相比，含局部减薄压力管道安全评定更为复杂。首先，压力管道除承受内压外，还同时承受拉、弯等组合载荷；其次，安全评定所需要的管系内力和管道应力一般只能通过数值计算分析的方法求得，这对一般评定人员而言具有很大的难度。为此，GB/T 19624 采用了国家"九五"科技攻关专题（96-918-02-03）提出的以塑性极限载荷理论和含局部减薄压力管道塑性极限载荷拟合计算公式为基础的工程评定方法，并采用了无须进行复杂的管系内力和管道应力计算、应用极为简便的免于评定条件。因此，GB/T 19624 提出的局部减薄缺陷安全评定方法理论严谨、方法简单，是国内首创的一种管道缺陷安全评定方法。将此方法偏保守地应用于含其他体型缺陷管道，可以进行含气孔、夹渣和失效模式为塑性失稳的未焊透等缺陷的压力管道的安全评定。

综上所述，GB/T 19624 标准是通过"八五"国家重点科技攻关研究，吸收了"九五"国家重点科技攻关的部分成果，经过 12 年的研究、撰写、修改和不断完善，于 2004 年形成的。它是国内科技工作者潜心研究的结果，是一部拥有自主知识产权的先进的大型国家标准。它的颁布和实施，不仅为国内压力容器与管道的安全评定提供了可共同遵循的、权威的科学方法，也必将进一步推动国内在用含缺陷压力容器与管道安全评定工作的开展，更好地保障此类设备的安全，并将进一步促进国内压力容器与管道整体安全评价和风险评估科学技术和方法的研究、发展和提高。为了解决标准实施中的问题，后续又开展了"十五"国家重点科技攻关课题"城市埋地燃气管道及工业特殊承压设备安全保障关键技术研究"、"十一五"国家科技支撑课题"大型高参数高危险性成套装置长周期运行安全保障关键技术研究"、质检公益项目"基于损伤模式的承压设备合于使用评价技术研究及应用"等研究工作，结合国际上有关技术的发展，完成了对 GB/T 19624—2004 的修订，于 2019 年颁布了最新版本 GB/T 19624—2019。

7.3　世界各国缺陷评定规范最新进展

近年来，国际上按"合于使用"原则建立的结构完整性技术及其相应的工程安全评定标准（或方法）越来越走向成熟，已形成了一个分支学科，无论在广度还是在深度方面均取得了重大发展。在广度方面新增了高温评定、各种腐蚀评定、塑性评定、材料退化评定、概率评定和风险评估等内容；在深度方面，弹塑性断裂、疲劳、冲击动载和止裂评定、极限载荷分析、微观断裂分析、无损检测技术等均取得很大的进展。

值得指出的是近年来欧美安全评定规范的发展有两件标志性的大事。第一件是 1996

年欧洲委员会为了建立一个统一的欧洲实施合于使用评定标准，发动组织了一个研究计划，有 9 个国家的 17 个组织参加，于 1999 年完成了"欧洲工业结构完整性评定方法"，简称 SINTAP，已于 2000 年发表并形成了未来欧洲统一标准的草稿。由于英国 R6、PD6493、德国的 CKSS 及瑞典技术中心都是 SINTAP 研究的核心成员，SINTAP 也是他们共同参与研究后形成的共识，鉴于 SINTAP 不久即将成为欧洲的统一标准，R6 及 PD6493 在即将颁布其新版前夕，对各自的修改稿又作了一次紧急修改。R6 于 2001 年颁布了全新版（第 4 版）；PD6493 于 2000 年颁布了修订版，但代号已改为 BS7910—1999，取消了 PD 代号而正式列入正规的英国标准，当前最新版本为 BS7910—2013。第二件大事是美国石油学会于 2000 年颁布了针对在用石油化工设备的合于使用评定标准 API 579，在内容上具有鲜明特色，反映了结构完整性评定技术研究范围有了很大的拓宽。鉴于世界各国缺陷评定规范的迅速发展，International Journal of Pressure Vessel and Piping 期刊于 2000 年发表了题为"缺陷评定方法"专刊，介绍了国际上十个缺陷评定规范的进展，其中也包括了我国八五攻关编制的 SAPV-95。以下将简要介绍欧洲工业结构完整性评定方法 SINTAP、英国含缺陷结构完整性评定标准 R6；英国标准 BS 7910 金属结构中缺陷验收评定方法导则和美国石油学会标准 API 579 推荐用于合于使用的实施办法的概貌和最新进展。

7.3.1　欧洲工业结构完整性评定方法 SINTAP

SINTAP 采用了失效评定图（FAD）和裂纹推动力（CDF）的两类分析方法。FAD 的关键是失效评定曲线 $f(L_r)$，只要评定点 (L_r, K_r) 落在 FAD 图的安全区内，则缺陷就是安全的。CDF 是直接按 $J < J_{Ic}$ 的判据来进行评定的，但裂纹推动力 J 的计算规定应按失效评定曲线 $f(L_r)$ 求得，因此尽管 CDF 法和 FAD 法在形式上有所不同，但实质是一样的。所以这里只介绍 SINTAP 的 7 个级别及其失效评定曲线。

1）第 0 级（Default level）

在仅可得到材料的屈服应力 σ_s 和冲击性能 A_{KV} 时使用。

（1）无屈服平台的连续屈服材料的失效评定曲线为：

$$f(L_r) = (1 + 0.5L_r^2)^{-1/2}[0.3 + 0.7\exp(-0.6L_r^6)] \tag{7-25}$$

且取 $L_r^{\max} = 1 + (150/\sigma_s)^{2.5}$。

（2）有屈服平台材料时或者不能排除材料不具有屈服平台时的失效评定曲线为：

$$f(L_r) = (1 + 0.5L_r^2)^{-1/2} \tag{7-26}$$

且取 $L_r^{\max} = 1$。

2）第 1 级（Basic level）

用于可获得材料的 σ_s、σ_b 及断裂韧度值 K_c 的情况。如有焊缝存在，其强度不匹配程度应小于 10%。

（1）有屈服平台材料的失效评定曲线，分为三段表述

当 $L_r < 1$ 时，采用式（7-26）。

在 $L_r = 1$ 处，有一陡降直线段。从式（7-26）在 $L_r = 1$ 时的值直线下降至：

$$f(1) = [\lambda + 1/(2\lambda)] \tag{7-27}$$

式中　$\lambda = 1 + E\Delta\varepsilon/\sigma_s$；$\Delta\varepsilon$ 为屈服平台长度，$\Delta\varepsilon = 0.0375(1 - \sigma_s/1000)$。

当 $L_r > 1$ 时，取德国 ETM 的成果：

$$f(L_r) = f(1) L_r^{(n-1)/(2n)} \qquad (7-28)$$

式中 n 为材料应力 – 塑性应变关系用幂函数拟合表示时的指数，$n = 0.3 (1 - \sigma_s/\sigma_b)$。
这是根据 19 种材料数据整理得到的下边界值，实际的 n 值可能为上式计算值的 $1 \sim 5$ 倍，
所以 $L_r > 1$ 处的 $f(L_r)$ 是非常保守的。

规定取 $L_r^{max} = (\sigma_s + \sigma_b)/(2\sigma_s)$。

（2）无屈服平台材料的失效评定曲线，分两段表述

当 $L_r \leqslant 1$ 时：

$$f(L_r) = (1 + 0.5L_r^2)^{-1/2} [0.3 + 0.7\exp(-\mu L_r^6)] \qquad (7-29)$$

式中 系数 $\mu = \min [0.001 (E/\sigma_s), 0.6]$。

当 $L_r > 1$ 时，仍采用式（7-28）。

3）第 2 级（Mismatch level）

和第 1 级相似，但适用于焊缝强度不匹配程度超过 10% 的场合，这时需要知道母材和
焊缝的拉伸性能和断裂韧度。因而分三种情况，分述如下：

（1）母材及焊缝两种材料均无屈服平台时（第一种情况）

采用第 1 级中的无屈服平台时的失效评定曲线两段表达式，但式（7-29）及式（7-
28）中的 μ 值和 n 值应改用不匹配焊接接头的 μ_M 值和 n_M 值，即：

$$\mu_M = \min \left[\frac{M-1}{(P_{sM}/P_{sB}-1)/\mu_W + (M-P_{sM}/P_{sB})/\mu_B}, 0.6 \right] \qquad (7-30)$$

$$n_M = \frac{M-1}{(P_{sM}/P_{sB}-1)/n_W + (M-P_{sM}/P_{sB})/n_B} \qquad (7-31)$$

式中 M 为强度不匹配因子，定义为焊缝与母材的屈服应力之比，$M = \sigma_{sW}/\sigma_{sB}$；$P_{sM}$ 为焊
接接头的塑性屈服载荷；P_{sB} 为母材的塑性屈服载荷；μ_B 和 μ_W 分别为母材及焊缝的 μ 值，
$\mu_B = \min [0.001 (E_B/\sigma_{sB}), 0.6]$，$\mu_W = \min [0.001 (E_W/\sigma_{sW}), 0.6]$；$N_B$ 和 N_W 分别为
母材及焊缝的 n 值，$n_B = 0.3 (1 - \sigma_{sB}/\sigma_{bB})$，$n_W = 0.3 (1 - \sigma_{sW}/\sigma_{bW})$。

规定取

$$L_r^{max} = \frac{1}{2} \left(1 + \frac{0.3}{0.3 - n_M} \right) \qquad (7-32)$$

（2）焊缝及母材均具有屈服平台时（第二种情况）

采用第 1 级中有屈服平台时的失效评定曲线，也分三段，即式（7-26）、式（7-
27）、式（7-28），但式（7-27）中的 λ 应用 λ_M 代替，式（7-28）中的 n 用 n_M 代替。

$$\lambda_M = \frac{(P_{sM}/P_{sB}-1) \lambda_W + (M-P_{sM}/P_{sB}) \lambda_B}{M-1} \qquad (7-33)$$

式中 $\lambda_W = 1 + 0.0375 \dfrac{E_W}{\sigma_{sW}} \left(1 - \dfrac{\sigma_{sW}}{1000} \right)$，$\lambda_B = 1 + 0.0375 \dfrac{E_B}{\sigma_{sB}} \left(1 - \dfrac{\sigma_{sB}}{1000} \right)$。

L_r^{max} 仍按式（7-32）计算。

（3）焊缝或母材之一具有屈服平台时（第三种情况）

当 $L_r < 1$ 时，采用第一种情况时的失效评定曲线，但在 μ_M 的计算中具有长屈服平台材
料的 μ 值可以不计。

在 $L_r = 1$ 处，按第二种情况具有屈服平台材料时的方法保守地取较低的 $f(1)$ 值，将无屈服平台材料的 λ 取为 0。

当 $L_r > 1$ 时，与第二种情况完全相同。

4）第 3 级（Stress-strain level）

这一方法要求可获得材料的 $\sigma - \varepsilon$ 关系曲线以求得 $f(L_r)$，当然也需要知道材料的断裂韧度值才能进行评定。第 3 级不仅适于焊接接头基本匹配的情况，也适用于不匹配的情况。

在不涉及焊缝或焊接接头基本匹配时采用 R6 第 3 版的选择 2 曲线，即：

$$f(L_r) = \left[\frac{E\varepsilon_{\mathrm{ref}}}{\sigma_{\mathrm{ref}}} + \frac{L_r^2}{2\left(E\varepsilon_{\mathrm{ref}}/\sigma_{\mathrm{ref}}\right)} \right]^{-1/2} \tag{7-34}$$

式中 σ_{ref} 为参考应力，$\sigma_{\mathrm{ref}} = L_r\sigma_s$；$\varepsilon_{\mathrm{ref}}$ 为材料单向拉伸 $\sigma - \varepsilon$ 关系曲线上与 σ_{ref} 相应的应变值。

在焊接接头不匹配时也采用式（7-34），但 σ_{ref}、$\varepsilon_{\mathrm{ref}}$ 和 L_r 值的计算应采用母材与焊缝组成的含缺陷元件的当量 $\sigma_{\mathrm{eq}} - \varepsilon_{\mathrm{eq}}$ 关系曲线。$\sigma_{\mathrm{eq}} - \varepsilon_{\mathrm{eq}}$ 关系曲线可按塑性极限载荷相等的原则求得，与焊缝的 $\sigma_{\mathrm{W}} - \varepsilon_{\mathrm{W}}$ 关系、母材的 $\sigma_{\mathrm{B}} - \varepsilon_{\mathrm{B}}$ 关系、不匹配因子 M 及 P_{sM} 及 P_{sB} 有关。σ_{eq} 与 $\varepsilon_{\mathrm{eq}}$ 的塑性部分 ε^{p} 的关系为：

$$\sigma_{\mathrm{eq}} = \frac{(P_{\mathrm{sM}}/P_{\mathrm{sB}} - 1)\ \sigma_{\mathrm{W}} + (M - P_{\mathrm{sM}}/P_{\mathrm{sB}})\ \sigma_{\mathrm{B}}}{M - 1} \tag{7-35}$$

式中 σ_{W}、σ_{B} 是指在任一塑性应变量 ε^{p} 时，焊缝 $\sigma_{\mathrm{W}} - \varepsilon^{\mathrm{p}}$ 关系曲线上及母材 $\sigma_{\mathrm{B}} - \varepsilon^{\mathrm{p}}$ 关系曲线上的应力值。所以式（7-35）就是当量的 $\sigma_{\mathrm{eq}} - \varepsilon^{\mathrm{p}}$ 关系。由于 $\varepsilon_{\mathrm{eq}} = \sigma_{\mathrm{eq}}/E + \varepsilon^{\mathrm{p}}$，从而可得到当量材料的 $\sigma_{\mathrm{eq}} - \varepsilon_{\mathrm{eq}}$ 关系。M 为在不同塑性应变量 ε^{p} 时的不匹配因子，$M = \sigma_{\mathrm{W}}/\sigma_{\mathrm{B}}$，与 ε^{p} 有关，并非材料常数，并且 $P_{\mathrm{sM}}/P_{\mathrm{sB}}$ 值也应是在这些 M 下的值。

5）第 4 级（Constraint level）

该级别的评定要求根据裂尖拘束度的具体情况来估算材料实际断裂韧度。按断裂韧度标准测试方法，被测试件必需要有足够尺寸以保证获得最低的平面应变断裂韧度值，而实际工程元件中的缺陷往往是很浅的，只有较低的拘束度，显然如能按实际拘束度的断裂韧度来进行评定可以降低评定的过保守度，但要求有附加的测试数据。

评定时，FAD 及 K_r 的计算均要作相应的修正，由于篇幅所限，这里不再进一步介绍。

6）第 5 级（J-integral analysis）

该级别的评定要求已知材料应力应变关系曲线以计算 J 积分，可以是没有焊缝的结构，也可以是不匹配的焊接接头（这时要求焊缝及母材的应力应变关系均已知），实际上就是严格的有限元计算解。因此该级别只被用来作为验证各低级方法的工具，并非适用于工程评定的方法。由于有限元计算 J 积分已广为熟知，故 SINTAP 未作详细介绍。

7）第 6 级（LBB）

有时部分深表面裂纹可能继续扩展通过剩余韧带变成穿透裂纹，引起泄漏，但仍然可能处于稳定状态，这就是 LBB 状态。SINTAP 提供了一个新的估算裂纹扩展过程中缺陷形状变化的方法。由于穿透前或穿透后裂纹会不会撕裂失稳的评定过程与 R6 第 3 版相同，只是根据具体情况选用前面几级中的某一失效评定曲线进行评定，因此这里也不再作详细介绍。

7.3.2 英国含缺陷结构完整性评定标准（R6）

R6 第 4 版（2001）是在英国 British Energy（英国核电公司）、BNFL（英国核燃料公司）及 AEA（英国原子能管理局）组成的结构完整性评定规程联合体下的 R6 研究组编制的。R6 第 3 版后已陆续地增补了 10 个新附录，由于近年来断裂力学评定技术的发展，特别是 SINTAP、BS7910 和美国 API 579 的出现，故为吸收世界各国研究进展和 R6 自身发展计划，决定对 R6 作全面修改，于 2001 年颁布了第 4 次修订版。现将主要变化介绍如下：

1）失效评定曲线三种选择的变化

（1）R6 选择 1 的原失效评定曲线被 SINTAP 的第 0 级的曲线取代，即由：

$$f(L_r) = (1 - 0.14L_r^2)\left[0.3 + 0.7\exp(-0.65L_r^6)\right] \tag{7-36}$$

改为

$$f(L_r) = (1 + 0.5L_r^2)^{-1/2}\left[0.3 + 0.7\exp(-0.6L_r^6)\right] \tag{7-25}$$

以保证在低处与 R6 选择 2 曲线一致。对有屈服平台的材料，取 $L_r^{max} = 1$。

（2）R6 选择 2 改有三种曲线。

原 R6 选择 2 曲线仍保留，被称为材料特征的选择 2 曲线［式（7-34）］，用于已知材料应力应变关系数据时建立选择 2 曲线。

在不知道材料应力应变关系数据时，采用 SINTAP 第 1 级（基本级）失效评定曲线的研究成果，给出的两种可供选择的近似曲线，分别用于无屈服平台的材料和有屈服平台的材料，只要求知道材料的屈服强度、抗拉强度和杨氏模量。

无屈服平台材料用近似选择 2 曲线：

在 $L_r < 1$ 时的范围内

$$f(L_r) = (1 + 0.5L_r^2)^{-1/2}\left[0.3 + 0.7\exp(-\mu L_r^6)\right] \tag{7-29}$$

在 $1 < L_r < L_r^{max}$ 的范围内

$$f(L_r) = f(1) L_r^{(n-1)/(2n)} \tag{7-28}$$

这里，$f(1)$ 为按式（7-26）在 $L_r = 1$ 时的 $f(L_r)$ 值。

有屈服平台材料的近似选择 2 曲线与 SINTAP 第 1 级有屈服平台材料的失效评定曲线完全相同。

在利用上述新失效评定曲线时必然会发现一个问题，如果既无应力-应变关系数据，又不知道其是否是有屈服平台材料，该如何办呢？规范给出了根据材料屈服强度、材料化学组成及热处理方式判断是否为有屈服平台材料的导则。

（3）R6 选择 3 曲线没有更改。

2）分析类别的变化

取消了原 R6 的允许有限量撕裂的第 2 类分析。第 1 类分析和第 3 类分析已改名，直截了当地称为基于起裂的分析和基于延性撕裂的分析。

3）结果意义的评价方法的变化

增补了在有多个一次载荷作用时"评定结果意义"的评价方法，但取消了原来一次加二次联合载荷时确定塑性极限载荷的图解法。

4）R6 附录的发展与变化

1986 年 R6 第 3 版有 8 个附录，它们是：断裂韧性值的确定；塑性屈服载荷分析；应力强度应子的确定；K_{rs} 的计算；计算机辅助的计算；疲劳和环境导致裂纹扩展的计算；Ⅰ型、Ⅱ型和Ⅲ型载荷下的计算；由 C-Mn（低碳）钢制作结构完整性评定。此后，又陆续增补了 10 个新附录，反映了安全评定技术的范围日益扩大，它们是：LBB 分析；概率断裂力学；位移控制载荷分析；焊接残余应力的确定；载荷历史的影响（包括水压试验、温预应力，载荷次序及持续载荷的影响）；考虑拘束度的修正；裂纹止裂；强度不匹配；局部法；有限元法。到 2000 年第 4 版正式出版前，又将这些内容全部进行了补充修订，考虑到新版不再设置附录，而将这些附录的内容分散到文本中，分别以节的名义出现。

R6 第 4 版整个文本分为五章：第 1 章基本规程（主要涉及安全评定的一些基本方法）；第 2 章基本规程的输入；第 3 章其他评定方法；第 4 章一览表（包括极限载荷解，强度不匹配的极限载荷解，应力强度因子解及残余应力分布）；第 5 章验证及应用案例。

大部分新附录均列入第 3 章，这些新方法又分为三类：第 1 类是用于特定评定目的的方法，包括 LBB 评定、裂纹止裂评定、概率断裂评定和位移控制载荷时的评定。第 2 类是使第 1 章基本方法不必要的保守程度降低从而更精确的一些评定方法，可以计算出更明确的安全裕度。包括拘束度影响的修正、强度不匹配影响的修正、局部法导则及加载历史的影响。第 3 类为进一步支持第 1 章基本方法的一些方法，包括有限元导则、J 积分估算法、持续载荷评定、Ⅰ型Ⅱ型加Ⅲ型载荷下的评定及 C-Mn（低碳）钢结构的评定。下面简单介绍几种读者可能感兴趣的新方法。

5）裂纹止裂评定

这是 1999 年新增的评定方法，在 R6 第 4 版中被列为第 3 章第 12 节。

有时会遇到即使发生脆性裂纹起裂，但有可能自动止裂而不发生撕裂失稳失效。例如热冲击时孔边裂纹开裂后的扩展，一方面，裂纹扩展是向温度较高区域扩展，材料断裂韧度越来越大，另一方面，由于裂尖离孔边越远，应力强度应子越低，断裂推动力不断下降，因而当断裂推动力低于裂尖温度下的断裂韧度时就有可能止裂。裂纹止裂取决于裂纹体的几何尺寸、承受载荷、温度和材料，止裂应该考虑动态效应，并且动态断裂韧度是温度的函数。该评定方法就是要给出这种裂纹能否止裂的评定。R6 提供了两种方法：一种是基于材料静态性能 K_{Ia} 的静态分析法；另一种是基于材料动态性能 K_{Id}、K_{IA} 的动态分析法。

6）局部法

为 R6 第 4 版第 3 章第 9 节的方法，在第 5 章给出了一个验证案例。

局部法是基于裂纹尖端或尖缺口处的应力应变、局部损伤与其断裂临界状态有关的事实，是材料失效微观力学模型在工程上的应用。这种方法是通过材料特征参量来标定的，这些参量是综合参考试验数据、定量金相和有限元分析而推导出来的。一旦求得该材料的参量，由于认为它们和试件几何尺寸无关，与载荷无关，从而可用于评定该材料制的任何结构。R6 给出了以下四个局部法模型：

- Beremin 解理断裂模型
- Beremin 延性断裂模型
- Rousselier 损伤力学模型

• Gurson 损伤力学模型

第 1 个模型为解理断裂模型，其他 3 个都是延性损伤模型。Beremin 的两个模型用于预期裂纹起裂，Rousselier 和 Gurson 模型既可用于预期起裂，又可用于预期撕裂行为。

7）焊缝不匹配的影响

R6 的基本方法用于焊缝裂纹评定时，采用裂尖区材料的断裂韧度，拉伸性能采用缺陷所在部位最弱区的材料拉伸性能，这样做是十分保守的。而 R6 第 4 版第 3 章第 8 节给出的焊缝不匹配影响的评定方法更为精确，从而可以减小用第 1 章的方法进行评定时的过保守性。

这一方法采用了 SINTAP 第 2 级（不匹配级）的方法。不同的是 R6 在不匹配评定时的失效评定曲线仍然采用三种选择，如前所述。所以不匹配时失效评定曲线的内容就是分别给出不同失效评定曲线在焊缝材料不匹配时的表达式，n、μ 和 λ 都应是不匹配焊件裂纹体的值，n_M、μ_M 和 λ_M。但其计算办法仍取至 SINTAP 的成果。

截止线为：

$$L_r^{max} = \begin{cases} 0.5\left[1+0.3/(0.3-n_M)\right] & \text{选择 1 曲线} \\ \bar{\sigma}_{eq}/\sigma_{se} & \text{选择 2 及选择 3 曲线} \end{cases} \quad (7-37)$$

这里，$\bar{\sigma}_{eq}$ 为 $\sigma_{eq}-\varepsilon^p$ 曲线的屈服强度 σ_{se} 和抗拉强度 σ_{be} 的平均值。

评定时 L_r 的计算：

$$L_r = P/P_{sM} \quad (7-38)$$

式中　P 为引起一次应力的载荷，P_{sM} 为两种材料组合元件按 σ_{sB} 及 σ_{sW} 为屈服应力的刚-塑性材料假设计算的结构塑性屈服载荷。

P_{sM} 的解是通过有限元分析获得的。R6 第 4 版第 4 章第 2 节专门给出了强度不匹配时的极限载荷解，包括缺陷位于焊缝不同位置的平板及圆筒的极限载荷解。

从已获得的解可看，不论是过匹配（$M>1$）还是欠匹配（$M<1$），P_{sM}/P_{sB} 值（即不匹配焊接接头的塑性极限载荷与纯母材的塑性极限载荷之比）总是介于 1 至 M 之间。因而，当 $M<1$ 欠匹配时，可取（$P_{sB}M$）下限值为 P_{sM}；当 $M>1$ 过匹配时，可取 P_{sB} 为 P_{sM}。这样总是保守的。在过匹配时，（焊缝厚/剩余韧带）越大，或者（a/w）越小，焊缝不匹配对极限载荷比（P_{sM}/P_{sB}）的影响越低。如果裂纹靠近熔合线，P_{sM} 值非常接近 P_{sB} 值。在欠匹配时，（a/w）值不影响 P_{sM}，尤其在（焊缝厚/剩余韧带）值较大的时候。

8）持续载荷

对延性材料，即使温度低于蠕变范围也可能发生与时间有关的塑性变形，因而受持续载荷作用的结构，可能在应力水平低于其在单调加载和位移加载时的塑性失效载荷下发生断裂。然而通常仅发现在持续载荷接近单调加载的塑性极限载荷时才发生失效。但在较低载荷下可能发生有限裂纹扩展，导致结构承载能力降低。

在室温和 70℃ 下的试验表明，铁素体钢在持续载荷达到或超过全面屈服（即 $L_r=1$）时才可能发生与时间有关的断裂。因而在评定时，当 $L_r<0.9$ 时可不必考虑持续载荷。316 钢在室温下试验表明，当 $L_r<0.65$ 持续时间小于 100h 时，持续载荷效应可忽略不计，在继续持续 1h 以后相对因子 0.65 的值才很慢地减小。

本规程给出了考虑持续载荷效应的评定方法，其原理是考虑持续时间内塑性应变累积

对 L_r 和 K_r 的影响，即对评定点位置的影响，仍然用失效评定图进行断裂评定和塑性失效评定。一般采用选择 1 曲线，也可采用其他高级的失效评定曲线。根据实验，认为持续载荷对 L_r^{max} 值没有影响。

评定的过程是先选择持续时间 t_h 内允许的裂纹扩展量 Δa_0，当然 Δa_0 应小于断裂失效的裂纹扩展量 $\Delta a_f = a_f - a_0$（a_f 为断裂临界尺寸），并有足够的安全系数。定义 $a_1 = a_0 + \Delta a_0$，材料的断裂韧度也应为相应于 Δa_0 的断裂韧度 K_{mat} (Δa_0)。按 a_1 及 σ_s 计算 L_r。由 L_r 得到 σ_{ref} 值，再确定参考应变 ε_{ref} (σ_{ref}, t_h)，它是参考应力 σ_{ref} 和持续时间 t_h 的函数，可由评定温度下的恒应力蠕变曲线或等时单向应力应变数据获得。然后计算 $K_r = K_I$ $(a)/K_{mat}$ (Δa_0) 和评定点的纵坐标 $K_r' = [\varepsilon_{ref} (\sigma_{ref}, t_h)/\varepsilon_{ref}]^{1/2} K_r$。将 (L_r, K_r') 点在失效评定图中完成评定工作。

7.3.3 PD6493 的修订版——BS 7910：1999

PD 6493：1991 已与 PD 6539：1994（高温评定方法）合并，根据他们近十年来的研究成果，包括 SINTAP 的欧洲统一安全评定方法的研究成果，于 2000 年发表了修正版，称为 BS 7910：1999，规范名称改为"金属结构中缺陷验收评定方法导则"，当前最新版本为 BS 7910：2013。

1）断裂评定方法的变化

BS 7910 的断裂评定仍然是三级评定。原初级评定内容基本不变，但改称简化评定方法，采用失效评定图法。而原 PD 6493 中的 COD 设计曲线法被列入 BS 7910 的附录 N，COD 设计曲线的地位进一步下降。

第 2 级正常评定法经历了一个曲折的修改过程。原 PD 6493：1991 版的第 2 级正常评定法为老 R6（第 2 版）的 D-M 模型失效评定曲线。1995 年及 1997 年的修改草稿中改为三种选择，第 1 种为 1991 版的 D-M 模型失效评定曲线，用于 $\sigma_f \leqslant 1.2\sigma_s$ 的低硬化材料，第 2 种为 R6 第 3 版的选择 1 曲线，用于 $\sigma_f > 1.2\sigma_s$ 的高硬化材料，第 3 种为 R6 第 3 版的选择 2 曲线，反映出 PD 6493 全盘 R6 化的过程。由于近年 SINTAP 的成功实现了欧洲安全评定方法的统一化，在 2000 年 BS 7910：1999 颁布时，和 R6 第 4 版一样均采用了 SINTAP 的统一成果，取消了 D-M 模型的失效评定曲线。BS 7910 的第 2 级正常评定的失效评定曲线改为两种，即 2A 级和 2B 级。

2A 级曲线采用 SINTAP 的第 1 级（Basic level）评定曲线。

2B 级曲线与原 PD 6493：1991 版的第 3 级评定曲线相同，即 R6 第 3 版的选择 2 曲线，亦即 SINTAP 的第 3 级（Stress-strain level）评定曲线 [式（7－34）]。

如果应力应变关系曲线已知，可用 2B 级曲线，否则用 2A 级曲线。对有屈服平台的材料或者不能证实没有屈服平台，在使用 2A 级失效评定图时应取 $L_r^{max} = 1.0$，否则应采用 2B 级曲线。

BS 7910 第 3 级撕裂失稳评定仍保留 PD 6493：1991 中的 3A 级和 3B 级不变。在已知材料应力应变关系时用 3A 级曲线，否则用 3B 级曲线。BS 7910 还增加了一个 3C 级曲线，其实就是采用了 R6 第 3 版选择 3 失效评定曲线。

2）疲劳评定的变化

BS 7910 的疲劳评定方法基本上与原 PD 6493：1991 的相同，仅作了少量修改。疲劳评定是 PD 6493 的特色，尤其是质量等级评定法。修订后的主要变化是推荐了新的疲劳裂纹扩展律。采用了基于近年来大量钢材在空气及海水中疲劳裂纹扩展试验数据取得的更为精确的两段 Paris 关系式和应力比 R_σ 的修正法等。特别是考虑环境的影响，例如给出了在海水环境中有阴极保护和无阴极保护时的新推荐方法，在较高温度下的疲劳裂纹扩展等。为了方便，同时也给出了新的、简化的单段 Paris 关系，实验应力比为 $R_\sigma \geq 0.5$，以给出保守的焊接接头裂纹疲劳扩展分析结果。新的铁素体钢在空气中的疲劳裂纹扩展律与 PD 6493 时的相比，扩展速率要略高一些。

3）BS 7910 的附录

BS 7910 包含了 21 个附录，很多来自 R6 和 SINTAP，因而这里不作进一步的介绍。

7.3.4　美国石油学会 API 579：2016 合于使用推荐实施规程简介

近年来，美国结构完整性评定技术也有很大发展，在规范中最引人注目的就是已出版的 API 579（合于使用推荐实施规程）和 API 580（基于风险检验的推荐规程）。前面介绍的 SINTAP、R6、BS790 的发展主要反映了缺陷的断裂评定技术（包括塑性失效评定）和疲劳评定技术的发展。API 579 的特点是更多地反映了石油化工在用承压设备安全评估的需要。

美国初期的承压设备标准主要是关于新设备的设计、制造、检验的规则，并未涉及在用设备的退化和使用中发现的新生缺陷和原始制造缺陷的处理问题。后来制定了一些在用设备检验规范，如 API 510（压力容器检验规范），API 570（压力管道检验规范）和 API 653（储罐检验规范），这些规范给出了有关在用设备检验、维修、更换，重新确定额定工作能力或改造规划，但实践中仍发现存在不少不能解决的问题。为此组织制定了 API 579，以提供良好的合于使用评定方法和可靠的寿命预测，保障老设备继续安全工作；以帮助在用设备的优化维修及操作，保证老设备的有效利用，提高经济服务的期限。这一规程和 API 580 的结合将能提供风险评估、确定检验的优先次序和维修计划。

API 579 与其他标准不同之处是不仅包括在用设备缺陷安全评估，还在很广范围内给出了在用设备及其材料劣化损伤的安全评估方法。前者的技术与 BS7910 和 R6 都相差不大，所以这里不再赘述，但后者有很多内容是其他标准未涉及的，况且这些内容对石油化工承压设备的工作者来说十分重要和有益，故下面将主要介绍其中的主要部分。

1）局部金属损失评定（API 579 第 5 章）

本评定方法可用于评价因腐蚀、冲蚀、机械损伤或因缓慢磨蚀等原因引起局部金属损失的构件。包括评定技术及可接受性准则和剩余寿命评估的两类技术。

评定技术及可接受性准则又分为三级。1 级评定是仅考虑内压载荷的设备局部减薄的评定，只要求凹坑表面长、宽、深来表征缺陷尺寸。2 级评定用于凹坑在壁厚方向的尺寸（即深度）变化很大时的评定，缺陷用深度变化形状来表征，可以考虑更一般的载荷，例如筒壳上净截面弯矩，还可以用于接管区凹坑的评估。3 级用于更复杂区域的凹坑评定，一般都要求作详细的有限元分析。

剩余寿命评估方法分壁厚法和MAWP（最大允许工作压力）法两种。壁厚法是基于未来服役条件、实际壁厚、通过检查得到的金属损失区尺寸测量值、预计的腐蚀或冲蚀速度以及对裂纹尺寸的变化速度的估计，来计算需要的最小壁厚。MAWP法用于确定用壁厚断面图表示其局部金属损失特点的承压构件的剩余寿命。

2）点蚀评定（API 579 第 6 章）

本评定方法可以评价四种不同的点蚀类型：发生在构件重要范围上的广布点蚀、位于广布点蚀区域内的 LTA（局部减薄区）；点蚀的局部区域以及被限制在 LTA 中的点蚀。

API 579 提供了三级评定方法。1 级评定只能用于按规范或标准设计和制造的构件，只考虑内压载荷及用于描述点蚀特征的三个参数的平均值。2 级评定提供了一个对构件结构完整性评价的较好准则，可用于评价那些不满足 1 级评定准则的构件。3 级评定主要用于评价那些点蚀区域、载荷条件更加复杂的构件。一般来说，在 3 级评定中要使用更加详细的应力分析方法。

3）鼓泡及分层评定（API 579 第 7 章）

本方法适用于氢致鼓泡承压元件的评定。湿 H_2S 及 HF 在低温下由于原子氢侵入钢内，在夹杂物处又结合成分子氢，因不可能渗出而造成局部高压引起材料鼓泡分层。有时候鼓泡的周边裂纹会向壁厚方向扩展，特别是当鼓泡处于接近焊缝处，因而这是石油化工设备经常会遇到的问题。由超声波测得板中的分层，除非证明是氢积累造成的，否则不应视为鼓泡。如果分层不平行于钢板表面应按面型缺陷进行断裂评定；如果分层平行于钢板表面可采用本方法进行评定。API 579 鼓泡评定方法也分为 3 级，各自的适用范围基本上与点蚀评定相似。

4）火灾损伤评定（API 579 第 11 章）

暴露在火灾高热度下的压力容器、管道和储罐可能会发生看得见的结构损伤，此时虽然机械性能变化不很明显，但少许变化（如屈服强度和断裂韧度的降低）可能会使得这些设备不能继续服役。因此，对暴露在火灾情况下的这些设备应进行合于使用评价，以确定它们是否可以继续服役。

火灾损伤评定用于评价受火灾损伤的构件。这种潜在的损伤包括：机械性能的劣化（如碳钢的球化、晶粒的生长和韧性的降低）、耐蚀性能的降低（如奥氏体不锈钢的敏化）和承压构件的变形和破裂。

为便于判断承压构件在火灾发生期间可能遭受的最高暴露温度，API 579 将火灾发生期间暴露在特定温度下的热暴露区域划分为六个，分别为 I 区（室温区）、II 区（66℃以下烟及消防水染区）、III 区（66 ~ 204℃的低热暴露）、IV 区（204 ~ 427℃的中热暴露区）、V 区（427 ~ 732℃的高热暴露区）、VI 区（>732℃的极热区、火源区）。热暴露区域的划分有利于判定灾区那些设备不需要评定，那些设备要进行评定和如何进行评定。

钢材表面在火灾中不同温度下有不同颜色，不同燃料在空气中燃烧时有不同颜色的烟雾，目击者的记录和现场摄像是很重要的原始资料。各种化学品、燃料和很多材料都有其不同的燃点和熔点。在不同的温度下，各种金属材料的力学性能（硬度和强度）有不同的变化规律，且氧化皮的形貌也与温度有关。因此，根据火灾摄相和灾后现场勘察，按 API 579 给出的方法和提供的大量有关上述信息与温度的关系（图及表），即可确定出各设备所处的热暴露区域。

API 579 提供了三级评定方法。

1 级评定实际上是免于评定的准则。API 579 列出了在 1 级评定下可接受构件材料的热暴露区等级。如果属于 1 级就可以免于评定。一般碳钢、低合金钢或奥氏体不锈钢设备处于Ⅰ、Ⅱ、Ⅲ、Ⅳ区时都可免于评定，但热处理的调质钢只有在Ⅰ、Ⅱ、Ⅲ区时才可免于评定。例如某炼油厂的常压塔，火灾后其外保温护层镀锌铁皮表面镀锌层完好，由于锌的熔点是 420℃，在温度超过 420℃时锌必然会流下来或者被气化，既然镀锌层完好所以该设备不可能处于Ⅴ区，因而可免于评定。

2 级评定准则通过估算遭受火灾损伤构件的材料强度，对其结构的完整性做出较好的评价，适用于 1 级评定不通过，即不能免于评定的构件。评价方法包括对火灾诱发损伤和缺陷（如局部减薄区、裂纹状缺陷和壳体变形）的重新定级，需要进行材料表面硬度、现场金相表面覆膜、磁粉或渗透探伤及外形尺寸变形检测。API 579 给出了碳钢材料在不同火灾温度下暴露后晶粒尺寸变化规律、奥氏体不锈钢的敏感性资料。一般评定过程是：根据现场实测硬度估算材料强度后按 API 579 规定的公式确定实际材料许用应力，然后用常规的强度设计公式进行强度校核。如果发现有局部减薄和裂纹状等缺陷，还应按不同的缺陷评定方法进行评定。有时还需要考虑材料的蠕变损伤，但只要高温时间不长可以不予考虑。

如果 2 级评定中因构件的简化应力分析和估计的材料强度而导致不可接受时，可采用 3 级评定，以消除评价中的一些保守性。3 级评定要求进行详细的应力分析，如结构已严重变形或者在结构不连续部位壳体畸变，常规设计强度计算公式已不适用，应采用有限元计算和应力分类的分析设计方法进行强度校核。3 级评定所用材料强度要求由现场金相或直接取样进行力学性能实测得到，而 2 级评定时材料的强度是根据硬度间接换算得到的，所以其许用应力是很保守的。因此 2 级评定不可接受的构件，3 级评定未必也不可接受。

参考文献

[1] 李志安，张建伟，吴剑华. 过程装备断裂理论与缺陷评定 [M]. 北京：化学工业出版社，2006.

[2] 李庆芬. 断裂力学及其工程应用 [M]. 哈尔滨：哈尔滨工业大学出版社，1998.

[3] 范天佑. 断裂理论基础 [M]. 北京：科学出版社，2003.

[4] 库默. 弹塑性断裂分析工程方法（EPRI 报告 NP－1931）[M]. 周洪范等译. 北京：国防工业出版社，1985.

[5] 章燕谋. 锅炉与压力容器用钢 [M]. 西安：西安交通大学出版社，1992.

[6] 刘尚慈. 火力发电厂金属断裂与失效分析 [M]. 北京：水利电力出版社，1992.

[7] 王荣. 金属材料的腐蚀疲劳 [M]. 西北工业大学出版社，2006.

[8] 邓增杰，周敬恩. 工程材料的断裂与疲劳 [M]. 北京：机械工业出版社，1995.

[9] 陈传尧. 疲劳与断裂 [M]. 武汉：华中理工大学出版社，2005.

[10] 穆霞英. 蠕变力学 [M]. 西安：西安交通大学出版社，1990.

[11] 有缺陷结构完整性的评定标准 R/H/R6. 第三版. 华东化工学院化机所译. 化学工业部设备设计中心站，1988.

[12] J. M. Bloom & S. N. Malik. 含缺陷核压力容器及管道的完整性评定规程 [M]. 陈江译. 上海：华东化工学院出版社. 1991.

[13] 社团法人日本神奈川县高压气体协会编. 齐树柏译. 防止高温高压压力容器的破坏. 中国石油化工总公司设备设计技术中心站，1988.

[14] 林钧富. 压力容器缺陷评定. 北京：中国石化出版社，1991.

[15] 李泽震. 压力容器安全评定. 北京：劳动人事出版社，1987.

[16] 杨宜科. 金属高温强度及试验. 上海：上海科学技术出版社，1986.

[17] 库默. 弹塑性断裂分析进展（EPRI 报告 NP－3607）. 董亚民等译. 清华大学工程力学研究所，1984.

[18] J. 诺特. 断裂力学应用实例. 张云全等译. 北京：科学出版社，1995.

[19] 张俊善. 材料的高温变形与断裂 [M]. 北京：科学出版社，2007.

[20] 巩建鸣. 高温断裂力学的研究进展及其应用 [M]. 江苏力学，1996 年 11 期.

[21] 杨挺青. 含裂纹体蠕变断裂理论及其应用研究 [M]. 力学进展，vol. 29 No. 2，1999.

[22] 轩福贞，涂善东，王正东，罗娜. 高温环境下在用压力容器检测与安全评估技术研究进展（二）——评估方法. 压力容器，vol. 19 No. 10，2002.

[23] 张玉财. 多轴应力状态下钎焊接头蠕变损伤与裂纹扩展研究 [D]. 华东理工大学，2016.

[24] GB/T 19624—2019 在用含缺陷压力容器安全评定.

[25] 钟群鹏，李培宁，李学仁，陈钢. 国家标准《在用含缺陷压力容器安全评定》的特色和创新点综述 [J]. 管道技术与设备，2006，No. 1.

[26] 李培宁. 世界各国缺陷评定规范的发展 [A]. 第五届全国压力容器学术会议报告文集 [C]. 江苏南京，2001.

[27] 德国焊接协会规范 DVS2401－1：焊接接头缺陷的断裂力学评定. 张厚俊译. 压力容器，1984，No. 4.

[28] BS 7910：2013 Guide to methods for assessing the acceptability of flaws in metallic structures. Standards Policy and Strategy Committee，31 December 2013.

［29］ BSI Draft Published Document for Guidance on Methods for Assessing the Acceptability of Flaw：in Welded Structures（Revision of PD6493）. Document 90/78131，Sep. 1990.

［30］ EPRI and Novelech Corporation. Ductile Fracture Handbook，Volume 1 – 3. Research Reports Center Palo Alto. California. 1991.

［31］ IIW Guidance on Assessment of the Fitness for Purpose of Welded Structures. Draft for Development，IIW/IIS Guidance SST – 1157 – 90. International of Welding，1990.

［32］ API Recommended Practice 579，Fitness for Service，First Edition. American Petroleum Institute，January 2000.

［33］ P. C. Riccardella and S. Yukawa，Twenty Years of Fracture Mechanics and Flaw Evaluation Application in the ASME Nuclear Coda. J. of Press. Vessel Technology，vol113，1991，P145 ~ 153.

［34］ M. Bergman，et al. A Procedure for Safety Assessment of Components With Crack。SA/For-Report 91/01 1991.（引自 TRANSACTIONS of SMIRT – 11，vol6，P53 ~ 58.）.

［35］ J. M. Bloom and S. N. Malik. Procedure for the Assessment of the Integrity of Nuclear Pressure Vessels and Piping Containing Defects. EPRI Report NP – 2431，June 1982.

［36］ A. G. Miller. Review of Limit Loads of Structures Containing Defects. Int. J. Of Press. Vessel and Piping，Vol32，1988，P197 ~ 327.

［37］ 中国航空研究院主编. 应力强度因子手册［M］. 北京：科学出版社，1993.